「ひろしさん、LAのドヒニー通りって知ってます？」（さはし）
「ドヒニーって、とんでもないお坊ちゃんだったんだよね」（ひろし）

「ビートルズの来日に一役買ったのはさ……」（ひろし）
「ひろしさんって、ホントに隠れエピソード知ってますね」（さはし）

「『SONGS』の曲は難しくて中学生にはコピーできなかった」（さは

「わたし、“転調の鬼”なんですよ」（大貫）

「今日は大貫さんの創作の秘密まで聞いちゃった」（ひろし）

さはしひろしと大貫妙子さんと。

今夜も、どこかのロックバーで……

さはしひろし
今夜、すべてのロックバーで

佐橋佳幸
延江浩

TOKYO NEWS BOOKS

CONTENTS

＊本書は、InterFM『さはしひろし』にて2021年１月〜11月に放送された番組内容に加筆、修正を行い、構成したものです。

Yoshiyuki Sahashi

佐橋佳幸

1961年東京都生まれ。70年代初頭、全米トップ40に夢中になり、初めてギターを手にする。中学3年生の時に仲間と組んだバンドでコンテストに入賞。都立松原高校時代に一学年上のEPO、二学年上の清水信之と出会う。
1980年にロックバンド・UGUISSを結成。1983年にエピック・ソニーよりデビュー。解散後は、セッション・ギタリストとして、数多くのレコーディング、コンサートツアーに参加。高校の後輩でもある渡辺美里をきっかけに、作編曲、プロデュース・ワークと活動の幅を拡げ、90年代はギタリストとして参加した小田和正の「ラブ・ストーリーは突然に」、藤井フミヤの「TRUE LOVE」、福山雅治の「HELLO」などがミリオンセラーを記録。1994年にはエグゼクティブ・プロデューサーに山下達郎を迎えた初のソロアルバム『TRUST ME』を発表。桑田佳祐らとのユニット・SUPER CHIMPANZEEにて出会った小倉博和とギターデュオ・山弦としての活動をスタート。
1994年からは、山下達郎のバンドに参加。以降、坂本龍一、佐野元春 & The Hobo King Band、Tin Panの再結成ツアーに参加。2014年には、「佐橋佳幸（祝）芸能生活30周年記念公演 東京城南音楽祭」を開催し、翌年これまでの様々な仕事をコンパイルした『佐橋佳幸の仕事（1983-2015）～Time Passes On～』をリリース。2017年には、亀田誠治、森俊之との〝森亀橋〟、盟友〝Dr.kyOn〟とのユニット・Darjeeling（ダージリン）でも活動。ティンパン&ナイアガラ系のレジェンドから新世代のアーティストまで、現在進行形・且つ世代を超えたコラボレーションを展開している。
愛器はフェンダー・ストラトキャスターとギブソンJ-50。

延江浩

Hiroshi Nobue

1958年東京都生まれ。慶應義塾大学文学部卒業。

TFM『村上RADIO』ゼネラルプロデューサー。早稲田大学文化推進部参与、早稲田大学国際文学館（村上春樹ライブラリー）アドバイザー。国文学研究資料館・文化庁共催事業「ないじぇる芸術共創ラボ」委員。小説現代新人賞のほか、手がけたラジオ番組がABU（アジア太平洋放送連合）ドキュメンタリー部門グランプリ、日本放送文化大賞グランプリ、ギャラクシー大賞、放送文化基金賞最優秀賞、日本民間放送連盟賞最優秀賞、ＪＦＮ大賞を受賞。

著書に『アタシはジュース』、『いつか晴れるかな～大鹿村騒動記』（原田芳雄主演・阪本順治監督『大鹿村騒動記』原案）、『愛国とノーサイド　松任谷家と頭山家』、『小林麻美　第二幕』などがある。最新刊は『松本隆 言葉の教室』。企画・編集に『井上陽水英訳詞集』（ロバート・キャンベル著　ミュージック・ペンクラブ音楽賞）。『週刊朝日』「RADIO PA PA」のほか、『銀座百点』「都市の伝説ー銀座巡礼」、共同通信「RADIO BOY が行く！」JAL『SKY WORD』、『Grand Seiko THE NATURE OF TIME』を連載中。

まえがき

そもそも〝ひろしさん〟こと延江浩さんと、いつ・どんな風に出会ったのか、ちっとも思い出せないのです。

確かに共通の友人も多いし、偶然お会いした際には、「さはしくん、いつか一緒に何かやろうね」と優しく声をかけてくださるし、先輩風を吹かせることもなく、適度にC調な立ち振る舞いも〝好感度120％〟なアニキ……という程度の印象でした。

コロナ禍真っ只中で、誰もが未来になんの希望も持てなくなっていた2020年のある日、ひろしさんより呼び出しがあり、青山のイタ飯屋さんに伺いました。4人がけの席で向かい合い、好きな音楽の話からカウンター・カルチャーの話まで、あれこれと会話が盛り上がる中、空いた2席には変わるがわる、ひろしさんの友人（ブレーン）の方々がいらっしゃって、自己紹介もそこそこに会話に加わっては退席される、という不思議な会食となりました。

「さはしくん、もう一軒行こう！　さはしくんの地元の松見坂にいいバーがあるんだよ」というひろしさんの一言で、その時に同席していたTFMのスタッフの方とタクシーで移動。そのお店でしばらく談笑していたら、突然黒塗りのハイヤーが到着し、スーツ姿の男性2名が僕らのテーブルにやって来ました。

ひろしさんが「あっ、ウチの社長。今度、InterFMが我々の仲間になることになってさぁ〜。さはしくんと一緒に何かできないかと思って呼んじゃった！」……って何、それ!?

そのまま深夜半までやんわりと説得されて「さはしひろし」が生まれた……という次第でございます。

ただ、酩酊《めいてい》状態ながらも僕がお願いしたのは、「ひろしさんと二人喋りで、音楽を軸にしながら映画や書籍などカルチャー全般、時事なども語り合うような番組なら」というリクエストでした。

番組をお聴きの皆さんはご存じの通り、結果その通りのプログラムになりましたが、今思えば、一軒目のお店にかわるがわる現れた方々が、この番組のスタッフだったという〝現実〟！

結局、僕は、〝チームひろし〟にしてやられた!!

〝そんなヒロシに騙された〟……というわけです。

で、2021年1月から始まったこの架空のロックバーを舞台に繰り広げられるプログラム、手前味噌ながら、初回からひろしさんとのコンビネーションは抜群で、極上のジャム・セッションをしている気分。なんと言うか〜、お互いが自分らしくありながらも、その瞬間にしか表現できないハーモニーやグルーヴを生み出すことができているなぁ〜というような感覚（感触）でしょうか。

ここ数年、コロナ禍ゆえ、〝無観客配信ライブ〟などという、到底ライブとは言えないお仕事を数多経験する羽目になりましたが、ラジオという媒体はそもそも直接対峙することのないリスナーさんに向けて何かを一方通行で伝えるプログラムです。僕らがコンサートで演奏するようにお客さまの前でパフォーマンスするものではありません。適切な例えとは言えないかもしれませんが、基本〝テニスの壁打ち〟的な作業の繰り返しになります。

しかしながら、ひろしさんとのやり取りはいつも充足感溢れるもので、回を増すごとに手応えを感じていたところ、それを「面白い！」と受け止めてくださった殊勝な方々の尽力によって、この一冊が生まれました。

上梓に向けて、お世話になった方々への謝辞は巻末に譲るとして、この本は、ひろしさんと僕が、毎回テーマに沿って喋り倒したあれこれを、ほとんど修正することなく文字おこししていただいたものです。今となっては「もう一言付け加えるべきだったかなぁ〜」と思う箇所も、敢えてそのままにしてあります。要するに〝ライブ盤〟ですね。

ありのままの〝さはしひろし〟を、皆さんに楽しんで頂ければ幸いです。

それにしても……〝ひろしさん〟と、いつ・どこで、どんな風に出会ったのか、ちっとも思い出せないんだよなぁ……。

佐橋佳幸

PART 1

さはしひろしと音楽映画と

拍手が鳴り止まなかったコロナ禍のコンサート

さはし　今晩は。というか、あけおめです。

ひろし　明けましておめでとう、佐橋くん、今年もよろしくね。

さはし　2020年は、エンタメ業界的には厳しい1年でした。そもそも僕が音楽の仕事をしているのは誰かと一緒に演奏するのが楽しいからなのに、コンサートが普通にできない状況になってしまいましたからね。無観客の配信もいくつか参加しましたが、やっぱりライブはお客さんとの一体感なんだなと思い知らされました。

ひろし　コロナ禍でいろんなことが変わってしまったなかで、佐橋くんが最近、心を動かされたことってある?

さはし　12月に**矢野顕子**さんのコンサートがNHKホールであったんです。バンドメンバーは、ドラムに**林立夫**さん、ベースに**小原礼**さん、そして僕と、いまだにいちばん下っ端という感じなんですけど(笑)。そのときは、まず2曲演奏して矢野さんのMCという段取りだったんですが、2曲が終わるやいなやお客さんの拍手が止まらなくなっちゃった。このご時世にわざわざ来てくださったお客さんの止まらない拍手に、あの矢野顕子さんが感動して、言葉に詰まってしまったという……。

ひろし　それは通常のコンサートではなかなかないでしょ?

さはし　ないですね。本番前に「カーテンコールでみんなで手をつなぐのもなしだよね?」なんて言ってたんですけど、なんと!林さんが医療用の手袋をポケットに4人分忍ばせていて、最後にみんなでステージの前に出て行くとき、「ほら、これでご挨拶できるじゃない?」って。あれはグッときましたね。

ひろし　今は人と人の接触を減らすように言われているけど、その分、心が通い合う部分

＊太字の人名は後半の「Who's Who」を参照。

が実はあったりするよね。

スタジオが主人公の映画『音響ハウス Melody-Go-Round』

さはし　というわけで、去年はステイホームでみなさん日々の過ごし方をいろいろ考えられたと思いますが、最近は音楽映画が増えてきたと思いませんか？

ひろし　というか、佐橋くん、映画に関わってたでしょ？

さはし　はい。70年代から続く日本の老舗のスタジオ、音響ハウスを主人公にした映画『音響ハウス Melody-Go-Round』＊1が公開されまして、僕もその映画のお手伝いをさせていただきました。

ひろし　試写会に行ったら、大貫妙子さんや**高橋幸宏**さんがいて、ター坊と佐橋くんにはさまれて（笑）、拝見しました。でも、主人公はあくまでもスタジオなんだよね。

さはし　そう。音響ハウスで生まれた作品や出来事を、関わりの深いミュージシャンやスタッフの方々に語ってもらいながら、いまもこのスタジオが元気に稼働していることを証明するために、「主題歌をつくって、そのレコーディングの様子をドキュメンタリーで撮影したらどうですか？」と僕が提案したんです。その曲をつくることになり、エンジニアの**飯尾芳史**さんにHANAちゃんというウクレレで弾き語りをやっている12歳の帰国子女の女の子を紹介されたんです。

ひろし　最初に聴いたときは、大貫さんの若い頃かと思っちゃった。

さはし　みなさんそう仰っていました。ここはまだほとんど知られていない歌い手のほうが新鮮かもしれないと思って、彼女に主題歌をお願いしたんです。歌詞は大貫妙子さんで、歌唱指導までしていただきました。

ひろし　音響ハウスは銀座にあるんだよね。

さはし　そう。試写会で遠藤誠さんという音響ハウスのメインテナンスを設立以来ずっと

＊1『音響ハウス Melody-Go-Round』
レコーディング・スタジオ「音響ハウス」の音楽ドキュメンタリー。坂本龍一、松任谷由実、佐野元春、矢野顕子、鈴木慶一ら音楽家、プロデューサーやエンジニアが楽曲誕生秘話を語り、佐橋佳幸とゆかりのミュージシャンによる「Melody-Go-Round」のレコーディングに密着。2020年。

続けている方に初めてお会いしたんですが、一度も会ったことがなかったのは、ミュージシャンが行くときには仕事が終わっているからなんです。僕らがスタジオでストレスなく録音作業が出来るように遠藤さんは誰よりも早くスタジオに来て、すべての機材をチェックしてくれている。この映画の裏主人公でもあるんです。

ひろし　スタジオが主人公の映画は日本ではなかったんじゃない？

『音響ハウス Melody-Go-Round』
（提供:Sony Music Direct Inc.）

さはし　海外には『**サウンド・シティ－リアル・トゥ・リール**』*2や『**黄金のメロディ マッスル・ショールズ**』*3などがありますけど、その2本は過去を中心に描いていましたが、『音響ハウス』は現在進行形というところが違うんですよ。

ひろし　この映画は日本のポップ／ロック・シーンを総覧できるところがあったね。

さはし　そうですね。70年代はまだ歌謡曲が主流で、今、J-POPといわれている音楽はニューミュージックやニューロックと呼ばれていたサブカルチャーだったんですが、そのシーンにいた先輩たちが様々な実験をしながら作品をつくってきたのが音響ハウスなんです。

ひろし　**坂本龍一**さんは、音響ハウスを長期間押さえていたんだって？　**坂本美雨**さんなんて赤ちゃんの頃からスタジオにいたらしいね。

さはし　そう。美雨ちゃんは、ときにはスタ

＊2『サウンド・シティ－リアル・トゥ・リール』
1970年代から90年代にかけて数々の名盤を生み出したロサンゼルスのレコーディング・スタジオ「サウンド・シティ」の隆盛と衰退を描いたドキュメンタリー。監督はフー・ファイターズのデイヴ・グロール。2013年。

＊3『黄金のメロディ マッスル・ショールズ』
1960年代～70年代に音楽史に残る重要な名曲、名盤を輩出したアラバマ州の小さな街、マッスル・ショールズの「フェイム・スタジオ」、「マッスル・ショールズ・スタジオ」の歴史をアーカイブ映像や証言を交えて追ったドキュメンタリー。2013年。

ジオにあるドラムセット用の毛布で寝かしつけられてたって話ですよ（笑）。

M Melody-Go-Round／HANA with 銀音堂

お洒落な観客に驚いた『真夏の夜のジャズ』

さはし 浩さんが音楽映画で、これはハズせないというものは？

ひろし 最近、4Kで公開された『**真夏の夜のジャズ**』*4かな。1958年に開催された伝説の「ニューポート・ジャズ・フェスティバル」を映画化した作品なんだけど、当時のジャズ・フェスの様子がとにかくお洒落で、ファッションショーみたいなんだよ。

さはし 僕も観ましたが、初めて観る伝説のジャズ・ミュージシャンのプレイもさることながら、何なんですか、あのお洒落な人たち！

ひろし そう。このお客さんたち、映画のための仕込み？ みたいな（笑）。前回の公開時、村上春樹さんも観ていて盛り上がったんだけど、とにかくあの洗練された雰囲気には驚いた。だって我々が行くフジロックみたいな野外フェスって基本ドロドロじゃん？ えらい違いだよ。

さはし この映画は、当時の洒落者たちが新しいムーブメントとしてのジャズを楽しんでいたことがよくわかりますよね。**アニタ・オデイ***5があんなに良かったとは！

ひろし いいオンナだったでしょ？

さはし あのスウィング感もスゴかった。

ひろし 僕が生まれた1958年にこんなお洒落な文化がアメリカにはあったんだと思ってちょっと衝撃だったよ。佐橋くんはジャズに関して影響を受けたアーティストっている？

さはし 僕はロックが好きでギターを始めたんですが、ギター弾きにとってもジャズの感

＊4『真夏の夜のジャズ』
1958年に開催されたニューポート・ジャズ・フェスティバルを記録したドキュメンタリー映画。ルイ・アームストロング、セロニアス・モンク、チャック・ベリーなど伝説的ミュージシャンたちが登場。

＊5 アニタ・オデイ
米国のジャズ・ヴォーカリスト。40年代からスタン・ケントン楽団の専属歌手として活躍。ハスキーな声と独自の唱法で人気を博す。50年代から60年代にヴァーヴ・レコードに名盤を残した〝ソング・スタイリスト〟。

覚は避けて通れなくて、一番影響されたのは**ウェス・モンゴメリー***6かな。ウェスはオクターブ奏法がお馴染みなんだけど、小難しくなりがちなジャズのなかではポップで親しみやすかったんですよね。

ひろし 入門としては、どのアルバムを聴けばいいのかな?

さはし ビートルズをはじめとするポップ・ナンバーをカヴァーしているCTI時代のアルバムは全部お薦めですよ。

M Tea for Two／Anita O'Day

ロビー・ロバートソン視点で描かれたザ・バンドの映画

さはし 何年か前に観た『**フェスティバル・エクスプレス**』*7というザ・バンドや、グレイトフル・デッドたちがカナダを列車でサーキットした模様を収めたドキュメンタリー映画も憧れましたね。

ひろし 佐橋くんもツアーの移動は列車が多いんじゃない? 移動中はどうして過ごしているの?

さはし 僕の移動中の楽しみは読書ですね。キーボードの**難波弘之**さんに「移動中に『文藝春秋』を読んでいるミュージシャンは初めて見た」って言われましたから(笑)。

ひろし 佐橋くん、もしかして、活字中毒?

さはし はい。最近、ついにKindleに手を出しちゃいましたから。この年齢になるとさすがに老眼問題が出てくるから、Kindleは文字の大きさや明るさを自分で調節できるし、わからない言葉があっても電子辞書と繋がっているので、まぁ便利なんですよ。

M The Night They Drove Old Dixie Down／The Band

さはし 映画の話に戻ると、**ザ・バンド***8を

***6 ウェス・モンゴメリー**
オクターブ奏法でジャズ・ギターの礎を築いたジャズ・ギタリスト。1950年代末からジャズ史に残る『フル・ハウス』などのアルバムを発表。ビートルズ・ナンバーを含むイージーリスニング路線に転じた60年代のCTI在籍時のアルバムはポップス・ファンからも支持された。

***7『フェスティバル・エクスプレス』**
ジャニス・ジョプリン、ザ・バンド、グレイトフル・デッドらが1970年にカナダを列車でツアーした模様を収録。2003年。

***8 ザ・バンド**
ロニー・ホーキンス、ボブ・ディランのバックバンドを経て、1968年に『ミュージック・フロム・ビッグ・ピンク』でデビュー。メンバーの4人がカナダ人ながら、アメリカのルーツ・ミュージックを独自に解釈した音楽性で『ザ・バンド』、『ステージ・フライト』などの名作を発表。76年に解散。

ロビー・ロバートソン側から描いた映画『**ザ・バンド かつて僕らは兄弟だった**』＊9も興味深かったですね。その少し前に『ロビー・ロバートソン自伝 ザ・バンドの青春』（ＤＵＢＯＯＫＳ刊）という本が出て、僕も読みましたが、誰の視点の話かというのは重要なんですよ。その製作総指揮を手がけているのがマーティン・スコセッシ。70年代にはザ・バンドの解散コンサート『**ラスト・ワルツ**』＊10を撮っています。

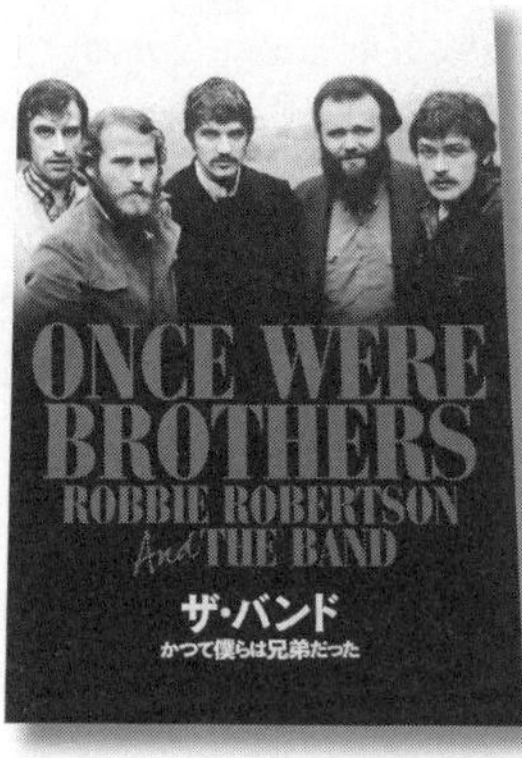

『ザ・バンド かつて僕らは兄弟だった』
映画パンフレット

ひろし　スコセッシは粘着質だからずっと対象を追いかけるじゃん。だから、映画にすごく人間味が出てくるんだよね。

さはし　あと、最近、映画『**アメイジング・グレイス アレサ・フランクリン**』＊11の海外版を友人から借りて観たんです。ライブ・アルバムは聴いていましたが、実写はスゴかった。客席にアレサが教会でゴスペルを歌うと聞きつけて観に来たミック・ジャガーが映り込んでいたりするんですよ。

M Respect／Aretha Franklin

ミュージシャンはなぜ、マッスル・ショールズを目指したのか？

ひろし　この前、佐橋くんが言っていた『サウンド・シティ－リアル・トゥ・リール』と『黄金のメロディ マッスル・ショールズ』を観た。サウンド・シティはスタジオ自体は

＊9『ザ・バンド かつて僕らは兄弟だった』 ザ・バンドのメンバーだったロビー・ロバートソンが語るバンドの誕生から解散までの軌跡をボブ・ディランとの友情やセッション、影響を受けたブルース・スプリングスティーン、ヴァン・モリソンらの証言などを交えて構成。2019年。

＊10『ラスト・ワルツ』 ザ・バンドがボブ・ディラン、ニール・ヤング、ドクター・ジョン、マディ・ウォーターズなど豪華ゲストを迎え、1976年に行った解散コンサートを記録したマーティン・スコセッシ監督の映画。

＊11『アメイジング・グレイス アレサ・フランクリン』 ソウルの女王・アレサ・フランクリンの1972年ロサンゼルスの教会でのライブを収録したアルバム『AMAZING GRACE』のライブ・ドキュメンタリー。長年未完となっていたが、半世紀近い時を経て完成。撮影は名匠シドニー・ポラック。

『黄金のメロディ マッスル・ショールズ』映画パンフレット

オンボロなんだけど、ある意味すごくマッチョだよね。

さはし　あのスタジオではヒット・アルバムもたくさん生まれてきたけど、実際そういう音楽がつくられてきたし、マッチョとは浩さんうまいこと言いますね。『マッスル・ショールズ』はいかがでした？

ひろし　実は、**松任谷正隆**さんから、マッスル・ショールズについて聞き及んでいて、「あそこは凄腕の白人のミュージシャンが本物の黒人音楽をつくった奇跡のようなスタジオだ」って仰っていました。

さはし　そうなんです。マッスル・ショールズのフェイム・スタジオは60年代にR&B、サザン・ソウルの名盤をたくさん輩出しているんですが、有名な話としてはアレサ・フランクリンがレコーディングに行ったら、ミュージシャンがみんな白人で、当時の旦那が「騙された！」ってぶち切れたらしい。

ひろし　映画を観ると、ホントにその辺にいるおっちゃんだもんね。

さはし　当時は情報もないし、あのスゴいサウンドを録るためには「あそこに行くしかない！」って、アメリカ、イギリスからもアラバマ州の小さな街、マッスル・ショールズを目指したんだけど、みんな「アレ？　黒人はいないの？」って。

ひろし　早い話、見た目はダサいんだよ。だけど、なんでそんなにスゴい音が生まれたんだろうね？

＊12『カセットテープ・ダイアリーズ』 80年代のイギリスを舞台に、パキスタン移民の少年がブルース・スプリングスティーンの音楽に影響を受けながら成長していく姿を描いた青春音楽ドラマ。2019年。

＊13『ボヘミアン・ラプソディ』 45歳の若さでこの世を去ったクイーンのフレディ・マーキュリーの生涯を描いた2018年の映画。

＊14 パティ・スミス 「クイーン・オブ・パンク」と称されるシンガー・ソングライター、詩人。ブルース・スプリングスティーンと共作した「ビコーズ・ザ・ナイト」（1978年）は全米13位のヒット作。ブルース・ヴァージョンは『ザ・プロミス〜ロスト・セッションズ』に収録。

さはし　話せば長いんだけど、60年代の南部のアラバマ州で地元発信の新しい音楽をつくっていこうとリック・ホールという野心家の白人がインディーズ・レーベルとスタジオをつくり、そこに良いミュージシャンと作家が集まってきて聖地となったんですね。

ひろし　最近の音楽映画で他に良かったものはある？

さはし　浩さんに勧めていただいた**『カセットテープ・ダイアリーズ』***12もホロッとさせられましたね。ブルース・スプリングスティーンの曲がふんだんに使われているとは聞いていたけど、パキスタン系のイギリス人の少年がスプリングスティーンの音楽にハマるという設定がまず面白い。

ひろし　スプリングスティーンはアメリカに限らず、ワーキングクラスのヒーローだからね。**『ボヘミアン・ラプソディ』***13もそうだけど、フレディ・マーキュリーもインド系移民でありながら音楽を通して成長していく物語だったし。

さはし　そうですね。主人公の少年たちがずっとウォークマンでカセットテープを聴いているのがいいんですよね。ブルースが曲をつくり、**パティ・スミス***14が歌詞を完成させたあの曲を聴きたくなってきたなー。

M **Because The Night／Bruce Springsteen**

アメリカン・ニュー・シネマにまつわる隠れたエピソード

ひろし　音楽映画といえば佐橋くんの青春の映画**『サタデー・ナイト・フィーバー』***15も忘れちゃいけないんじゃないの？

さはし　ですね。僕が高校に入った頃に超大ヒットしていて、文化祭のうちのクラスの出し物が『サタデー・ナイト・フィーバー』のパロディーでしたからね。同じクラスに映画監督志望の奴がいたんですよ。

＊15『サタデー・ナイト・フィーバー』
世界中にディスコブームを巻き起こしたジョン・トラボルタ主演の１９７７年の青春映画。ビージーズの「ステイン・アライヴ」、「愛はきらめきの中に」などを収録したサントラも24週連続1位のメガヒットを記録した。

＊16 ビージーズ
ギブ三兄弟を中心に結成されたイギリスのヴォーカル・グループ。60年代はソフト・ロックでヒットを放ち、日本では映画『小さな恋のメロディ』の音楽で人気を博す。70年代半ばからはディスコに転じ、『サタデー・ナイト・フィーバー』のサウンドトラックで世界にブームを巻き起こした。

＊17『小さな恋のメロディ』
11歳の少年ダニエルと少女メロディの恋を瑞々しく描き、全編に流れるビージーズの曲と共に日本で大ヒットした１９７１年のイギリス映画。

ひろし　あの映画で**ビージーズ**＊16は大ブレイクしたけど、俺にとってのビージーズは映画『**小さな恋のメロディ**』＊17だから、ディスコに転じて驚いたよ。

さはし　面白い話があってね。向こうのミュージシャンに聞いたんですけど、ビージーズはそれまでのフォーク・ロックではなくて、あぁいうディスコというかブラック・ミュージックっぽい音楽をやりたくて、まずはアフリカン・アメリカンのミュージシャンを呼んで、自分たちの曲を歌ってもらって、それを真似してあの独特のスタイルを確立していったって聞きましたよ。

ひろし　そうだったんだ。知らなかったよ。

さはし　すいません、ウンチク披露しちゃって。でも、浩さんは僕より少し年上だから、リアルタイムで観た映画からいろんな影響を受けたと思うんですけど。

ひろし　だったら、60年代末あたりの新しい価値観が出てきたアメリカ映画になるかな。

さはし　アメリカン・ニューシネマっていうんでしたっけ？

ひろし　そう。60年代後半のアメリカはベトナム戦争や公民権運動などで混沌としていた時代だったけど、それまでとは違う価値観で自分たちの世代を映像化したのがアメリカン・ニューシネマだった。体制というものに反旗を翻す個の表現になっていくんだ。

M The Sound Of Silence／Simon & Garfunkel

映画『卒業』主題歌「ミセス・ロビンソン」/ サイモン&ガーファンクル

＊18『卒業』
サイモン&ガーファンクルのテーマ曲「サウンド・オブ・サイレンス」と花嫁を奪い去るシーンで有名なマイク・ニコルズ監督の1967年製作の青春映画。

＊19『明日に向って撃て！』
実在の銀行強盗ブッチ・キャシディとサンダンス・キッドを題材にした1969年のアメリカン・ニューシネマの代表作。主演はポール・ニューマンとロバート・レッドフォード。音楽はバート・バカラック。

＊20 バート・バカラック
1928年生まれの作曲家、編曲家、ピアニスト、プロデューサー。作詞家のハル・デヴィッドとのコンビで60年代から数多くのヒットを生み、世界中で親しまれている。代表作は「小さな願い」、「サンホセへの道」、『世界は愛を求めている』など。

さはし　僕は後追いですが、『**卒業**』*18のような新しいタイプの青春映画が出てきたんですよね。70年代に入ると、シンガー・ソングライターに代表される内省的で個人的な表現が注目されるようになっていった。

ひろし　挿入歌の「サウンド・オブ・サイレンス」の歌詞は、〈こんにちは　暗闇〉と個人に問いかけているよね。『卒業』は、アイビー・ルックの金持ちの一人息子が真っ赤なアルファロメオ・スパイダー・デュエットで橋を渡るシーンから何かが起きることを予感させるんだ。ダスティン・ホフマンが演じてね。わたしは恋人役のキャサリン・ロスより、「ミセス・ロビンソン」ことお母さん役のアン・バンクロフトの色気にやられたクチ。

さはし　思春期の少年はみんなそうだと思いますすよ（笑）。キャサリン・ロスは『**明日に向って撃て!**』*19にも出ていますね。（ギターで主題歌の「雨にぬれても」を歌い出す）

ひろし　おっと、**バート・バカラック***20。映画音楽を手がけていた。

さはし　そう。「雨にぬれても」は、B.J.トーマスの歌で大ヒットしたんですが、実はバカラックはあの曲をボブ・ディランに歌ってもらいたかったらしい。

ひろし　ええ?　そうだったの?

さはし　（ボブ・ディラン風の節回しで「雨にぬれても」歌いながら）ほら、ちょっとそんな感じししません?

M **Raindrops Keep Fallin' on My Head（雨にぬれても）／B.J.Thomas**

『いちご白書』とユーミンのあの頃

ひろし　ニュー・シネマは音楽がすごく印象に残る映画が多かったね。

さはし　**松任谷由実**さんが、のちに曲のタイトルにした『**いちご白書**』*21の主題歌は**ジョニ・ミッチェル***22の曲で、ネイティブ・ア

*21『**いちご白書**』
コロンビア大学の学生運動を基に製作された1970年のアメリカン・ニューシネマの人気作品。ニール・ヤング、CSN&Y、サンダークラップ・ニューマンなどの挿入歌も人気を集めた。

*22 **ジョニ・ミッチェル**
1943年生まれ、カナダ出身のシンガー・ソングライター。フォーク、ポップ、ロック、ジャズなど幅広いジャンルを取り入れた音楽性と優れた詩作で「20世紀後半の最も重要で影響力のある女性のレコーディング・アーティスト」と称される。代表作は、『ブルー』、『コート・アンド・スパーク』、『逃避行』、『ミンガス』など。

*23『**カッコーの巣の上で**』
ケン・キージーの同名のベストセラー小説を1975年にミロス・フォアマンが映画化。主演はジャック・ニコルソン。第48回アカデミー賞にて主要5部門を独占した。

『いちご白書』映画パンフレット

メリカン系のバフィ・セントメリーが歌った「サークル・ゲーム」。そのバフィさんの旦那さんが『**カッコーの巣の上で**』*23の音楽を手がけた**ジャック・ニッチェ***24。この人は素晴らしい編曲家なんですけど、映画音楽でも大活躍しています。

ひろし　『いちご白書』はニューヨークのコロンビア大学の学生運動をテーマにしたアメリカン・ニューシネマだったけど、ユーミンは映画が公開された頃、美大を目指してお茶の水の予備校に通っていて、当時の学生運動を見ていたから、「**『いちご白書』をもう一度**」*25の歌詞が生まれたってご本人から聞きました。

さはし　なるほどね。僕がリアルタイムで観て衝撃を受けたのは『**タクシー・ドライバー**』*26でしたね。とにかく、ロバート・デ・ニーロのインパクトが強烈で。

ひろし　マーティン・スコセッシの出世作。村上龍さんがホストを務めていたテレビ番組『Ryu's Bar 気ままにいい夜』ってあったじゃない？　ある晩、龍さんと飲んでいたら、「明日の収録は来た方がいいよ。ゲストがデ・ニーロだから」って言われたことがある。

さはし　それはビビりますね（笑）。

M **Theme From Taxi Driver／Bernard Herrmann**

ひろし　佐橋くんは、映画音楽を手がけたこ

＊24 ジャック・ニッチェ　1937年生まれの作曲家、編曲家、プロデューサー。フィル・スペクターがプロデュースした作品の大半のアレンジやバッファロー・スプリングフィールド、ニール・ヤングも手がける。『愛と青春の旅だち』など映画音楽も多数。

＊25「『いちご白書』をもう一度」　フォーク・グループ、バンバンが1975年に大ヒットさせたシングル。作詞・作曲は荒井由実。編曲は瀬尾一三。

＊26『タクシー・ドライバー』　マーティン・スコセッシ監督、ロバート・デ・ニーロ主演の1976年公開のアメリカ映画。音楽は本作が遺作となったバーナード・ハーマン。

＊27『ジヌよさらば～かむろば村へ～』　2015年に公開された監督・松尾スズキ、主演・松田龍平のスラップスティック・コメディ。原作はいがらしみきおの漫画『かむろば村へ』。音楽は佐橋佳

とは？

さはし　**松尾スズキ**さんが監督の『**ジヌよさらば～かむろば村へ～**』＊27や、テレビドラマも何本か。坂本龍一さんと共同で音楽を手がけたドラマ（『**ストーカー 逃げきれぬ愛**』＊28）は、主題歌がまだSister Mと呼ばれていた坂本美雨ちゃんで、僕もギターで参加していた流れで、サントラも一緒に手がけることに。

ひろし　それは知らなかった。

さはし　90年代後半、まだ音楽をネットで送るのが大変だった時代。途中まで坂本さんがピアノを弾いた音源と譜面が送られてきて、「この先を考えて」だけ（笑）。それでサントラ一枚、一度も教授に会わずにつくりましたよ。

吉祥寺の『小さな恋のメロディ』

ひろし　この前、『小さな恋のメロディ』の話になったけど、僕の小学校の同級生が吉祥寺の映画館の息子で、そこがのちの吉祥寺バウスシアターになったんだ。

さはし　そうなんですか！　僕、あそこで90年代にライブ盤を録ったことありますよ。**Dr.KyOn**さんと、ドラムは**Qujila**＊29のメンバーだった**楠均**＊30さんと一緒に60～70年代のロックの名曲をカヴァーをするという企画で。

ひろし　吉祥寺の映画館に、中1の男子3人でヒロインのトレイシー・ハイド目当てに行ったこともある。主人公の二人はトロッコ

映画『小さな恋のメロディ』サウンドトラックより「ティーチ・ユア・チルドレン」/ クロスビー、スティルス、ナッシュ&ヤング

幸。OKAMOTO'Sによる主題歌の「ZEROMAN」の編曲も手がけている。

＊28 『ストーカー 逃げきれぬ愛』 1997年日本テレビ系列で放送されたテレビドラマ。主題歌は「The Other Side of Love」坂本龍一 featuring Sister M。

＊29 Qujila 杉林恭雄、キオト、楠均により結成され、1985年にメジャーデビュー。2021年にはエピック・ソニー在籍時のオリジナル・アルバムが再発、配信を開始。

＊30 楠均 80年代からQujilaのメンバーとして活動を始め、様々なシーンで活躍するドラマー。2013年から2020年まではKIRINJIに在籍。

に乗ってどっか行っちゃうんだよね。

さはし　その場面にクロスビー、スティルス、ナッシュ&ヤングの「ティーチ・ユア・チルドレン」がかかるんですよね。いまはああいう世界観はアニメにいっちゃったのかな？

ひろし　それは言えるね。総じて、いつの時代も音楽と映画は密接なんだよね。**『イージー・ライダー』**[*31]なんて、思い出すだけで「ボーン・トゥ・ビー・ワイルド」が浮かぶ。でも、主人公たちは農夫に「ヒッピー、死んじまえ！」ってライフルで撃たれてしまう。ハーレー・ダビッドソンが転がって、あまりにもあっけない幕切れに呆然とした。

さはし　その虚無感たるやね。多感な時期の少年にはショックでしたよ。あと、ボブ・ディランが出演した映画って何でしたっけ？

ひろし　**『ビリー・ザ・キッド／21才の生涯』**[*32]かな。ボブ・ディランが歌った「天国への扉」はいろんな人がカヴァーしているよね。

さはし　僕はレンタルビデオで観ました。

ひろし　それがいまやNetflixやアマゾンプライムじゃない。何なの？　あのコンテンツの多さ！

さはし　しかも、デジタル配信でしか観られない音楽ドキュメンタリーのコンテンツも充実してるからチェックで忙しくて。音楽界の内幕ものではモータウンの映画も多いですね。

ひろし　**『ドリームガールズ』**[*33]や**『永遠のモータウン』**[*34]もそうだし、最近も金儲けの話ばっかりしている映画があったよね(笑)。

さはし　**『メイキング・オブ・モータウン』**[*35]ですね。『ドリームガールズ』にも出ていたジェイミー・フォックスは**レイ・チャールズ**[*36]の伝記映画**『Ray／レイ』**[*37]が半端なかった。ここらでレイ・チャールズ、聴きたいですね。

M **Unchain My Heart／Ray Charles**

***31『イージー・ライダー』**
ピーター・フォンダとデニス・ホッパー・監督・主演の1969年公開のアメリカ映画。反体制的な若者2人がオートバイで放浪の旅に出るニューシネマの代表作。主題歌はステッペンウルフの「ワイルドでいこう！(BORN TO BE WILD)」。

***32『ビリー・ザ・キッド／21才の生涯』**
ビリー・ザ・キッドの最期を題材に『ワイルドバンチ』のサム・ペキンパーが監督した1973年の西部劇。ボブ・ディランは映画音楽を手掛け、自らも出演。挿入歌「天国への扉」もヒットした。

***33『ドリームガールズ』**
モータウンの黒人女性グループ・スプリームスをモデルとしたブロードウェイ・ミュージカルを映画化した2006年作品。主演はビヨンセ、ジェニファー・ハドソン、ジェイミー・フォックス。

ジャズ映画とベニー・グッドマン

ひろし　ジャズの映画も話題になることが多いけど、**チェット・ベイカー**＊38の伝記映画**『ブルーに生まれついて』**＊39なんか観ると、白人のチェットが**マイルス・デイヴィス**＊40にいじめられたりするじゃない？　ジャズにはそういう構造ってあるの？

さはし　あるみたいですね。ジャズの世界は「俺と勝負してみろ！」的なアクの強い人も多いというか。

ひろし　佐橋くんもジャズの人に何か言われたりしたことある？

さはし　ありますよ。「オマエ、ロックなんかやってるんだって」みたいな（笑）。

ひろし　マジ？　そういうときは？

さはし　「はい」って（笑）。要するにちょっと敷居が高いというか、ポピュラー音楽の歴史からいってもロックの前にあったわけですからね。それに加えて、ジャズは腕が命みたいなところがあるし。マイルスはジャズを進化させていった人だけど、チェット・ベイカーはジャズをお洒落にした人というイメージですね。

ひろし　チェット・ベイカーが歌う「マイ・ファニー・ヴァレンタイン」が堪らないんだよね。俺、最初は女性ヴォーカルだと思ったもん。

さはし　僕は**『ベニイ・グッドマン物語』**＊41が大好きなんですよ。グッドマンは自分の楽団を率いて、演奏をちゃんと聴いてもらおうとするんだけど、あの頃のジャズはダンスの伴奏という位置付けでしかなかったから、誰も演奏に耳を傾けてくれない。業を煮やした彼が客席に背を向けて演奏すると、ダンスホールの客が演奏の素晴らしさに気がついて、拍手が沸き起こる。あれは名場面です。

ひろし　それが歴史の分岐点だったんだ。

さはし　そう。要するにポピュラー音楽が踊るためのものだけでなく、鑑賞に堪えうるも

＊34『永遠のモータウン』
モータウンの黄金期をハウス・バンドとして支えた〝ファンク・ブラザーズ〟の足跡をインタビューや演奏シーンなどを基に振り返る音楽ドキュメンタリー。書籍『伝説のモータウン・ベース　ジェームズ・ジェマーソン』を基に2002年に映画化。

＊35『メイキング・オブ・モータウン』
2019年に60周年を迎えたモータウンの創設者ベリー・ゴーディ・ジュニアに引退直前に密着。ジャクソン5のオーディション映像や、ヒットのノウハウを明かす貴重な証言なども盛り込まれている。2020年公開。

＊36 レイ・チャールズ
1930年生まれ。ジョージア州出身の盲目のシンガー・ソングライター。ジャズ、ブルース、ゴスペル、R&Bを礎に50年代から60年代にかけて「ホワッド・アイ・セイ」、「我が心のジョージア」、「愛さずにはいられない」などのヒットを放ち、ソウルミュージックを普及させた。

のになった瞬間を捉えたシーンなんですよ。

ひろし　イイ話だね。

さはし　そのベニー・グッドマン楽団には**チャーリー・クリスチャン**＊42というジャズ・ギターの開祖と呼ばれるギタリストがいたんですが、実はその人が初めてエレキ・ギターを弾いたんじゃないかとも言われているんですよ。

ひろし　そうなの?

さはし　これには証拠があるんです。Dr.KyOnに聴かせてもらった戦前のベニー・グッドマンのライブ音源の記録があって、それまでは、ただ「オン・ギター」という紹介だったんですが、ある日、「オン・エレクトリック・ギター、チャーリー・クリスチャン!」と呼んでいたんです。それが録音されて残っていた!

ひろし　それは貴重すぎるね。

さはし　あれは僕も驚きましたよ。すみません、またウンチク披露しちゃいました。

M Sing,Sing,Sing／Benny Goodman

東京の記憶。『風街ろまん』の光景

さはし　浩さんの吉祥寺バウスシアターの話で思い出したけど、僕もうちの親父によく西部劇に連れていってもらったんですよ。いちばん行ったのは、渋谷のいまはヒカリエになっている……?

ひろし　東急文化会館!

さはし　そう。上に五島プラネタリウムがあって、小学生のとき授業で行きました。渋谷にトロリーバスが走っていたのもおぼろげながら覚えているんですよ。

ひろし　僕は都電だね。松本隆さんも、いまの246に都電が走っていた頃、大雪が降ると都電の轍がすごく印象的だったんだって。

さはし　わー、なんか『風街ろまん』ですね!渋谷から二子玉川園(現・二子玉川駅)までは玉川線と呼ばれていて、二子玉川園は遊園

＊37『Ray／レイ』 2004年製作のレイ・チャールズの伝記映画。レイ・チャールズを演じたジェイミー・フォックスはアカデミー主演男優賞を受賞。

＊38 チェット・ベイカー 1929年生まれ。ウエストコースト・ジャズを代表するトランペット奏者、ヴォーカリスト。54年の『チェット・ベイカー・シングス』収録の「マイ・ファニー・ヴァレンタイン」の歌唱でも知られる。ブルース・ウェーバーが監督したドキュメント映画『Let's Get Lost』で再び注目を浴びるも、88年に他界。

＊39『ブルーに生まれついて』 イーサン・ホークがチェット・ベイカーに扮し、その半生を描いた2015年製作の伝記映画。

＊40 マイルス・デイヴィス 1926年生まれ。「モダン・ジャズの帝王」と呼ばれるトランペット奏者。50年代から『ウォーキン』『カインド・オブ・ブルー』、『ビッチェズ・ブルー』など多くの傑作を発表。

地だった。246の上にまだ首都高がなくて空が広かった記憶があります。

ひろし　松本さんの青山の実家は1964年の東京オリンピックの都市計画で立ち退きになったそうで、日本が高度成長期に突き進むなか、都市開発でどんどん遊び場がなくなってゆく喪失感が『風街ろまん』にはあるんだ。

さはし　僕は1961年生まれだから、ぎりぎり昔の東京が記憶にあるんですよ。映画館も下高井戸シネマのような名画座がたくさんありましたよね。

ひろし　映画館のそばには良い喫茶店もあった。三鷹だと「第九茶房」。1階は「第九書房」という書店だった。村上春樹さんも早稲田大学がロックアウトしていた頃に常連だったという。

さはし　ロックアウトといえば、僕は小学校が駒場の東大の隣だったから、通学路に機動隊がいましたよ。学生運動華やかなりし頃。

ひろし　それも昭和40年代の東京の光景だね。

さはし　僕の一学年下に演出家の**平田オリザ***43さんがいて、家が近所でよく遊んでいたんです。ある日、先生に呼び出されて、「今度、オリザくんと同学年の小暮くんという子が転校してくるから、一緒に遊んであげて」って。それがのちの**デーモン閣下***44さんでした。だから、僕、悪魔の先輩なんですよ（笑）。

M 風をあつめて／はっぴいえんど

『ロスト・イン・トランスレーション』の「風をあつめて」

さはし　浩さんがいちばん多感な時期って基本的に70年代ですよね？

ひろし　そうだね。だから、ビートルズやラブ&ピース、60年代の学生運動なんかは後追いになるんだけど、アメリカン・ニューシネマを観たり、本を読み、カルチャーを学んで

時代に応じてクール・ジャズ、エレクトリック・ジャズ、クロスオーバーなど多様なスタイルの音楽性を展開し、ジャズ界を牽引し続けた。

***41『ベニイ・グッドマン物語』**　スウィング・ジャズを代表するクラリネット奏者、バンドリーダーのベニー・グッドマンの人生を描いた1956年の伝記映画。

***42 チャーリー・クリスチャン**　ジャズ・ギターの開祖とされるギタリスト。1939年から41年までベニー・グッドマン楽団で活躍。ディジー・ガレスピーやセロニアス・モンクとのセッションを録音した『ミントンハウスのチャーリー・クリスチャン』がある。25歳で他界。

***43 平田オリザ**　1962年、東京生まれ。劇作家、演出家、劇団「青年団」主宰。

いった世代。アメリカの映画は時代考証がしっかりしているから、いつ観ても新鮮な発見があるんだよ。

さはし　その遺伝子は次の世代に継承されて、フランシス・フォード・コッポラの娘さんが撮った映画って何でしたっけ？

ひろし　ソフィア・コッポラの『**ロスト・イン・トランスレーション**』＊45。映画では、はっぴいえんどの「風をあつめて」が使われていたけど、彼女は日本の音楽もちゃんとリサーチしているんだよね。映画が公開されたときに原宿の「モントーク」でパーティがあってさ。ソフィアは浴衣にコンバース履いて、可愛かったなー。2人して写真も録りました。

さはし　いまや「風をあつめて」は日本のロックのスタンダードですもんね。でも、あの曲って他のスタンダードになった曲に比べるとけっこう難解じゃないですか？

ひろし　難解だよ。松本さんが学生のときに愛読していたボードレールの影響もあって。なにしろ、靄ごしに路面電車が空を飛んじゃうんだもん（笑）。

『マジカル・ミステリー・ツアー』日本上映秘話

さはし　音楽映画といえば、やっぱりビートルズは欠かせないですよね。

ひろし　この前、音楽雑誌『**ミュージック・ライフ**』＊46の編集長でいらした**星加ルミ子**＊47さんにお会いしたんだけど、彼女はジョン・レノンと同い年だそうです。

さはし　へぇー。そうなんだ。

ひろし　星加さんはビートルズのテレビ映画『**マジカル・ミステリー・ツアー**』＊48の買い付けのために何度もロンドンに行ったんだって。当時はマネージャーの**ブライアン・エプスタイン**＊49が亡くなって、**アップル**＊50が設立された頃で、星加さんが行ったとき、たまたまポール・マッカートニーがいて、「日本のファンも『マジカル』が観たいのに、映画

＊44 デーモン閣下
ミュージシャン、タレント、ロックバンド聖飢魔Ⅱのヴォーカリスト。

＊45『ロスト・イン・トランスレーション』
ソフィア・コッポラ監督の2003年の映画。サントラには、マイ・ブラッディ・ヴァレンタインのケヴィン・シールズの曲と共にはっぴいえんどの「風をあつめて」を収録。

＊46『ミュージック・ライフ』
シンコー・ミュージック（旧・新興音楽出版社）が発行した洋楽雑誌。60年代にはビートルズやウォーカー・ブラザーズ、70年代にはクイーンなどを積極的に取り上げた。1998年休刊。

＊47 星加ルミ子
音楽評論家。『ミュージック・ライフ』の編集長を1965年から75年まで務め、日本人ジャーナリストとして初めてビートルズとの単独会見を成功させた。著書に『私が会ったビートルズとロック・スター』がある。

の権利が高くて困っている」と話したら、ポールが電話で交渉してくれて、安くしてくれたそうですよ。それで日本武道館の上映、TBSの放送が決まった。

さはし　マジですか？　スゴい！　だって、その頃は雑誌社の一社員ですよね。

ひろし　ビートルズの1966年の来日公演で唯一取材を許可されたのも『ミュージック・ライフ』だからね。星加さんによると、ホテルから外出できないジョンが、部屋で聴いていたのが日本の民謡、〈エンヤトットエンヤトット〉の「斎太郎節」。**「アイ・アム・ザ・ウォルラス」***51にはそのリズムの影響があるって、彼女が言ってた。

さはし　なるほどねー。ジョンはのちにオノ・ヨーコさんと一緒になるけど、すでに日本とは縁があったのかもしれないですね。

ひろし　あるとき、日本でヨーコさんと歌舞伎を観に行ったら、派手な見栄を切るような演目じゃなくて、すごく地味な演目だったたにもかかわらず、ジョンははらはら泣いていたんだって。そういう深いところで日本の文化を理解できる人だったと思うな。

M I Am The Walrus／The Beatles

さはし　映画**『レット・イット・ビー』***52のルーフトップ・コンサート、また観たいですね。配信で公開される**『ザ・ビートルズ：Get Back』***53が待ち遠しい！

ひろし　あの屋上でのライブ、めちゃくちゃ寒かったらしいね。星加さんは、「寒い、寒い」って演奏を終えて、ビルから出てくる4人を見送っているんだ。

さはし　真冬の屋外ライブなんて何かの罰ゲームみたいですよね（笑）。寒さでジョンの「ゲット・バック」のギターを弾く指が上がりきってないんだけど、それがまたカッコイイという。

ひろし　ジョンが着ているフォックスのコー

＊48『マジカル・ミステリー・ツアー』　ビートルズ製作・主演の1967年のテレビ映画。イギリスの地方をビートルズがバスで旅する模様と「アイ・アム・ザ・ウォルラス」などの演奏シーンなどが挿入されている。映画は酷評されたが、後年は「MTVの先駆け」とも表される。サウンドトラックは、英国では2枚組EP、アメリカではサウンドトラック6曲とシングル既発売曲の5曲を収録したLPとしてリリースされ、アメリカでは8週間連続第1位に輝いた。

＊49 ブライアン・エプスタイン　1934年生まれ。リヴァプールでレコード店を営んでいた61年にビートルズと出会い、マネージメント契約。『NEMSエンタープライズ』を設立。67年、32歳で急逝。

＊50 アップル　アップル・コア（Apple Corps Ltd）。エプスタインの死去後、ビートルズが設立した多角的な会社組織。設立当初はエレクトロニクス、映画、音楽出版、レコー

トはヨーコさんの私物だって知ってた？

さはし　出ましたね、浩さんの豆知識（笑）。ルーフトップ・コンサートをやっていたのは東京でいえばどこに近いんですかね？

ひろし　アップルの社屋があったサヴィル・ロウは高級紳士服の街だから、東京でいえば銀座だね。ライブが終わった後、ジョンが「これでオーディションに受かるといいんだけど」って冗談を言うんだけど、それはビートルズがかつて**デッカ・レコード**＊54のオーディションに落ちたからなんだよね。

さはし　「ジョン、まだ言ってるよ」って、メンバーも思ったでしょうね（笑）。

シングル「ハロー・グッドバイ」「アイ・アム・ザ・ウォルラス」/ビートルズ

ド（アップル・レコード）、小売業の事業展開を目指していた。

＊51「アイ・アム・ザ・ウォルラス」 1967年のビートルズのシングル「ハロー・グッドバイ」のB面曲としてリリースされ、『マジカル・ミステリー・ツアー』のサントラに収録。「斎太郎節」と思しきリズムが出てくるのはサイケデリックな音が飛び交う後半。

＊52『レット・イット・ビー』 1969年1月にビートルズが行ったセッション（ゲット・バック・セッション）の模様と、最後のライブとなったアップル本社の屋上において予告無しで行われた「ルーフトップ・コンサート」を記録したドキュメンタリー映画。1970年公開。

＊53『ザ・ビートルズ：Get Back』 「ゲット・バック・セッション」の未公開映像と未発表音源を、『ロード・オブ・ザ・リング』のピーター・ジャクソン監督が復元・編集。「ルーフトップ・コンサート」をノーカット完全版で収録。2021年11月から3パートに分けてディズニーの動画配信サービス、Disney＋にて公開した。

＊54 デッカ・レコード 1929年に設立されたEMIと並ぶイギリスの2大レコード会社。ビートルズは62年1月1日にデッカのオーディションを受けるも不合格。デッカは、63年にローリング・ストーンズをデビューさせ、ブリティッシュ・インベイジョンの一翼を担った。

PART 2

さはしひろしと筒美京平と昭和歌謡

京平先生と一緒に遭遇した〝事件〟

さはし　コロナ禍になってショックだったことのひとつに京平先生がお亡くなりになったことがありましたね。

ひろし　京平先生、**筒美京平**さんですね。

さはし　はい。今夜は京平先生が活躍されていたシティ・ポップ前夜、いわゆる歌謡曲が日本のポップスだった時代の音楽を掘ってみませんか。

ひろし　この前、**松本隆**さんと話していたら、京平さんとは作詞家、作曲家としてたくさんの名曲を生んできたけど、ある種ライバルのようなところもあって、それが深い絆になっていたと仰っていました。

さはし　松本さんは、はっぴいえんど時代に新しい作風を築いた方ですが、職業作詞家としては京平先生とのコンビネーションも大きかったでしょうから、盟友であり、ライバルでもある関係だったんでしょうね。

ひろし　佐橋くんは、京平さんと仕事の経験はある？

さはし　僕も編曲家として何曲かお仕事させてもらいましたが、懇意になったのは松本さんを介してでした。面白い話があってね。京平先生が打ち合わせに使うのは必ず都内の某ホテルのカフェなんですけど、僕が松本さんと一緒に会った日は、そのカフェがスイーツ食べ放題の日だったんですよ。

ひろし　ああ、よくホテルでそういうイベントをやってるよね。

さはし　そのとき、僕らの隣のテーブルにいた女の子が次から次へ、とんでもない量のスイーツを運んできて食べていたんですよ。京平先生も「彼女、すごくない？」って驚いて、松本さんが「もしかしたら大食い競争の練習しているんじゃないですか？」って冗談のように話していたんです。後日、僕、見たんですよ。その女の子、ホントにテレビの大食い選手権に出ていたんです！　すぐに松本さん

＊1 **「木綿のハンカチーフ」**
作詞・松本隆、作曲・筒美京平の太田裕美の1975年のシングル。はっぴいえんどから作詞家に転身した松本隆の出世作ともなった。

に電話しました（笑）。

ひろし　京平先生は取材やインタビューをほとんど受けない方だったし、僕らラジオの人間にしたら、佐橋くんのそういうエピソードは貴重だし、うらやましいよ。

M 木綿のハンカチーフ／太田裕美

「木綿のハンカチーフ」／太田裕美

さはしひろし　筒美京平の代表曲を語る

ひろし　「木綿のハンカチーフ」*1の長い歌詞は、松本さんから京平さんへの挑戦だったのかもしれないね。曲を仕上げるのが大変だったと聞いていますよ。

さはし　こういう長いストーリーの歌詞って日本のポップスにはなかったし、最後までちゃんと聴いてオチを知りたくなりますよね。

ひろし　太田裕美*2さんは、その昔は**スクールメイツ***3にいたんだよね。

さはし　僕はピアノを弾きながら歌うイメージがあったから、こういうリズミカルな曲調を歌ったのはチャレンジだったと思いますね。最近は日本のシティ・ポップが海外でも話題になっていますが、その少し前の日本のポップスも素晴らしい曲がたくさんあって、僕が子供心にお洒落な曲だなと思ったのは、いしだあゆみさんの**「ブルー・ライト・ヨコ**

＊2 太田裕美
1955年生まれ。東京都出身。74年に「雨だれ」でデビュー。現在もステージを中心に活動中。

＊3 スクールメイツ
渡辺プロダクションが設立したタレントを養成する東京音楽学院の生徒から選抜されたメンバーにより構成された芸能チーム。60年代から70年代にかけてテレビ番組で活躍した。

＊4 「ブルー・ライト・ヨコハマ」
作詞・橋本淳、作曲・筒美京平のいしだあゆみの1968年のシングル。150万枚の大ヒットとなり、筒美は日本レコード大賞・作曲賞を受賞した。

＊5 「雨音はショパンの調べ」
イタリアの男性歌手ガゼボが歌い、世界的なヒットとなった「アイ・ライク・ショパン」を1984年に小林麻美がカヴァー。日本語詞は、小林と旧友でもある松任谷由実が手がけた。

ハマ」＊4。

ひろし　これも筒美京平さん作曲でした。**小林麻美**さんはかつて花街でもあった大田区大森の出身で、この曲が商店街から流れてきたとき、小唄っぽい粋な感じと洋楽が混ざったような和洋折衷の雰囲気がしたそうですよ。

さはし　なるほどね。小林麻美さんにも**「雨音はショパンの調べ」**＊5という大ヒット曲がありましたね。

ひろし　洋楽のガゼボの曲にユーミンが日本語詞を書いた。

さはし　あの曲のヒット以来、ピアノにディレイをかけてもらうとき、エンジニアに「ちょっとガゼボって」と言うようになったんですよ（笑）。あと、京平先生の曲で洋楽っぽいといえば、**南沙織**＊6さんのデビュー曲**「17才」**＊7。噂ではオーディションで洋楽ヒット曲の**「ローズ・ガーデン」**＊8を歌ってデビューが決まったという話もあるみたいですね。

M 17才／南沙織

ひろし　彼女の髪型、沖縄出身らしい小麦色の肌は魅力的だったな。ムッシュことかまやつひろしさんと**吉田拓郎**＊9さんは、彼女に捧げる歌を歌っていた。

さはし　「シンシア」ですね。好きすぎて曲まで書いちゃった（笑）。

ひろし　しかし、篠山紀信さんと結婚するとは思わなかったなー。iPS細胞の山中伸弥さんも南沙織さんの大ファンだったって！

『サザエさん』の主題歌には元ネタがあった!?

さはし　話を戻すと、京平先生はキャリアの初期の頃は作曲と同時に編曲も手がけることが多くて、たとえば、尾崎紀世彦さんの**「また逢う日まで」**＊10は、とってもキャッチィなアレンジでしょ。あと、僕が好きな京平さん作曲・編曲作は、日本人なら誰でも知って

＊6 南沙織
1954年生まれ。沖縄県出身。71年にデビュー。筒美京平が手がけた曲が次々ヒットし、アイドルとして人気を博す。夫は写真家の篠山紀信。

＊7 「17才」
南沙織の1971年のデビュー・シングル。作詞・有馬三恵子、作曲・筒美京平。

＊8 「ローズ・ガーデン」
カントリー歌手のリン・アンダーソンの1970年のヒット曲。南沙織もカヴァーしている。

＊9 吉田拓郎
1946年生まれ。シンガー・ソングライター。70年代にアルバム『人間なんて』『元気です。』、シングル「結婚しようよ」の大ヒットで不動の人気を築く。74年に南沙織の愛称を冠した「シンシア」をよしだたくろう＆かまやつひろし名義で発表。

＊10 「また逢う日まで」
第13回日本レコード大賞に輝いた1971年の尾崎紀世彦の大ヒット曲。作詞・阿久悠、作曲・

いるアニメ『**サザエさん**』＊11のエンディングテーマ。

ひろし　〈お魚くわえたドラ猫〉の？　あれも京平さん作曲だったんだ！

さはし　実はね、『サザエさん』には元ネタがあるみたいなんですよ。ちょっと聴いてみましょうか？（曲がかかる）。

ひろし　あら？　そっくり！（笑）。この曲は誰なの？

さはし　**１９１０フルーツガム・カンパニー**＊12の「Bubblegum World」。このバンドはヒット曲もいっぱいあって、僕も子供のときに近所のおねえさんにシングル盤をもらったんです。京平先生は、元々レコード会社の洋楽担当のディレクターだったから、ヒット曲の極意をその頃から身につけていたのかもしれないですね。

ひろし　たしかに洋楽のディレクターだったというのは大きいね。

さはし　昔は洋楽の曲に邦題をつけていたじゃないですか？　**ラヴィン・スプーンフル**＊13の「Do You Believe in Magic」に「魔法を信じるの？」という邦題を最初につけたのも京平先生だったらしいですよ。

ひろし　洋楽の日本語のタイトルも「なんで、それ？」っていうものがあったよね。

さはし　ありましたねー。**フランク・ザッパ**＊14はその宝庫。だって、「No Not Now」という曲の邦題が「いまは納豆はいらない」ですよ！
立ち直れないくらい笑った。

ひろし　それを言えば、「上を向いて歩こう」も向こうじゃ「SUKIYAKI」だからね。

さはし　たしかに。お互いさまですね（笑）。

新御三家との“仕事”

さはし　もう6、7年前の話なんですけど、ある日、**野口五郎**＊15さんのスタッフの方から僕に連絡があったんですよ。

ひろし　野口五郎さんって、あの新御三家の？

筒美京平。

＊11『サザエさん』　作詞・林春生、作曲／編曲・筒美京平、歌・宇野ゆう子

＊12　１９１０フルーツガム・カンパニー　日本でも「サイモン・セッズ」などのヒットを放った60年代のバブルガム・ポップを代表するグループ。

＊13　ラヴィン・スプーンフル　60年代半ばにジョン・セバスチャン、ザル・ヤノフスキーらによって、ニューヨークで結成。「魔法を信じるかい？」、「サマー・イン・ザ・シティ」などの大ヒット曲を放つ。

＊14　フランク・ザッパ　ザ・マザーズ・オブ・インヴェンションのリーダーとして1966年に『フリーク・アウト！』でデビュー。独創性と諧謔精神に溢れた音楽性と多彩なバンド形態で、60枚以上のアルバムを発表。「No Not Now」が収録された82年のアルバムの初回の邦題は『フランク・ザッパの○

さはし　はい。僕が子供の頃からの大スターですよ。それでご本人とお会いしたんです。五郎さんによると、京平さんに新曲をお願いしたら、体調が優れないので新曲を作るのは難しいけど、ストックの中にきみにピッタリの曲があると。聴かせてもらったら、さすがに素晴らしい曲で、京平さんが「この曲調ならアレンジは佐橋くんがいいんじゃない？」と僕を推してくれたみたいなんです。

ひろし　それは光栄なお話じゃない。

さはし　そうなんですよ。僕もせっかく五郎さんとお仕事するんだから、どこかに五郎さんのギター・パートをつくっちゃおうと思って、「五郎さん、ここはギタリスト同士、一緒に弾きましょうよ」って口説きました。

M 再会タイムマシン／野口五郎

ひろし　この曲のギター、ちょっと**ナイル・ロジャース**＊16が入っているね。

「再会タイムマシン」/ 野口五郎

さはし　そう。五郎さんとシックの話なんかで盛り上がったんですよ。

ひろし　編曲にはそういうテイストを自分なりに入れる楽しみがあるんだろうね。

さはし　思いついたコード進行をどんな楽器に割り振ろうとか、こういうリズムでやってみたらどうだろうとか、あれこれ考えるのがアレンジの面白さですね。

ひろし　アレンジしていると、楽しくて、あっという間に時間が過ぎてゆく感じ？

△□』だった（後に変更）。

＊15 野口五郎
1956年生まれ。岐阜県出身。71年にデビューし、「青いリンゴ」、「甘い生活」など筒美京平の手がけたヒット曲を放つ。70年代は、西城秀樹・郷ひろみと共に新御三家と呼ばれた。

＊16 ナイル・ロジャース
70年代にシックのギタリストとして活躍。80年代以降はマドンナ、デヴィッド・ボウイのアルバムのプロデュースを手がける。2013年には、ダフト・パンクの『ランダム・アクセス・メモリーズ』に参加。

＊17「セクシー・バス・ストップ」
筒美京平が率いた覆面ユニット、Dr.ドラゴン&オリエンタル・エクスプレスの1976年のシングル。同年、浅野ゆう子が日本語詞でカヴァー。筒美はJack Diamondという変名でクレジットされている。

さはし　そういうときもあるし、もっといいアレンジがないかなと悩むときもあります。サビのエクスタシーに達する瞬間までどうやって盛り上げるかとか、歌う人がいかに気持ち良く歌えるかも重要ですね。

ひろし　佐橋くんからみて、京平さんの編曲の魅力ってどういうところ？

さはし　京平先生は稀代のメロディ・メーカーですから、演奏のフレーズひとつひとつがとってもポップで覚えやすいんですよ。あと、お洒落なコードならいいってわけではなくて、ジャズをやっていた方なのに、ジャジーな響きをそれほど好んでいるわけでもなかったり。

ひろし　それは興味深いね。

さはし　僕が京平先生の曲のコードをほんの少し変えたら、「あそこはお洒落なボイシングに変えないでほしいな」って鋭く指摘されましたから。

ひろし　それを聞き逃さないところがさすがだね。そんなエピソードは一緒に仕事をした佐橋くんならではだよ。

さはし　ホントによくしていただきました。京平先生のアレンジの妙でいうと、70年代半ばのディスコ・ブームの頃のカッコイイアレンジの曲があるんですよ。浩さん、これ、覚えてませんか？

M　セクシー・バス・ストップ／浅野ゆう子

筒美京平と矢野顕子の意外な関係？

ひろし　「セクシー・バス・ストップ」*17って、しかし、スゴいタイトルだよね。

さはし　作詞は？　ああ、**橋本淳***18さんでした。

ひろし　「ブルー・ライト・ヨコハマ」のゴールデン・コンビだね。京平さんは橋本さんの青学（青山学院大学）の後輩なんだよね。

さはし　青学といえば、ここにすごくレアな

＊18 橋本淳
1939年生まれ。作詞家。青山学院高等部時代の後輩で、大学時代には同じジャズバンドにいた筒美京平とのコンビで、500曲以上の作詞を手がける。ジャッキー吉川とブルーコメッツ「ブルー・シャトウ」、ヴィレッジ・シンガーズ「亜麻色の髪の乙女」、オックス「ガール・フレンド」などグループ・サウンズの作詞も多く手がけた。

＊19 ザリバ
矢野顕子がソロ・デビュー以前に在籍。1974年に作曲・筒美京平、編曲・矢野誠による唯一のシングル「或る日」を発表。

＊20 矢野誠
1947年生まれ。70年代初頭から編曲家・プロデューサー・鍵盤奏者として、キャラメル・ママ、ティン・パン・アレー、松本隆、筒美京平らと活動し、後に名盤となる作品に多数参加。矢野顕子の『JAPANESE GIRL』など初期の作品をプロデュース。

盤があるんですよ。最近、僕は矢野顕子さんのツアーに参加させてもらっているんですが、青学の高等部出身の矢野さんがソロ・デビュー前に活動していたバンド、**ザリバ***19のデビュー・シングル「或る日」を作曲していたのも、実は京平先生なんです。

ひろし　それは知らなかった。

さはし　編曲は矢野さんの最初の旦那さんで編曲家の**矢野誠***20さん。これ以降、お二人は京平先生のセッションに呼ばれるようになったそうで、「けっこう有名な曲も弾いているのよ」と仰ってましたね。

ひろし　そうなんだ。

さはし　でね、この曲の演奏は、クレジットはないもののキャラメル・ママらしいんですよ。のちの**ティン・パン・アレー**人脈に繋がっていくという意味でも、これは重要な作品なんです。

M 或る日／ザリバ

さはし　90年代の後半、佐野元春さんのツアーで福岡に行ったとき、メンバーのみんなと博多の中州のあたりの生のバンドが入っている店に行ったんですよ。そこで紹介された男の人がなんと！　ザリバのメンバーの方だったんですよ。矢野さんの福岡公演のときに僕がお呼びして、お二人は何十年ぶりに感動の再会をしていました。

昭和のヒット曲とテレビ全盛期の「夜のヒットスタジオ」事件

さはし　ここまで筒美京平先生の話をしてきましたが、自作自演の人たちがメインストリームで活躍するまでは、日本のポップスは職業作家の曲が中心でしたね。

ひろし　京平さんと同じく、２０２０年に亡くなられた**なかにし礼***21さんも作詞家として数々の名曲を残されました。

さはし　２０２０年は訃報が続きましたね。なかにしさんが音楽の世界に入ったきっかけ

＊21 なかにし礼
１９３８年生まれ。立教大学在学中よりシャンソンの訳詩を手がけ、64年に作詞家となり、「天使の誘惑」、「石狩挽歌」、「北酒場」など4千曲の作詞を手がける。小説家としても『長崎ぶらぶら節』で直木賞を受賞。２０２０年他界。

＊22 「銀巴里」
１９５１年から90年まで東京・銀座にあったシャンソン喫茶。シャンソンの普及に大きな業績を残し、美輪明宏、戸川昌子らを輩出した。

＊23 岩谷時子
１９１６年生まれ。作詞家・翻訳家。50年代の越路吹雪のマネージャー時代に初めて手がけた「愛の讃歌」の訳詞を機に作詞家となり、「夢見るシャンソン人形」「君といつまでも」「恋の季節」など数多くのヒット曲を生む。２０１３年他界。

＊24 「愛の讃歌」
フランスのシャンソン歌手、エディット・ピアフの代表曲であり、日本では岩谷時子の日本語

は、フランス語の訳詞だったそうですね。

ひろし　そう。なかにしさんは立教大学時代に銀座7丁目の**「銀巴里」**[*22]に通っているうちにシャンソンの訳詞をアルバイトで手がけるようになって、たまたま知り合った石原裕次郎さんに「日本人なんだから日本の歌を書けよ」って言われて、そこから作詞家の人生が始まった。

さはし　**岩谷時子**[*23]さんも越路吹雪さんの歌ったシャンソン**「愛の讃歌」**[*24]の訳詞で作詞家としてデビューされたんですよね。僕が子供心に面白いなと思ったのは、「わたし」を「わたくし」という人称で歌っていたこと。

ひろし　当時は、「銀巴里」を代表とする**シャンソニエ**[*25]という文化もあったし、いまよりもっと大人の雰囲気が音楽のまわりにあったんだろうね。

さはし　僕は60年代の初め、浩さんは50年代後半の生まれですが、あの頃はテレビの影響力が圧倒的に大きかったですね。

ひろし　テレビの黄金期に放送されていた「シャボン玉ホリデー」に代表される番組が昭和のポップス、歌謡曲に与えた影響は計り知れない。

さはし　ギリギリ覚えています。まだうちのテレビは白黒だった。

ひろし　あと、フジテレビがまだ河田町にあった頃の**「夜のヒットスタジオ」**[*26]。しかし、TOKYO FM（TFM）の人間としては忘れられない苦い思い出が……。

さはし　あっ！　**ザ・タイマーズ**[*27]！　**「夜のヒットスタジオ」事件**[*28]！

ひろし　今でもYouTubeに映像が上がっているのかな？　いやもう社内は大騒ぎでしたよ。でも、その後、**忌野清志郎**さんとは仲良くなって、TFMにもよく自転車でやって来ました。エレベーターにも自転車のままでね。共同通信から訃報の入電があったとき、ちょうど桑田佳祐さんの生放送中でね。臨時ニュースは局アナに読ませるんだけど、独断

詞で越路吹雪が歌った。

＊25 シャンソニエ
日本ではシャンソンを聴かせるライブハウスを指す。

＊26 「夜のヒットスタジオ」
1968年から22年にわたりフジテレビ系列で放送された生放送の音楽番組。

＊27 ザ・タイマーズ
忌野清志郎に似ている〝ZERRY〟率いる覆面バンド。1988年からライブイベントにゲリラ的に出没し、89年にモンキーズの「デイドリーム」を日本語でカヴァーした「デイ・ドリーム・ビリーバー」でデビュー。権威やマスコミを風刺する際どいパフォーマンスが話題を集めた。

＊28 「夜のヒットスタジオ」事件
1989年に『ヒットスタジオR&N』に出演したザ・タイマーズが、生放送中にTOKYO FMを罵倒する未発表曲を突然演奏し、物議を醸した事件。

で桑田さんに読んでいただきました。

さはし　そうでしたか。では、ここで、なかにし礼さん作詞の**「愛のさざなみ」**＊29を聴いてみませんか。

M 愛のさざなみ／島倉千代子

歌謡曲とレッキング・クルー

さはし　僕、90年代に**島倉千代子**＊30さんと一度お仕事させていただいたことがあって。小田和正さんが作曲・プロデュースを手がけた曲**「あの頃にとどけ」**＊31でギターを弾いたんです。実はね、「愛のさざなみ」は、演奏があの**レッキング・クルー**＊32で、ＬＡレコーディングなんですよ！

ひろし　この曲も大ヒットしたね。俺たちの世代には歌謡曲はもっぱらテレビからのインプットだったね。

さはし　そうですね。歌謡曲はテレビ、洋楽はラジオでしたね。

ひろし　紅白歌合戦なんかも親は喜んで観ていたけど、演歌の時間なんか俺にとってはトイレタイムだった（笑）。

さはし　それよりもっと新しい時代の息吹を感じさせるものを聴きたかったんですよね。

ひろし　だから、そこから抜け出して、我々世代が親しめる洋楽のエッセンスが入った筒美京平さんの曲が新鮮に響いたんだと思う。

さはし　まさに。もう１曲、マスターがみつけてきたレッキング・クルーが演奏した国民的歌手の曲があるんですよ。**江利チエミ**＊33さんなんですけどね。

ひろし　美空ひばりさん、雪村いづみさん、江利チエミさんの元祖「三人娘」は、今で言うカヴァー・ソングもたくさん歌っていたね。

さはし　そうそう。江利チエミさんも「テネシー・ワルツ」、「イスタンブール・マンボ」を歌っていましたね。でね、この１９７１年のシングルは、調べによると演奏は、僕もス

＊29 **「愛のさざなみ」**　作詞・なかにし礼、作曲・浜口庫之助による島倉千代子の１９６８年の大ヒット曲。

＊30 **島倉千代子**　１９３８年生まれ。55年のデビュー以降、「この世の花」、「からたち日記」、「人生いろいろ」など数々のヒットを放つ。愛称は「お千代さん」。２０１３年没。

＊31 **「あの頃にとどけ」**　小田和正が作詞（島倉と共作）・作曲・編曲・プロデュースを手掛けた１９９５年の島倉千代子のシングル。

＊32 **レッキング・クルー**　１９６０年代から70年代にかけて、フィル・スペクター、ビーチ・ボーイズ、バーズなどのレコーディングで活躍したミュージシャン集団。アメリカン・ポップス、ロックを陰で支えた。

＊33 **江利チエミ**　１９３７年生まれ。進駐軍のキャンプを回る少女歌手として出発し、52年に「テネシーワルツ」でデビュー。ジャズ、ポッ

トリングス・アレンジでは影響を受けたジミー・ハスケル*34、ドラムはハル・ブレイン*35で、作曲は村井邦彦さんなんです。

M 旅立つ朝／江利チエミ

さはし　なかにし礼さんに話を戻すと、僕は**アン・ルイス***36さんの**「グッド・バイ・マイ・ラブ」***37が大好きなんですよ。アン・ルイスさんは、「六本木心中」のヒットでロック歌謡の先駆者のイメージもありますが、この曲もいいんですよね。作曲は**平尾昌晃***38さんです。

ひろし　僕は、平尾先生は、「カナダからの手紙」のイメージが強いな。

さはし　僕らの世代は畑中葉子さんを思い出すと、どうしても「後から前から」を連想しちゃいますけどね（笑）。

M グッド・バイ・マイ・ラブ／アン・ルイス

義父のレコード・コレクションから消えたバカラック？

さはし　70年代の日本のポップスといえば、僕は面識はないんですけど、村井邦彦さんの書かれた曲や、関わっていた音楽シーンはとても大きかった気がしますね。

ひろし　実は、僕の父が暁星学園で教師をしておりまして、村井さんの担任をしておりました。同級生は中村吉右衛門さん。

さはし　そうなんですか！　ちょっと身内ネタですが、僕の義理の父も暁星出身で、学生時代から村井先生と親しくて、「佐橋くんは、村井くんと仕事したことないの？」って訊かれたことがありました。

ひろし　その松本白鸚さんも父が教えておりました。

さはし　一度、義父のレコード・コレクションを見せてもらったことがあって、「欲しいのがあったら持って帰っていいよ」って言わ

プス、民謡、歌謡曲など幅広いレパートリーを歌いこなした。

***34 ジミー・ハスケル**
リッキー・ネルソン、シカゴ、サイモン&ガーファンクルの「明日に架ける橋」のストリングス・アレンジメントで知られるアメリカの作曲家／編曲家。

***35 ハル・ブレイン**
1929年生まれ。60年代からレッキング・クルーのドラマーとして、「ビー・マイ・ベイビー」など膨大な数のレコーディングに参加。ベースのジョー・オズボーン、キーボードのラリー・ネクテルと共に「黄金のリズム・セクション」と呼ばれた。

***36 アン・ルイス**
1956年生まれ。71年にデビュー。歌謡アイドルからポップ／ロックに転身し、山下達郎作曲・編曲の「恋のブギ・ウギ・トレイン」や竹内まりや作詞・作曲の「リンダ」などを経て、「ラ・セゾン」「六本木心中」などのヒット曲を放った。

れたので、ビートルズのすごく若い番号の「ホワイトアルバム」（『ザ・ビートルズ』）を見つけて、さっと鞄に入れました（笑）。そのとき、義父が言ったのは、「でも、（バート・）バカラックはないよ。全部、村井くんが持っていったから」（笑）。

ひろし　村井さん、借りたレコードは返さなきゃ（笑）。

さはし　村井先生の息子さんの**ヒロ・ムライ**＊39さんは、最近、グラミー賞の最優秀ミュージック・ビデオ賞を受賞したし、親子ですごいですよね。

ひろし　松任谷正隆さんは村井さんの愛車のベンツに憧れて、一生懸命仕事したんだって。僕からみると、正隆さんも、村井さんも、どこかずっとアマチュアの匂いがするんだよね。プロ野球じゃなくて、少年サッカーって感じがする。山下達郎さんにも佐橋くんにもそれは感じるな。

さはし　今、名前が挙がった方々は、全員東京出身ですね。それは何かおおいに関係している気がします。

新しい時代の息吹を感じた CBS・ソニー

さはし　あっ、この曲は**ビリーバンバン**＊40の「さよならをするために」？

ひろし　作詞は、〝兵ちゃん〟こと俳優の石坂浩二さん。本名、武藤兵吉。たしかTBSのプロデューサーの石井ふく子さんが芸名にした方がいいって言ったんだ。

さはし　そういうこと、ホントによく知ってますね（笑）。この曲は、石坂さんが出演していたテレビドラマ『3丁目4番地』の主題歌でしたね。**坂田晃一**＊41さんの音楽もちょっとバロックっぽくて、ソフト・ロック好きな僕には響いたんですよ。浩さんは子供の頃の歌謡曲、ポップス体験というと？

ひろし　僕が子供の頃の昭和40年代は、景気がよかったから、どんどん建て増ししていく

＊37「グッド・バイ・マイ・ラブ」
アン・ルイスにとって初のヒットとなった1974年のシングル。作詞・なかにし礼、作曲・平尾昌晃。

＊38 平尾昌晃
1937年生まれ。58年に歌手としてデビュー。「ロカビリー三人男」として人気を博すが、60年代半ばから作曲家として布施明、小柳ルミ子、五木ひろしの代表曲を手がける。78年に畑中葉子とのデュエット「カナダからの手紙」が大ヒットした。17年他界。

＊39 ヒロ・ムライ
東京出身。ロサンゼルスを拠点に活動する映画監督・映像作家。チャイルディッシュ・ガンビーノの「This Is America」でグラミー賞最優秀ミュージック・ビデオ賞を受賞。

＊40 ビリーバンバン
菅原孝、進の兄弟2人によるフォーク・ユニットとして1969年にデビュー。「さよならをするために」は72年のヒット曲。

一軒家が増えてね。我が家の棟上げ式のとき、大工さんがその頃流行っていた**「X+Y=LOVE」***42をラジオで聴いて、「なんじゃ、この歌?」って言ってたのを覚えている(笑)。

さはし それ、誰の曲ですか?

ひろし いまや伝説の歌手、**ちあきなおみ***43さんですよ。

さはし 来たー!

ひろし レコード会社のCBS・ソニー(現ソニー・ミュージックレーベルズ)が設立されたのが1968年。そこから南沙織さんのようなちょっとバタ臭い、フレッシュな新人が出て来たのは新しい時代の息吹を感じたな。

さはし レコードにCBS・ソニーのロゴが入っていると、なんかちょっとお洒落な感じがしましたよね。

ひろし 僕はTOKYO FMと同時にCBS・ソニーの入社試験も受けてね。同期がジョン・カビラさんでした。

ラテン・ブームと歌謡曲の蜜月時代

さはし もう少し前の昭和の時代は、ラテンがすごく流行ってなかったですか?

ひろし ラテンは我々の親の世代だよね。まだ日本人が海外旅行になかなか行けない頃だったのに、ファッションでもマンボ・ズボンが流行ったりしてね。

さはし 昭和30年代の日本では空前のラテン・ブームが起きて、それを取り入れた歌謡曲も盛んにつくられた。

ひろし 後年、気がついたんだけど、ビートニクを代表するジャック・ケルアックの小説『オン・ザ・ロード(路上)』にも**「マンボNo.5」***44が出てくるんだよ。

さはし そうでしたっけ? じゃ、戦後は日米同時に非英語圏の文化や音楽が流行ったってことですね。「コモエスタ赤坂」や「ラブユー東京」などのラテンムード歌謡がヒットしたり。

***41 坂田晃一** 1942年生まれ。東京出身。作曲家・編曲家。ビリーバンバンの「さよならをするために」、西田敏行の「もしもピアノが弾けたなら」の他テレビドラマやアニメも数多く手がける。

***42 「X+Y=LOVE」** ちあきなおみの1970年のシングル。作詞・白鳥朝詠、作曲・鈴木淳

***43 ちあきなおみ** 1947年生まれ。70年代は「喝采」、「夜間飛行」などの大ヒットを、以降はシャンソン、ジャズ、「黄昏のビギン」、「星影の小径」のカヴァーなど幅広い曲を歌唱。活動休業後も、歌手活動再開を熱望されている。

***44 「マンボNo.5」** 「マンボの王様」ことキューバのペレス・プラードが1949年に制作、発表したインストゥメンタル曲。

***45 「恋のメキシカンロック」** リズム歌謡に進出した橋幸夫の1967年のシングル。作詞・

ひろし あれは大人の聴く歌謡曲だったね。

さはし そんなブームのなかで、異色のヒット・ナンバーが、橋幸夫さんの**「恋のメキシカンロック」**＊45。そもそもなんでメキシカンかというと、この曲の発売された翌年がメキシコ・オリンピックだったんですよ。それにまんまと乗っかっちゃった。

ひろし いかにも昭和。お気楽でいいね。

さはし どんなにイヤなことがあっても吹っ飛ぶような明るい曲ですよね。

M 恋のメキシカンロック／橋 幸夫

アイドルのレコーディング現場

ひろし 佐橋くんは、いわゆる歌謡曲との接点ってあるの？

さはし 僕は80年代の半ばから今の仕事を始めたので、アイドルやジャニーズ系のレコードにギタリストで参加したことはけっこうありますよ。プロデューサーやアレンジャーに呼ばれてスタジオに行くと、アイドルのレコーディングだった、ということはよくありましたね。

ひろし へぇー。

さはし アイドルは忙しいから、レコーディングには別の人が来て、仮歌を歌うんです。だから、誰のレコードなのかわからなくて、ある日、居酒屋で飲んでいたら、有線から聞き覚えのある曲が流れてきて、「あっ、この曲、俺、弾いた」って気づく（笑）。

ひろし スタジオ・ミュージシャンの世界ってそういうもんなんだ。

さはし **モータウン・レコード**＊46のヒット・ファクトリーじゃないですけど、日本の音楽業界にもそういうシステムは確実にありましたね。

ひろし 極めて商業主義的というか、女工哀史的な？（笑）。

さはし 僕も繭を紡ぐようにギターの弦を

佐伯孝夫、作曲・吉田正。

＊46 モータウン・レコード
1959年にベリー・ゴーディ・ジュニアがミシガン州デトロイトで設立したレコード・レーベル。ソウル・ミュージックをポップ・チャートに送りこみ大成功を収める。レーベル名は自動車産業で知られるデトロイト＝「Motor town」の略。

＊47 桐島かれん
1964年生まれ。80年代にモデルとして活動を始め、89年に再結成したサディスティック・ミカ・バンドの二代目ヴォーカルに起用され、90年にソロ・デビューした。

＊48 サディスティック・ミカ・バンド
1972年にデビュー。加藤和彦、加藤ミカ、高橋幸宏、高中正義、小原礼（後藤次利）、今井裕が在籍。クリス・トーマスのプロデュースによるアルバム『黒船』をリリースし、ロキシー・ミュージックの全英ツアーのオープニングアクトを務めるが、75年に解散。89年には桐島かれ

張っていました（笑）。そうこうするうちに、アレンジや作曲の仕事もくるようになっていくんですが、浩さんは**桐島かれん**＊47さんってご存じですか？

ひろし　もちろん。作家の桐島洋子さんの娘さん。

さはし　彼女はモデルさんとしてすごく人気があって、1989年の**サディスティック・ミカ・バンド**＊48の再結成のときに二代目のヴォーカリストに起用されたんです。**加藤和彦**＊49さんは嗅覚の鋭い方だから、時代の寵児をバンドに迎えたいという願望があったんでしょうね。

ひろし　そうだね。僕は再結成のコンサートも観ましたよ。トノバン（加藤和彦）がすごく嬉しそうだったのが忘れられない。

さはし　僕も、「あのミカ・バンドが帰ってきた！」と、すごく興奮した覚えがあります。その桐島かれんさんがソロ・デビューすることになり、僕に依頼があって、デビュー曲の作曲と編曲を手がけたんですよ。

M Traveling Girl／桐島かれん

「Traveling Girl」／桐島かれん

高度成長期の「六・八」コンビ

さはし　ここまで日本のポップスの話をしてきましたけど、**中村八大**＊50さん、**永六輔**＊51さんについて語るとなると、3日、いや、1週間かかるかな。

ひろし　中村八大さんはジャズマン出身で、ナベプロ（渡辺プロダクション・現ワタナベエンターテインメント）をつくった渡辺晋さんとともに戦後のアメリカから吸収した音楽

ん、06年には木村カエラをヴォーカルに迎えて再結成された。

＊49 加藤和彦　1947年生まれ。67年にザ・フォーク・クルセダーズでデビューし、69年以降はソロ、サディスティック・ミカ・バンドで活躍。数々の楽曲提供やプロデュースを行いながら、作詞家の安井かずみと再婚後は、「ヨーロッパ三部作」と呼ばれるアルバムを発表。2009年他界。

＊50 中村八大　1931年生まれ。50年代はジャズバンドでピアニストとして活躍。その後、作曲家に転身し、作詞の永六輔との「六・八コンビ」で、「黒い花びら」、「上を向いて歩こう」、「こんにちは赤ちゃん」など数多くのヒット曲を世に送り出した。

＊51 永六輔　1933年生まれ。50年代のテレビ草創期から放送作家、司会者として活躍。中村八代からの依頼がきっかけで作詞家としても活動を始め、多くのヒット曲、CMソング、テレビ主題歌を手

をオリジナルの日本のポップスに昇華させ、なおかつ全米No.1ヒットを放った偉大な作曲家ですね。

さはし　「スキヤキ」＝**「上を向いて歩こう」**[*52]ですね。中村八大さんと永六輔さんのコンビは、京平先生と松本隆さんもそうですが、その組み合わせならではの作風がありましたよね。

ひろし　そうだね。僕や佐橋くんのお父さんが過ごした高度成長期って、仕事、仕事で大変だったけど、明日は希望があるというムードがあったじゃない？　そこにペーソスや照れを入れながらあの名コンビは名曲をつくったんだよね。

さはし　中村八大さんは元々ジャズ・ピアニスト、永六輔さんも放送作家だったわけで、そんな二人が日本のポップスを代表する曲を生んだのは時代の必然だったんですかね？

ひろし　昭和30年代は、日本の青春時代だったのかもしれないね。満員電車に揺られて通勤して、会社でイヤなことがあっても、帰りはビール飲んで「明日も頑張ろう」的な明るさが社会にあったんじゃないかな。

さはし　まさしく、**ハナ肇とクレージーキャッツ**[*53]の**「スーダラ節」**[*54]の世界ですね。

M　明日があるさ／坂本九

がけた。

＊52「上を向いて歩こう」
作詞・永六輔、作曲・中村八大、歌唱・坂本九の1961年の大ヒット曲。63年にキャピトル・レコードから、「SUKIYAKI」として発売され、日本語のオリジナルで、Billboard Hot 100の1位を獲得した。

＊53 ハナ肇とクレージーキャッツ
ジャズバンド出身のメンバーにより1955年に結成。音楽とコントを取り入れたテレビ番組『シャボン玉ホリデー』と、「スーダラ節」などの大ヒットで60年代に一世を風靡した。

＊54「スーダラ節」
1961年発売。作詞は放送作家として『シャボン玉ホリデー』に関わり、クレージーキャッツ作品を数多く手がけた青島幸男。作曲・萩原哲晶。

PART 3

さはしひろしと ライブ盤の愉しみ
～洋楽編

ビートルズの武道館公演、影の立役者？

さはし　あれ？　今、かかっているのは**リッチー・ヘブンス**＊1ですね。僕、一緒に演奏したことあるんですよ。フィフス・アヴェニュー・バンドにいた**ピーター・ゴールウェイ**さんと1989年の来日公演でサポートを務めて以来仲良くなって、ニューヨークに行ったときに会ったんです。そしたら、「来週、リッチー・ヘブンスとライブがあるから、よかったら手伝ってくれないか。日本で一緒にプレイした曲は覚えてるよね」って、僕も急遽、参加することに。そのコンサートでリッチーの「Freedom」を一緒にプレイしたんですよ。

ひろし　だって、彼、レジェンドでしょ？

さはし　映画『**ウッドストック／愛と平和と音楽の三日間**』＊2にも出ていますからね。

ひろし　「ウッドストック・フェスティバル」は、1969年にニューヨーク州の酪農場で開催されたんだけど、予想を遥かに上回る何十万もの客が大挙して押しかけたから、途中からタダになっちゃったんだよね。だからフェス自体は大赤字だったんだけど、映画化とライブ盤で回収されたという。

『Woodstock:』Music From Original Soundtrack

さはし　70年代はライブ盤もたくさんリリースされましたね。僕が最初に買ったライブ・アルバムは、『**ライブ!! はっぴいえんど**』＊3でしたが、初めて観た外タレのライブは**ドゥービー・ブラザーズ**＊4の武道館でした。ちょう

＊1 リッチー・ヘブンス　1941年生まれ。ニューヨーク出身。グリニッジ・ビレッジで活動を始め、66年にデビュー。「ウッドストック・フェスティバル」のオープニングで「Freedom」を歌い、名を馳せたシンガー・ソングライター。

＊2『ウッドストック／愛と平和と音楽の三日間』　1969年8月15日から17日までニューヨーク州で開催された大規模野外イベント「ウッドストック・フェスティバル」の模様を記録したドキュメンタリー映画。1970年公開。

＊3『ライブ!! はっぴいえんど』　1973年9月21日に東京・文京公会堂で行われた、はっぴいえんどの解散コンサート「CITY - Last Time Around」の実況録音盤。西岡恭蔵、大瀧詠一とココナツ・バンクの演奏も収録され、74年に発売。

どドゥービーが変貌を遂げる時期で、メンバーになったばかりのマイケル・マクドナルドのエレピにはまだ**スティーリー・ダン**＊5って書いてあった（笑）。

ひろし　ドゥービーの過渡期を観たんだね。

さはし　まさに。僕にとっては、そもそも武道館でコンサートを観るということがイベント性が高かった。

ひろし　1966年のビートルズの来日公演以来、武道館はロックの聖地になったからね。**正力松太郎**＊6は大反対したんだけど、そこに一役買ったのが**田中角栄**＊7さんだった。

さはし　えっ!?　それ、ホントですか？

ひろし　わたくし、角栄さんの息子さんの**田中京**＊8さんを存知上げておりまして。来日公演でもめていた頃、「京、ビートルズってどうなんだ？」と父の角栄さんに訊かれた京さんは、「イエスタデイ」を聴かせたそうです。そしたら、「なかなか悪くないじゃないか」と、来日を後押しした……という話をのちにCBS・ソニーに入社した京さんから聞いたよ。ダミ声もお父さんにそっくりで、よくもの真似をしてくれました（笑）。

さはし　いやー、面白い！　浩さんはあらゆる人脈に通じてますねー。僕はロックを聴き始めたのが70年代だったので、ウエストコースト・ロックが好きだったんですが、イーグルスも武道館で観ているんです。

M Take It Easy／Eagles

クラプトンも救った（？）『バングラデシュ・コンサート』

ひろし　この前、T.M.Revolutionの西川貴教さんに会ったんだけど、彼は滋賀県出身で、滋賀にはなかなかコンサートでミュージシャンが来てくれなかったって。その点、**ベンチャーズ**＊9は偉いよ。全国津々浦々ツアー

＊4 ドゥービー・ブラザーズ
1971年のデビュー以来、解散を挟みながら現在まで活動を続けるウエストコースト・ロックを代表するバンド。トム・ジョンストン離脱後、スティーリー・ダンのツアーメンバーだったマイケル・マクドナルドが加入以降は、R&B、AOR色を強め、79年、「ホワット・ア・フール・ビリーヴス」でグラミー賞を受賞した。

＊5 スティーリー・ダン
ドナルド・フェイゲンとウォルター・ベッカーを中心に結成され、1972年にデビュー。代表作は、ラリー・カールトン、チャック・レイニー、スティーヴ・ガッドら腕利きミュージシャンを起用し、高度なアンサンブルを構築した77年のアルバム『彩（エイジャ）』。

＊6 正力松太郎
1885年生まれ。読売新聞社社主、日本テレビ放送網代表取締役社長、日本武道館会長等を歴任。

してたからね。

さはし　僕の知り合いの島根県の小さな町の出身の人も地元の公民館でベンチャーズを観たって言ってました。しかも、土足厳禁だったので、靴脱いで正座して（笑）。

ひろし　正座でテケテケか（笑）。

さはし　80年代くらいから日本に来るミュージシャンも一気に増えましたけど、僕がライブを一度観てみたかったのが**アトランタ・リズム・セクション**＊10。彼らは**TOTO**＊11と同じくスタジオ・ミュージシャン出身で、渋くて良いバンドなんですよ。『Are You Ready!』というライブ盤の中から、一番ヒットしたナンバーを聴いてみませんか。

M　So Into You／Atlanta Rhythm Section

さはし　ところで、浩さんは「あー、自分もそこにいたかったな」と思ったライブ・アルバムってあります？

ひろし　ジョージ・ハリソンが主催した『**バングラデシュ・コンサート**』＊12だね。僕がラジオディレクター時代にライブ音源を放送するとき、いちばん拍手をお借りしたライブ盤でもある。

『バングラデシュのコンサート』
映画パンレット

さはし　あー、効果音としての拍手ですね。僕もいろんなライブのミックスに立ち会いましたが、どんなに観客が入っていても、拍手ってなぜか足りないんですよね。『バングラデシュ』も久しく聴いてないなー。

＊7　田中角栄
1918年生まれ。新潟県出身。72年に第64代内閣総理大臣に就任し、著書『日本列島改造論』は一世を風靡したが、田中金脈問題によって首相を辞職。ロッキード事件で逮捕・収監され、自民党を離党。

＊8　田中京
1951年生まれ。東京都出身。CBSソニー勤務、飲食店経営を経て、執筆活動を中心にテレビ・ラジオなどに出演。著書に『絆　父・田中角栄の熱い手』、『男の中の男　我が父、田中角栄』がある。

＊9　ベンチャーズ
1959年に結成され、60年代に日本でエレキ・ブームを巻き起こしたインストゥルメンタル・ロック・バンド。全国各地で定期的に来日公演を行い、メンバーチェンジを重ねつつ現在も活動中。

＊10　アトランタ・リズム・セクション
クラシックスⅣやアトランタを拠点とするスタジオ・ミュージ

ひろし　あのとき、ジョージが薬物依存症でボロボロだった**エリック・クラプトン***13を引っ張り出したんだよね。ジョージが奥さんの**パティ・ボイド***14をクラプトンに盗られた頃だっけ？

さはし　きわどい時期でしょうね。つまり、ジョージはバングラデシュだけでなく、クラプトンも救ったと（笑）。このライブ盤から聴くとしたら、やっぱり、ここはジョージとクラプトンと言えばのこの曲でしょう。

M While My Guitar Gently Weeps／George Harrison & Friends

ライブの記録。ツアー中のダメ出し。

ひろし　佐橋くんはライブを観るとき、どこにいちばん注目して観るの？

さはし　ギタリストを観るときは、どういう押さえ方をしてあのフレーズを弾いているんだろうというところ見ちゃいますね。だから、コンサートには必ず双眼鏡持参です。

ひろし　それはプロらしい見方だわ。

さはし　スタジオで録音されたレコードやCDはいろんなダビングが施されているじゃないですか？　それをライブでどうやって再現しているのか、ライブ・アレンジも気になりますね。

ひろし　**山下達郎**さんが「サンソン」（**「サンデー・ソングブック」***15）で、「今日のライブ音源は2チャン（ネル）です」と言っているけど、あれはどういう意味なの？

さはし　2チャンというのは、昔でいうカセットレコーダーでガッチャンと録ったのと同じで、修正ができないんですよ。ライブをマルチトラックでレコーディングしておけば、あとでバランスを整えることもできるんですけどね。

ひろし　それだけライブに自信があるということだよね。

シャンとして活動していたメンバーにより1971年に結成。「So Into You」、「Imaginary Lover」のヒットを放ち、「レディオ・フレンドリーなオールマン・ブラザーズ・バンド」と評された。

***11 TOTO**
ロサンゼルスのスタジオ・ミュージシャン、デヴィッド・ペイチとジェフ・ポーカロを中心に結成され、1978年にデビュー。「ロザーナ」、「アフリカ」などのビッグヒットを生みながら、メンバーは数多くのスタジオ・ワークを継続した。

***12『バングラデシュ・コンサート』**
ジョージ・ハリソンがシタールの師であるラヴィ・シャンカールの要請で、1971年に開催したチャリティー・コンサート。エリック・クラプトン、ボブ・ディラン、レオン・ラッセルなどが参加し、ビートルズ解散後初めてのリンゴ・スターと共演も話題に。その模様を収めたライブ盤も発売された。

さはし　達郎さんはツアーの全公演を記録していますからね。たとえば公演が2デイズあるとすると、普通は2日目はサウンド・チェックもたいしてしないもんなんですが、達郎さんはライブのあとに必ずその日の録音を聴いてチェックしているから、翌日、会場入りすると「佐橋くん、あの曲なんだけど、もう少し音符長めにしてもらえないかな? よし、そこだけやってみよう。次は……」って、毎日ダメ出しです（笑）。

夢のようだった『トルバドール・リユニオン』

ひろし　このご時世だから、オンライン・ライブをいくつか観たけど、拍手やコール&レスポンスがないと、何か寂しいよね。佐橋くんが近年で感動したライブというと?

さはし　僕がここ何年かでいちばん感激したのは、**キャロル・キング**[*16]と**ジェームス・テイラー**の『**トルバドール・リユニオン**』[*17]ですね。このツアーで日本にも来てくれたんですが、まぁ、夢のようでした。僕は「いちばん好きなアーティストは?」と聞かれたら、間違いなくJTことジェームス・テイラーなので。

ひろし　キャロル・キングはニューヨーク市立大学クィーンズ校で**ポール・サイモン**[*18]と同級生だったみたいだね。

さはし　キャロルは十代の頃からすでに職業作家チーム、ゴフィン&キングとして活躍していましたからね。この「トルバドール」のライブは、かつてバックを務めていた**ザ・セクション**のメンバーが集結しているのがファンには堪らない。それが実現したのも、彼らがいまだに現役だからなんですよ。

M **I Feel the Earth Move／Carole King**
James Taylor

さはし　その後、仕事でニューヨークに行っ

***13 エリック・クラプトン**
1945年生まれ。60年代はヤードバーズ、クリーム、ブラインド・フェイスで活躍。70年代に入ると、ソロとしてキャリアをスタートし、デレク・アンド・ザ・ドミノスでも活動。以降、数十年にわたって多くのアルバムを発表。日本武道館公演は外国人アーティストとしては最多を記録している。

***14 パティ・ボイド**
60年代にモデルとして活躍後、ジョージ・ハリソンと結婚。その後、エリック・クラプトンと結婚するが、離婚。クラプトンの代表曲「いとしのレイラ」のモデルと言われている。

***15 「サンデー・ソングブック」**
『山下達郎のサンデー・ソングブック』。TOKYO FMをキー局としてJFN系列で放送されているラジオ番組。略称は「サンソン」。20年10月に放送29周年を迎えた。

『トルバドール・リユニオン』/ キャロル・キング&ジェームス・テイラー

たときもマジソン・スクエア・ガーデンで二人の公演があったので、ドラムの**ラス・カンケル**さんにメールしたら、なんとご招待していただきました。

ひろし　さすが、世界の業界人！（笑）。

さはし　「I Feel the Earth Move」がN.Y公演ではアレンジが変わっていて、印象的なピアノのイントロが、**リー・スクラー**さんのベース・リフに変わっていて度肝を抜かれましたよ。JTとキャロル・キングだけのコーナーでは日替わりでカヴァーを歌ったりして。

JTを追いかけた思い出の秘蔵写真

ひろし　ジェームス・テイラーは村上春樹さんとほぼ同年代。あの年代は良質な音楽をよくご存じで、なおかつ時代に流されない自分の暖簾をしっかり持っているんだよね。

さはし　かなわないですよね。そういえば、30年くらい前にJTは何かのイベントで来日しましたよね。

ひろし　あれは1990年。地球環境保護を考えるアースデーの「EARTH×HEART LIVE」というコンサートをJFN（全国FM放送協議会加盟38局）が主催することになり、私もスタッフで関わっておりました。**渡辺貞夫***19さんや**デイヴ・グルーシン***20とともに、JTにも出演していただきましたよ。TFMの会議室で打ち合わせして、廊下を歩いていたな。

さはし　僕も元カノと一緒に観に行きましたよ。

***16 キャロル・キング**
1942年生まれ。60年代は夫のジェリー・ゴフィンとコンビを組み、ゴフィン&キングで、「ロコモーション」などのヒット曲を量産。71年のソロ作『つづれおり』は、記録的なセールスを記録し、盟友ジェームス・テイラーと共にシンガー・ソングライター・ブームを代表する存在に。JTの『マッド・スライド・スリム』も『つづれおり』と同時並行で録音され、キング、ダニー・コーチマー、ラス・カンケル、ジョニ・ミッチェルは両方に参加している。

***17 『トルバドール・リユニオン』**
2007年11月にロサンゼルスの老舗ライブハウス「トルバドール」で開催されたキャロル・キング&ジェームス・テイラーの36年ぶりの再共演ライブ盤。参加メンバーもダニー・コーチマーほか、当時のメンバーが再集結。2010年には日本公演も実現した。

ひろし　その話、しちゃっていいの？（笑）。

さはし　もう時効ですよ（笑）。ちょうどそのタイミングで、JTの兄弟、**リビングストン・テイラー***21か**アレックス・テイラー***22も来日したんですよ。

ひろし　テイラー家は兄弟そろってシンガー・ソングライターなんだよね。

さはし　そう。でね、当時、音楽オタク同志でつるんでいたGREAT3の片寄明人くんと、「もしかしたら来日中のJTも現れるかも？」って、渋谷のクアトロに行ったんですよ。そしたら、ホントに来たんです！　JTと一緒に写真撮ってもらいましたよ。

ひろし　それ、元カノも一緒に写っているんでしょ？（笑）。

さはし　なので、倉庫に隠してあります（笑）。

M Never Die Young／James Taylor

セントラル・パークのS&G

さはし　あと、ライブ・アルバムでいえば、**サイモン&ガーファンクル***23が再結成したときの『**セントラル・パーク・コンサート**』*24も大好きでした。

ひろし　俺、そのDVD買ったら、字幕がなぜか韓国語だった（笑）。

さはし　どういう手違いなんですか？（笑）。

ひろし　あのライブはドラムが**スティーヴ・ガッド***25なんだよね。

さはし　あれは世界のドラマーが参考にした演奏ですね。**リチャード・ティー***26のキーボードがオリジナルよりゴスペル風な「明日に架ける橋」も素晴らしい。

ひろし　僕はサイモン&ガーファンクルなら「アメリカ」だな。アメリカがベトナム戦争で重苦しい時代に、グレイハウンドバスに乗って恋人とアメリカを旅する青年が、バスの中で眠っている彼女を見て、不安や孤独を

＊18 ポール・サイモン　1941年生まれ。60年代はサイモン&ガーファンクルとして、70年代以降はソロ・ミュージシャンとして数々のアルバムを発表。75年の『時の流れに』、86年の『グレイスランド』はグラミー賞最優秀アルバム賞を受賞。

＊19 渡辺貞夫　1933年生まれ。栃木県宇都宮市出身。「ナベサダ」の愛称で知られるジャズ・サックス奏者。50年代から秋吉敏子のコージー・カルテットをはじめ数々のバンドに参加。バークリー音楽大学への留学を経て、日本を代表するトップ・ミュージシャンとして、国内外で活動。

＊20 デイヴ・グルーシン　1934年生まれ。ジャズ、フュージョン、映画音楽など多岐にわたり活躍するピアニスト、編曲家、作曲家。

＊21 リビングストン・テイラー　1950年生まれ。ボストン出身のシンガー・ソングライター。ジェイムス・テイラーを実兄に持つテイラー・ファミリーの三

つぶやく。

さはし　〈あの男の蝶タイには隠しカメラが付いてるから気をつけろ〉とか、バスの中のスケッチもさすがはポール・サイモンですよね。サビの〈All come to look for America〉がまたグッとくる。

ひろし　〈みんな〝アメリカ〟を探しにやってくる〉。深いね、この歌は。

M **America／Simon & Garfunkel**

リンダ・ロンシュタットの発掘ライブ音源

ひろし　ライブ・アルバムにはスタジオ録音にはないダイナミズムが感じられるのがいいよね。アルバムを聴きながら、ライナーノーツを読んだりするのも楽しかった。おっと、これは、鈴木道子さんかな?

さはし　音楽評論家の方ですよね。

ひろし　鈴木道子さんのお祖父さまは、『日本のいちばん長い日』の鈴木貫太郎なんだよ。

さはし　浩さんって、ホントにそういう隠れエピソード知ってますよね。この前も、僕が洋楽好きになるきっかけになったテレビ番組『**ぎんざNOW!**』*27の話題になったとき、洋楽を紹介するコーナーに出ていた水野三紀さんの話になって……。

ひろし　**近田春夫***28さんの自伝『調子悪くてあたりまえ 近田春夫自伝』（リトル・モア刊）によると、近田さんが高校時代にやっていたバンドに朝吹亮二さんという詩人で、のちに慶應の教授になる方がいるんだけど、水野三紀さんはその人と結婚したみたい。芥川賞作家の朝吹真理子さんは娘さんなんじゃないかな?

さはし　へぇー。近田さんの自伝、面白そうですねー。ライブ盤の話に戻すと、ロサンゼルスの歌姫、**リンダ・ロンシュタット***29が比較的最近、『ライヴ・イン・ハリウッド』

男。サザン・ロックで有名なキャプリコーンより70年にデビュー。『Liv』、『Over the Rainbow』などを発表。

***22 アレックス・テイラー**　1947年生まれのテイラー家の長男。70年代から4枚のソロ・アルバムをリリース。90年に初来日するが、93年に他界。

***23 サイモン&ガーファンクル**　ニューヨーク出身のポール・サイモンとアート・ガーファンクルによるフォーク・デュオ。1964年にデビューし、「サウンド・オブ・サイレンス」「スカボロー・フェア」など数々のヒット曲を送りだした。70年の『明日に架ける橋』を最後に2人はソロ活動に入る。

***24 『セントラル・パーク・コンサート』**　1981年にニューヨークのセントラル・パークで行われ、50万人を集客したフリー・コンサートのライブ盤。リチャード・ティーやスティーヴ・ガッドを含むバンドにホーン・セクションも交えた編成も話題を呼んだ。

をリリースしたんですよ。

ひろし　ローラースケート履いていたジャケットは覚えている。

さはし　**『ミス・アメリカ（Living In The U.S.A.）』***30ですね。リンダさんはパーキンソン病を患い、すでに引退されているんですが、彼女が1980年に行ったライブ音源が発掘されて、これがすごくクオリティが高い。

ひろし　バンドのメンバーも良さそう。

さはし　この前、紹介したキャロル・キング&ジェームス・テイラーのライブでも演奏していた**ダニー・コーチマー**、ラス・カンケル、**ビル・ペイン***31、**ボブ・グラウヴ***32、コロナ禍直前に40年ぶりに来日した**RONIN***33の**ダン・ダグモア***34と、僕好みのミュージシャンばかりで。リンダの歌唱も演奏も熱いこの曲を聴いてみましょう。

M **Hurt so Bad／Linda Ronstadt**

「アースデイコンサート」の忌野清志郎

さはし　このライブ音源は、アメリカのテレビ局HBOの特別番組用に収録されたんですが、浩さんもラジオの制作として、こういう公開録音の現場にはたくさん立ち合われていますよね。

ひろし　公録の音源はたくさん残っているけど、権利関係が複雑でパッケージ化がなかなか難しいんですよ。良い音源はいっぱいあるんだけどね。

さはし　そういえば、浩さんが関わっていた**「アースデイコンサート」***35、2003年に僕も佐野元春さんのバンドで出ていました。あの（忌野）清志郎さんが、やらかしちゃったとき。

ひろし　ああ、現場がハラホレヒレハレだった年ね（笑）。

さはし　そのイベントで清志郎さんと佐野さんが共演することになって、僕らは一緒に歌

＊25 スティーヴ・ガッド　1945年生まれ。フュージョンの草創期の70年代から活動するドラマー。数多くの名盤への参加や、ポール・サイモン、エリック・クラプトンのツアーなどで活躍。76年にはスタッフ、80年代には自身のバンド、ガッド・ギャングを結成した。

＊26 リチャード・ティー　1943年生まれ。60年代からピアニスト、キーボーディストとして活動し、キング・カーティス、アレサ・フランクリン、ロバータ・フラックのバンドに参加。ゴードン・エドワーズ率いるスタッフのメンバーでもあった。

＊27『ぎんざNOW!』　1972年から79年までTBSテレビで生放送された情報バラエティ番組。のちに著名となるタレントやミュージシャンが無名時代に出演していた。

う「**明日なき世界**」*36をやる予定だったんですよ。そしたら本番前に僕らの楽屋に清志郎さんがやって来て、主催者からセットリストにNGが出たと怒っていて、「当日はどういう流れになるかわからないから」と釘を刺されて。

ひろし　そうだったんだ！

さはし　で、当日、清志郎さんは「あこがれの北朝鮮」に続いて「君が代」を歌い出しちゃった。「こけのむすまで」に引っかけて、ポケットから整髪料のムースを取り出して頭にシューっと……もう、袖で観ていてひっくり返りましたよ！

ひろし　しかも、そのライブを生放送していたから大騒ぎでさ。

さはし　たしか途中で慌てて音を落としたんですよね。

ひろし　そうそう。そうかー、あのコンサートに佐橋くんも出ていたんだ。

フジロックのボスに聞いたいい話

さはし　浩さんはTFM主催のイベントにもいろいろ関わっていたんですよね。

ひろし　事業部でコンサートの仕事もしておりました。そこで出会ったデッカい男が、イベンター・SMASHの**日高正博***37さん。

さはし　「フジロックフェスティバル」の創始者の方ですよね。

ひろし　そう。日高さんの夢は、日本でウッドストックをやることだったんだって。それで野外フェスが開催できそうな場所を日本中探して、地元の人たちと酒を酌み交わし、とことん付き合って、最終的に苗場に決まったらしい。

さはし　フジロックの第一回目は富士山の方でしたよね。

ひろし　それが台風で2日目が中止になって大変だったから、他の候補地を自分で探してまわったんだよ。苗場に決まりかけたとき、

***28 近田春夫**
1951年生まれ。東京都出身。慶應義塾大学在学中から、内田裕也のバンドでキーボード奏者を務め、75年に近田春夫&ハルヲフォンとしてデビュー。テレビドラマ『ムー一族』の出演などタレントとしても活動。80年代は近田春夫&ビブラトーンズ、ビブラストーンで活躍。ジューシィ・フルーツ、小泉今日子のプロデュースも手がける。21年には自伝と、『筒美京平 大ヒットメーカーの秘密』を出版した。

***29 リンダ・ロンシュタット**
1946年生まれ。67年にストーン・ポニーズとしてデビュー。69年よりソロとなり、74年の「悪いあなた」のヒット以降、ウエストコーストを代表するシンガーとなり、TOP40ヒット、TOP10アルバムを多数送り出した。ロイ・オービソン、バディ・ホリーなどのオールディーズ、J.D.サウザー、カーラ・ボノフなど当時無名だった作家の曲を取りあげるなど選曲のセンスにも定評がある。

日高さんは地元の人たちに念を押したそうです。「皆さん、断っておきますが、世界中から全身タトゥーの人やモヒカンの人がいっぱい来ますよ」って（笑）。

さはし　ミュージシャンや観客の中にはそういう人も当然いますからね。ましてや言うことを聞く人ばかりじゃないだろうし。

ひろし　2001年のニール・ヤングなんて、2時間半演ったからね。みんな帰りの新幹線、どうしたんだろう？

さはし　フジロック史に残る伝説のライブですよね。ヤングさんはホテルの部屋にグランドピアノをリクエストしたという噂も（笑）。僕が単独では来日してくれそうにないから、フジロックに呼んでほしかったのは、**トム・ペティ＆ザ・ハートブレイカーズ**＊38。

ひろし　**桑田佳祐**さんが「佐橋くんはザ・ハートブレイカーズに入りたがっている」と自分のラジオ番組（『桑田佳祐のやさしい夜遊び』）で言ってたよ。

さはし　一時は本気で考えてました（笑）。トム・ペティは2017年に亡くなってしまったんですが、2020年に、彼のソロの名盤『ワイルドフラワーズ』のデラックス・エディション『Wildflowers & All the Rest』が発売されて、その中のライブ音源ディスクから、のりにのっている時期のこの曲を。

M You Don't Know How It Feels／Tom Petty

U2のバックステージで見たロック・スター

さはし　そういえば、**奥田民生**＊39さんの「ひとり股旅」という自分で楽器をすべてプレイしながら歌うライブがありますよね。

ひろし　はいはい。手ぬぐい被って一人で歌うシリーズね。

さはし　その元ネタというか、同じようなスタ

＊30『ミス・アメリカ（Living In The U.S.A.）』 リンダ・ロンシュタットが人気絶頂期の1978年に発表したアルバム。エルヴィス・コステロの「アリソン」のカヴァーも収録。

＊31 ビル・ペイン 1949年生まれ。リトル・フィートのキーボーディストとして70年代から活躍しながら、リンダ・ロンシュタット、ボニー・レイット、ジャクソン・ブラウンなどのツアーやアルバムにも関わる。

＊32 ボブ・グラウヴ 1952年生まれ。70年代から、ロック／ポップの分野で幅広く活躍するベーシスト。17年のジャクソン・ブラウンの来日にも帯同。

＊33 RONIN セッション・ミュージシャンのワディ・ワクテル、ダン・ダグモア、リック・マロッタらによって結成。1980年に唯一のアルバムを発表。20年に復活し、来日公演を果たした。

イルで、ニール・ヤングが一人でピアノやギターを弾き語るライブを観たことがあるんですよ。クレイジー・ホースとの荒々しいライブも最高なんですが、とびきり美しい曲もあるのがこの人の特徴ですね。カナダ・トロントでの『ライヴ・アット・マッセイ・ホール1971』からこの名曲を聴きませんか？

M On The Way Home／Neil Young

さはし　浩さんがコンサートに関わる中で、とっておきの面白いエピソードって？

ひろし　身近でスーパースターの素顔を見た話では、**U2**＊40の「VERTIGO」ツアーのさいたまスーパーアリーナ。そのケータリング・スペースでご飯を食べているエリック・クラプトンを目撃しましたよ（笑）。ちょうどエリックも日本ツアー中で、「ああ、今日は武道館のライブが休みなんだ」って。

さはし　それ、人の楽屋に来て、お弁当食べてるようなもんじゃないですか？（笑）。

ひろし　そこは、U2ですよ。ちゃんと料理人がつくったホット・ミールでした。

さはし　クラプトン、**visvim**＊41のシューズ履いてました？

ひろし　なんか裏原っぽい恰好してたよ（笑）。で、こっそりあとをついて行ったら、ボノとハグしてた。さすがに写メとか撮れないから、しっかり心に焼き付けましたよ。イギリスのロック・スター同士が埼玉で抱き合う姿を。

さはし　クラプトン、埼京線で行ったのかな？（笑）

ひろし　赤羽で京浜東北線に乗り換えたかもね（笑）。

音楽の神様がいるフェスティバルホール

ひろし　しかし、こんなに長い間、生のライブを観てないと、俺ですら人の拍手や歓声が恋しくなるね。

＊34 ダン・ダグモア
1949年生まれ。カリフォルニア出身。ペダル・スティール・ギター奏者として名を馳せ、マンドリンやバンジョーもこなす。リンダ・ロンシュタット、カーラ・ボノフ、J.D.サウザーのアルバムやライブに参加。

＊35 「アースデイコンサート」
『コスモ アースコンシャス アクト アースデー・コンサート』（1998年～2009年）。

＊36 「明日なき世界」
P・F・スローンがバリー・マクガイアに提供し、1965年にヒット。ベトナム戦争や冷戦下の核戦争の恐怖を描き、RCサクセションが『カバーズ』で取りあげた。

＊37 日高正博
1949年生まれ。熊本出身。国内外のアーティストのライブやイベントの企画・制作・運営を行うSMASH代表取締役社長。

さはし　ホントですよ。コロナ禍で中止になった公演はたくさんありましたけど、僕は「ビルボードライブ横浜」のこけら落としに予定されていたバート・バカラックを楽しみにしていたんですよ。

ひろし　バカラックさん、93歳ですよ。いままで、一体、世界で何人の人がバカラックのコピーをしたことか。

さはし　カヴァーも数知れずですね。義父のバカラックのレコードはまだ村井邦彦先生が持っているのかな？（笑）。

ひろし　この前、ロスにいる村井邦彦さんとZoomで話したら、今度帰国したらレコードを佐橋くんのお義父さま、松本白鸚さんに返す儀式をしたいそうですよ（笑）。

さはし　そんな世界に多大な影響を与えたバカラックが、1971年に来日したときの『ライヴ・イン・ジャパン』が出ているんです。そのライブ盤では、「雨にぬれても」をバカラック自身が歌っているんですが、これがなかなか味があっていいんですよ。

M **Raindrops Keep Fallin' on My Head／Burt Bacharach**

ひろし　これを録音したのはどこの会場だったのかな？

さはし　いまはなき、新宿厚生年金会館ですね。厚年では外タレをいっぱい観たなー。

ひろし　佐橋くんはギタリストとしてたくさんのステージを経験しているから、コンサート・ホールにはいろんな思い入れがあるんじゃない？

さはし　このホールは誰のステージで立っても良い音だなと思うのは、山下達郎さんもよく触れている大阪のフェスティバルホールですね。あそこにはホントに音楽の神様がいるんだと思います。

ひろし　そうなんだ。

さはし　それこそ、クラシックからジャズ、

＊38 トム・ペティ&ザ・ハートブレイカーズ
トム・ペティ、マイク・キャンベルらにより結成されたマッドクラッチを母体に、1976年に『アメリカン・ガール』でデビュー。以降、ブルース・スプリングスティーン、ボブ・シーガーと並び、アメリカン・ロックを牽引。トム・ペティは、トラヴェリング・ウィルベリーズへの参加やソロでも活動するが、結成40周年をツアーの後、17年に他界。

＊39 奥田民生
1965年生まれ。広島出身。ユニコーンを経て、94年からソロ活動を開始。「ひとり股旅」は、アコースティック・ギター1本で弾き語るライブ・シリーズ。

＊40 U2
1980年のデビュー以来、不動の人気を誇るアイルランド出身のロック・バンド。コンサートの規模や動員数も世界最大クラスで、05年の『Vertigo Tour』は収益1位を記録した。

ロック、ポップスとジャンルを問わず使用されていますが、マイルス・デイヴィスもライブ盤『**アガルタ**』*42を残しているし、ディープ・パープルの『**ライヴ・イン・ジャパン**』*43も半分以上はフェスで録音されていますからね。あそこは、そういうミュージシャン、パフォーマーたちの熱気をホールが吸収しているとしか思えないですね。

ピーター・ゴールウェイの東京セッション

ひろし　佐橋くんもライブ・アルバムにはいろいろ参加しているけど、中でも思い出深いものは？

さはし　前にもお話したピーター・ゴールウェイが元フィフス・アヴェニュー・バンドのマレイ・ウェインストックと1989年に来日したときに、僕をふくめて日本のミュージシャンと演奏したライブ盤があるんですよ。ドラムに**野口明彦***44さん、ベースに**湯川トーベン***45さんというメンバーでバックを務めて、TOKYO FMでスタジオ・ライブを録ったんです。

ひろし　そういえば、土曜日の夕方にスタジオ・ライブを流す番組があったな。

さはし　そのときに、エンジニアの方からライブを録音した音源をいただいたんです。それを覚えていたのが、ピーターの来日時に面倒をみていた**「パイドパイパーハウス」***46の長門芳郎さん。

ひろし　青山の伝説のレコードショップの？

さはし　そう。随分経ってから、長門さんに「あのセッションはすごくよかったから、CDにしようよ」と、20年のときを経てリリースされたのが『**ピーター・ゴールウェイ・トーキョー・セッションズ1989**』*47なんです。

M On the Band Stand／Peter Gallway

さはし　いやぁ、懐かしいなー。この曲にはメジャー・デビューする前の**オリジナル・ラ**

＊41 visvim
中村ヒロキがクリエイティブディレクターを務めるファッション・ブランド。藤原ヒロシと交遊のあるエリック・クラプトンも愛好者の一人。

＊42『アガルタ』
1975年に大阪のフェスティバルホールで収録されたマイルス・デイヴィス48歳の時のライブ・アルバム。

＊43『ライヴ・イン・ジャパン』
1972年のディープ・パープルの初来日公演を収録したライブ盤。ジャケットは日本武道館だが、7曲のうち4曲が大阪フェスティバルホールにおける演奏。日本国外は『Made in Japan』に改題され、発売された。

＊44 野口明彦
1953年生まれ。東京出身。73年にシュガー・ベイブにドラマーとして加入し、デビュー。75年からはセンチメンタル・シティ・ロマンスや様々なセッションで活動を継続。

ブ*48の田島貴男さんがコーラスで参加していて、「初めまして」って挨拶したら、「僕、渋谷の『**ハイファイ**』*49でバイトしていたときに、佐橋さんの領収書を書いたことあるんですよ」って（笑）。

ひろし　向こうは覚えていたんだね。

さはし　コーラスには、ピーターがアルバムをプロデュースしていたブレッド&バター、**鈴木祥子***50さんも参加していて、いろいろ思い出深いですね。貴重な来日公演の音源も収録されているので、ぜひ、ポチッとしていただければ。

『ピーター・ゴールウェイ・トーキョー・セッションズ 1989』

ヴァレリー・カーター、奇跡のリリース

ひろし　佐橋くんには、まだ、とっておきのライブ音源があるんでしょ？

さはし　1994年、僕が1stソロ・アルバム『**TRUST ME**』*51をリリースしたときに、ラジオ制作会社のシャ・ラ・ラ・カンパニーの佐藤輝男さんにラジオ番組と連動したライブのお話をいただいたんですよ。僕はソロのライブは経験なかったので、ダメもとで、アルバムにも参加してくれた大好きなLAの歌姫、**ヴァレリー・カーター**さんをお招きして、ジョイント・コンサートをするのはどうかと提案したら、それが通っちゃったんです！

ひろし　まだ時代が少しバブルの匂いがするね。

さはし　ギリギリそうでしたね。それで、出来たばかりの恵比寿のザ・ガーデンホールで

***45 湯川トーベン**　1953年生まれ。東京都出身。73年に神無月でデビュー。80年からは子供ばんどのベーシストとして活動。以降、遠藤賢司バンドや、スタジオ・ミュージシャン、ライブ・サポートを多数務める。

***46「パイドパイパーハウス」**　東京・南青山に1975年から89年まであった輸入レコード店。2016年、タワーレコード渋谷店の特設コーナーに「PIED PIPER HOUSE in TOWER RECORDS SHIBUYA」として復活オープンした。

***47『ピーター・ゴールウェイ・トーキョー・セッションズ 1989』**　1989年にTOKYO FMのスタジオにて行われたセッション音源。ピーター・ゴールウェイを信奉する日本のミュージシャンたちがフィフス・アヴェニュー・バンド、オハイオ・ノックスなどのゴールウェイ作品を演奏。10年にCD＋DVD化。

ライブが実現したんですが、ラジオ絡みだったので、そのときの音源が残っていたんです。

ひろし　やっぱり、ラジオの音源は大切に残しておくべきだね。

さはし　ホントにそう思いますよ。ある日、別の仕事でシャ・ラ・ラ・カンパニーに行ったとき、佐藤さんが「あの94年のライブのコピーをデジタルでつくるから、思い出に持って行きなよ」と。その音源をマスターにナッシュヴィルでマスタリングを施し、2020年にリリースしたのが、いまは亡きヴァレリー・カーターの貴重な歌声が聴ける『**Live In Tokyo 1994**』*52なんです。

ひろし　アルバムにそういうストーリーがあるのがいいね。

さはし　Valerie Carter／佐橋佳幸という名義でのリリースなんですけど、2020年はコロナ禍でプロモーションもほとんどできなかったから、コンサートの1曲目でヴァレリー・カーターの1stアルバム『愛はすぐそばに』の代表曲を聴かせてもらえますか。

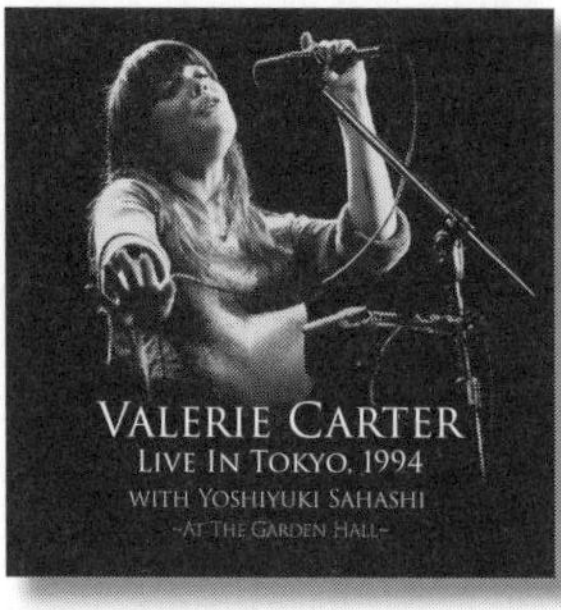

『Live In Tokyo 1994』/ ヴァレリー・カーター&佐橋佳幸

M OOH CHILD／Valerie Carter 佐橋佳幸

ひろし　いまはコンサートのチケットもコンビニで発券する時代だけど、昔はチケットを買うために徹夜したりしたね。

さはし　僕は西武渋谷店にあった赤木屋プレイガイドによく並びましたね。あと、昔のチ

＊48 オリジナル・ラブ
80年代半ばから活動を始め、1991年にメジャー・デビュー。ソウル、ロック、ブルース、ジャズなどを巧みに取り入れた音楽性が人気を集め、「接吻」、「プライマル」がヒット。95年以降は、田島貴男のソロユニットとなり、これまでに17枚のアルバムを発表。田島は88年から90年まではピチカート・ファイヴでも活動していた。

＊49 『ハイファイ』
1982年に渋谷にオープンした中古レコード・ショップ。90年前後には田島貴男や木暮晋也がスタッフにいた。現在は明治通り沿いに移転。

＊50 鈴木祥子
1965年生まれ。88年のデビュー以降、コンスタントにアルバムを発表。ドラムス、ピアノ、ギターなどを演奏するマルチ・プレイヤーでもある。楽曲提供に小泉今日子の「優しい雨」などがある。21年は洋楽カヴァー・アルバムを発表した。

ケットってデザインが素敵なものがありましたよね。

ひろし　そうそう。レコード・ジャケットを眺めるのも楽しかったし、そういう文化は大事にしたいね。アーティストは、やはり、アルバムで勝負するわけだから。

さはし　そうですね。僕らはアルバムの素晴らしさを経験してきているから、それを届けたいし、味わってほしいので、浩さんが言うようにジャケットのデザインや曲順も重要。

ひろし　昔は、あのアルバムのA面の3曲目という覚え方をしていたもんね。

さはし　僕が仕事を始めた頃は、CDに移行する時期だったので、どのアーティストもA面B面という考え方が崩壊すると愕然としたみたいですね。それがいまや、ダウンロード、サブスクリプションの時代になって、楽しみ方もすっかり変わってしまいましたね。

ひろし　配信で映画を観ると、エンドロールが途中で切れちゃうことがあってさ。良い映画はクレジットもちゃんと見たいのに。効率化だけ優先させちゃいかん！

さはし　いい大人が言うと説得力ありますね（笑）。

＊51『TRUST ME』 1994年に発表された佐橋佳幸の1stソロ・アルバム。エクゼクティヴ・プロデューサーに山下達郎を迎え、ジョン・ホール、ビル・ペイン、ヴァレリー・カーター、ラス・カンケル、リー・スカラー、クレイグ・ダージらが参加。08年デジタル・リマスタリングされ、未収録楽曲を収録。佐橋＋山下の対談も所収。

＊52『Live In Tokyo 1994』 佐橋佳幸が『TRUST ME』発表時のコンサートに、ヴァレリー・カーターを迎えて収録されたライブ音源。小倉博和、小田原豊、有賀啓雄、柴田俊文らが参加。20年に発売。

Who's Who

子、尾崎亜美の作品、ライブで活躍。サディスティック・ミカ・バンド再々結成への参加や、小原礼＆屋敷豪太の The Renaissance、SKYE でも活動。

高橋幸宏
1952 年生まれ。東京都出身。高校在学中からドラマーとしてスタジオ・ミュージシャンを始め、サディスティック・ミカ・バンドを経て、78 年にイエロー・マジック・オーケストラ（ＹＭＯ）に参加。同時にソロ活動も開始し、鈴木慶一とのビートニクス、プロデュース、楽曲提供も多数行う。00 年代以降は細野晴臣とのユニット、スケッチ・ショウ、pupa、METAFIVE でも活躍。08 年からは都市型野外フェス『ワールド・ハピネス』でキュレーターを務めた。佐橋佳幸とは小坂忠 & Soul Connection、14 年には高橋幸宏 with 佐橋佳幸、堀江博久のトリオ編成でライブをするなど親交が深い。

飯尾芳史
1960 年生まれ。北九州市出身。レコーディング・プロデューサー、エンジニア。79 年にアルファレコードに入社。ＹＭＯやＹＥＮレーベルの制作に携わり、細野晴臣『PHILHARMONY』でエンジニア・デビュー。その後、イギリスへ渡りトニー・ヴィスコンティのスタジオでエンジニア・プロデュースワークを学ぶ。以降、数々の作品に参加。山弦のアルバムなど佐橋佳幸のプロデュース作品への参加多数。映画『音響ハウス Melody-Go-Round』では佐橋と共にコラボレーション曲の発起人となった。

坂本龍一
1952 年生まれ。東京都出身。東京芸術大学在学中にスタジオ・ミュージシャンとして活動を開始。大滝詠一、山下達郎、大貫妙子などの作品に参加。78 年にＹＭＯを結成し、初のソロ『千のナイフ』を発表。渡辺香津美、村上秀一らとのユニット KYLYN でも活動。その後は自身の音楽活動のほか、映画『戦場のメリークリスマス』の出演、音楽も手がけ、『ラストエンペラー』では日本人初のアカデミー作曲賞を受賞し、国内外の映画

PART 1 さはしひろしと音楽映画と

矢野顕子
1976 年に『JAPANESE GIRL』でソロ・デビュー。80 年代にはＹＭＯとの共演や『ごはんができたよ』、パット・メセニー、アンソニー・ジャクソンが参加した『WELCOME BACK』などを発表。92 年には、弾き語りシリーズ第一弾『SUPER FOLK SONG』を発表。以降も、rei harakami との「yanokami」、森山良子との「やもり」などで活動。近年は、矢野顕子 +TIN PAN の「さとがえるコンサート」、上原ひろみとの共演、上妻宏光と新ユニット「やのとあがつま」などで精力的に活動。佐橋佳幸は『LOVE LIFE』（91 年）の参加以来、『音楽はおくりもの』（21 年）まで、ライブ、アルバムに度々参加している。

林 立夫
1951 年生まれ。東京都出身。72 年よりドラマーとして、細野晴臣、鈴木茂、松任谷正隆とキャラメル・ママで活動を始め、ティン・パン・アレーでは荒井由実、南佳孝、吉田美奈子、大滝詠一、矢野顕子らの作品に携わる。70 年代後半から、パラシュート、アラゴンなどのバンドで活躍。その後、音楽活動を休止するが、96 年、「荒井由実 The Concert with old Friends」で活動再開。00 年には細野晴臣、鈴木茂と TIN PAN を結成。21 年には SKYE として、デビュー・アルバム『SKYE』をリリースした。著書『東京バックビート族　林立夫自伝』（リットーミュージック）。

小原 礼
1951 年生まれ。東京都出身。青山学院高等部時代に鈴木茂、林立夫らと SKYE を結成。初めてベースを手にする。71 年にサディスティック・ミカ・バンドに参加。『黒船』を最後に脱退。バンブー、カミーノを経て、坂本龍一、渡辺香津美らと KYLIN に参加。79 年に渡米後は、イアン・マクレガンやボニー・レイットのバンドで活動した。帰国後の 80 年代後半以降は、ソロ・アルバム『ピカレスク』の発表や、福山雅治、奥田民生、大貫妙

女性アーティストとして史上初のアルバム総売上3千万枚突破を達成した。荒井由実時代から楽曲提供も多く、呉田軽穂名義で松田聖子の「赤いスイートピー」などの大ヒットを送り出した。TOKYO FMとの縁も深く、延江浩は『松任谷由実のYuming Chord』の名付け親。

松尾スズキ
1962年生まれ。福岡県出身。作家、演出家、俳優。88年、大人計画を旗揚げし、多数の作品で作・演出・出演を務める。08年には映画『東京タワー オカンとボクと、時々、オトン』で第31回日本アカデミー賞最優秀脚本賞受賞。小説『クワイエットルームにようこそ』などが芥川賞候補になる。20年よりBunkamuraシアターコクーン芸術監督に就任。松尾監督の映画『ジヌよさらば～かむろば村へ～』(15年)の音楽は佐橋佳幸が手がけ、OKAMOTO'Sによる主題歌「ZEROMAN」の編曲にも携わった。

Dr.KyOn
1957年生まれ。87年～95年はBO GUMBOSのメンバーとして活躍。解散後は、キーボード、ギター、アコーディオンなどを手がけるマルチ・ミュージシャンとして幅広いアーティストのレコーディングやライブに参加。佐橋佳幸とは96年から佐野元春& The Hobo King Bandのメンバーとして活動。05年には佐橋とDarjeeling(ダージリン)を結成。14年には音楽劇『もっと泣いてよフラッパー』の音楽監督と編曲を務めるなど共にレコーディング、ライブに参加することが多い(Darjeelingは別項)。

PART 2 さはしひろしと 懐かしの昭和歌謡と

筒美京平
1940年～2020年。70年代から80年代にかけて、日本の作曲家別レコード売り上げ年間1位を記録。日本の音楽界で最も多くのヒット曲を生み出した作曲家・編曲家。68年に「ブルー・ライト・ヨコハマ」が、自身初のオリコン週間1位を獲得。以降、グループ・サウンズ、歌謡曲、ポップス、J-POP、アニメの主題歌など幅広いジャンルで多数のヒット曲を世に送り出した。21年には筒美が手がけたナンバーで構成され、29組のアーティストが参加した『～筒美京平 オフィシャル・トリビュート・プロジェクト～ ザ・ヒット・ソング・メーカー 筒美京平の世界 in コ音楽を手がける。95年には坂本プロデュースのGEISHA GIRLSの「少年」に佐橋佳幸が参加。97年のテレビドラマ『ストーカー 逃げ切れぬ愛』の音楽を坂本と共に佐橋が手がけ、主題歌「The Other Side of Love」(坂本龍一 featuring Sister M)にも参加した。

坂本美雨
1980年生まれ。97年にRyuichi Sakamoto featuring Sister Mとして「The Other Side of Love」をリリース(佐橋佳幸参加)。98年以降は、坂本美雨として活動を開始。おおはた雄一氏とのユニット「おお雨」としても各地でライブを開催している。18年からは村上春樹のラジオ番組『村上RADIO』にてパーソナリティを務めている。

難波弘之
父がアコーディオンとジャズオルガンの奏者、母が声楽家の音楽一家に育ち、3歳からピアノを始める。ベーシストの鳴瀬喜博の誘いで金子マリ&バックスバニーに参加し、75年にデビュー。その後、山下達郎の『GO AHEAD!』以降のレコーディングやツアーにキーボーディストとして参加。難波弘之& SENSE OF WONDERとしても多数のアルバムをリリース。是方博邦らとのバンド野獣王国などでも活動。SF作家としても短篇集『飛行船の上のシンセサイザー弾き』(ハヤカワ文庫)などの著作がある。

松任谷正隆
1951年生まれ。東京都生まれ。小坂忠とフォージョーハーフを経て、キャラメル・ママ～ティン・パン・アレーで様々なセッションに鍵盤奏者として参加。その後、アレンジャー・プロデューサーとして松任谷由実を筆頭に、松田聖子、ゆず、いきものがかりなど多くのアーティストの作品に携わり、コンサートの演出や構成も手がける。15年には作曲家・村井邦彦の古希を記念したライブ「ALFA MUSIC LIVE」の構成・総合演出を務めた。21年にはSKYEでデビュー。松任谷家の軌跡を軸に綴った戦後史『愛国とノーサイド 松任谷家と頭山家』(講談社)は延江浩の著書。

松任谷由実
1954年生まれ。東京都八王子市出身。多摩美術大学在学中に「返事はいらない」で荒井由実としてデビュー。以降、〝ユーミン〟の愛称で数々の名曲を生み、荒井由実、松任谷由実時代とあわせてオリジナル・アルバム39作品を発表。ソロ・アーティスト並びに

79年頃から人気に火が点き、「雨あがりの夜空に」、「トランジスタ・ラジオ」、アルバム『RHAPSODY』がヒット。88年には『COVERS』が歌詞の問題で発売中止となるが、リリース後はRCとして初のチャート1位を獲得した。RC活動休止前後から覆面バンドのザ・タイマーズや2・3'S、ラフィータフィーなどを率いてソロ活動も行い、キング・オブ・ロックの名を不動のものとした。

村井邦彦
1945年生まれ。東京都出身。慶應義塾大学在学中に作曲活動を開始。67年に作曲家としてデビュー。赤い鳥の「翼をください」など数々のヒットを生む。69年に音楽出版社アルファミュージック、77年にはアルファレコードを設立し、荒井由実、YMO、赤い鳥、ガロ、サーカス、吉田美奈子などを送り出した。92年に活動の拠点をアメリカに移す。15年には古希を記念した『アルファミュージックライブ』が開催された。延江浩の高校、大学の先輩。

PART 3 さはしひろしとライブ盤の愉しみと〜洋楽編

ピーター・ゴールウェイ
1947年生まれ。ニューヨーク州ロング・アイランド出身。69年にフィフス・アヴェニュー・バンドとして唯一のアルバムを発表。71年にはオハイオ・ノックス、72年には自身の名義のソロ・アルバムをリリース。本国では商業的に成功しなかったが、日本ではシュガー・ベイブらに影響を与え、「三種の神器」とも呼ばれる作品を発表したシンガー・ソングライター。その後もコンスタントにアルバムを発表し、度々来日公演を行う。89年の来日時には、佐橋佳幸を始め日本のミュージシャンとセッションを行い、20年の時を経て『ピーター・ゴールウェイ・トーキョー・セッションズ1989』を発表した。

山下達郎
1953年生まれ。東京都豊島区池袋出身。
75年、シュガー・ベイブとしてシングル「DOWN TOWN」、アルバム『SONGS』でデビュー。76年、アルバム『CIRCUS TOWN』でソロ・デビュー。80年発表の「RIDE ON TIME」が大ヒットとなり、ブレイク。これまでに13枚のオリジナル・アルバムを発表。84年以降は、竹内まりや全作品のアレンジ・プロデュースを手がけ、他アーティストへの楽曲提供も多数。佐橋佳幸ンサート』が開催された。

松本隆
1949年生まれ。東京都出身。作詞家。エイプリル・フールを経て、細野晴臣、大滝詠一、鈴木茂とバレンタイン・ブルー、後のはっぴいえんどを結成し、ドラムと作詞を担当。解散後は作詞家兼音楽プロデューサー業を始め、南佳孝『摩天楼のヒロイン』などをプロデュース。76年に筒美京平作曲の「木綿のハンカチーフ」が大ヒット。以降、筒美京平とのコンビでの楽曲、松田聖子、大滝詠一『A LONG VACATION』、寺尾聰「ルビーの指環」などで作詞家として一時代を築き上げる。作詞活動50周年を迎えた21年は、日本武道館で『風街オデッセイ2021』が開催され、松本隆が創作について語り下ろした延江浩の著書『松本隆 言葉の教室』(マガジンハウス)が出版された。

小林麻美
1953年生まれ。東京都出身。72年に歌手としてデビュー。70年代後半に石岡瑛子のアートディレクションによるPARCOのCMが話題になり、映画『野獣死すべし』に出演。ガゼボの「アイ・ライク・ショパン」に松任谷由実が日本語詞を付けた「雨音はショパンの調べ」が大ヒット。91年に芸能界を引退。16年、ファッション誌『クウネル』の表紙を飾り、復活。延江浩の著書『小林麻美　第二幕』(朝日新聞出版)では、少女時代、松任谷由実との友情、夫である田邊昭知との日々を初めて語った。

ティン・パン・アレー
はっぴいえんど解散後の細野晴臣、鈴木茂、小坂忠とフォージョーハーフの林立夫、松任谷正隆により結成。当初はキャラメル・ママ名義で活動し、1974年からはティン・パン・アレーとして、荒井由実『ひこうき雲』、吉田美奈子『扉の冬』、小坂忠『HORO』、南佳孝『摩天楼のヒロイン』など、のちに名盤とされる作品の演奏・アレンジ・プロデュースで活躍。オリジナルとしては、『キャラメル・ママ』(75年)と『TIN PAN ALLEY 2』(77年)の2枚のアルバムを発表。2000年には細野、鈴木、林の3人でTin Panとして復活。全国ツアーには佐橋佳幸も参加した。

忌野清志郎
1951年〜2009年。東京都出身。都立高校在学中に結成したRCサクセションで、70年にデビュー。仲井戸麗市が加入した

番目の月』以降、松任谷由実のアルバムにも多数参加。07年以降は、TOTOにツアー・メンバーとして同行している。佐橋佳幸の『TRUST ME』にも参加。18年にダニー・コーチマー&イミディエイト・ファミリーとして来日し、ライブで佐橋とも共演した。

ダニー・コーチマー
1946年生まれ。60年代はジェームス・テイラーとのフライング・マシーン、キャロル・キングとのザ・シティとして活動。70年代はザ・セクションのメンバーとして、多くのアーティストのサウンドを支えてきたギタリスト。ジャクソン・ブラウンやドン・ヘンリーとの共作やプロデュースも手がけ、ソロ・アルバムも発表。18年にはダニー・コーチマー&イミディエイト・ファミリーとして新作をリリースし、来日。彼らと日本のアーティストによるスーパー・セッション『ウエスト・コースト・サウンド・サミット Vol.1』は、五輪真弓、奥田民生、小原礼、小坂忠らが参加し、佐橋佳幸は音楽監督を務めた。

桑田佳祐
1956年生まれ。神奈川県茅ケ崎市出身。78年にサザンオールスターズ「勝手にシンドバッド」でデビュー。以来、サザンのフロントマンとして、またソロ・アーティストとして現在まで精力的に活動を継続。91年の桑田佳祐のライブ『Acoustic Revolution』には、佐橋佳幸、小倉博和、小林武史らがサポート・メンバーとして参加。そのメンバーで、SUPER CHIMPANZEEを結成し、シングル「クリといつまでも」を発売した。山弦の21年のアルバム『TOKYO MUNCH』でも「クリといつまでも」をカヴァーしている。TOKYO FMの「桑田佳祐　やさしい夜遊び」で延江浩はプロデューサーを務めた。

ヴァレリー・カーター
1953年〜2017年。元フィフス・アヴェニュー・バンドのジョン・リンドらとハウディ・ムーンを結成し、74年にデビュー。77年のソロ・デビュー作『愛はすぐそばに』は、モーリス・ホワイト、ローウェル・ジョージらがプロデュースを手がけ、ジェフ・ポーカロ、チャック・レイニーらが参加し、AORに先駆けたサウンドと繊細で可憐な歌声で注目を集めた。ジャクソン・ブラウンやジェイムス・テイラーなど多くの作品にコーラスとして参加。94年に行われた佐橋佳幸とのコンサートのライブ盤『Live In Tokyo 1994』は、20年にリリースされた。

は、94年に中野サンプラザで行われた「山下達郎 SINGS SUGAR BABE」に初参加。『PERFORMANCE '98-'99』以降のコンサート・ツアー、アルバム『COZY』(98年)、『SONORITE』(05年)に参加している。
TOKYO FMレギュラー「サンデー・ソングブック」は「サンソン」という名で親しまれている。

ジェームス・テイラー
1948年生まれ。マサチューセッツ州ボストン出身。ダニー・コーチマーと結成したフライング・マシーンを経て、68年にアップル・レコードからソロ・デビュー。70年に発表した『スウィート・ベイビー・ジェームス』はシンガー・ソングライター・ブームの火付け役となり、71年にはキャロル・キング作のシングル「君の友だち」が大ヒット。以降もピーター・アッシャーのプロデュース、ザ・セクションがバッキングを務めたアルバムを発表し、6度のグラミー賞受賞を獲得。アコースティック・ギターの名手としても知られ、ギブソンJ -50を主に使用している。

ザ・セクション
ギタリストのダニー・コーチマー、ドラマーのラス・カンケル、ベースのリー・スクラー、キーボーディストのクレイグ・ダーギにより70年代初頭に結成されたインストゥルメンタル・バンド。1972年から77年にかけて3枚のアルバムを発表。キャロル・キングとジェームス・テイラーの『トルバドール・リユニオン』では、70年代に彼らのバッキングを務めたダーギーを除くセクションの3人が集結。18年にはワディ・ワクテルらを加え、ダニー・コーチマー&イミディエイト・ファミリーを結成。20年にはイミディエイト・ファミリーと改名して、新作を発表した。

ラス・カンケル
1948年生まれ。『スウィート・ベイビー・ジェームス』以降のジェームス・テイラー、キャロル・キング『つづれおり』、ジョニ・ミッチェル、ジャクソン・ブラウン、リンダ・ロンシュタットのアルバムなどに参加した70年代のウエストコーストを代表するドラマー。佐橋佳幸の『TRUST ME』にも参加。

リー・スクラー
1947年生まれ。70年代からジェームス・テイラーのアルバムやライブに参加し、日本でも高い人気を誇るベーシスト。ドラマーのラス・カンケル、ギタリストのダニー・コーチマーとのセッションも多数。76年の『14

PART 4

さはしひろしとポンタさんとライブ盤の愉しみ

～邦楽編

ポンタさんに呼び出された頃

さはし　先日、大先輩のドラマー、**村上“ポンタ”秀一**さんの訃報が飛び込んできました。僕が最初に連絡をもらったのは、ニュースが流れる前の晩、小原礼さんからのメールでした。「ポンタが亡くなったって聞いたんだけど、ただいま調査中」と書いてあったんですよ。翌朝、起きたらいろんな人からガンガンメールが届いて。

ひろし　そうだろうね。ポンタさんにはライブ番組でも大変お世話になりました。

さはし　僕らミュージシャンは仕事でご一緒した人も多いし、豪快なキャラクターをふくめてたくさんの人に愛された方でしたけど、実は、僕、若い頃から大変お世話になっていたんです。

ひろし　そうだったんだ。

さはし　僕は高校から続けていたバンドで1983年にデビューしたんですが、解散してこれからどうしようというときに、高校の先輩である**EPO**さんのバンドでドラムを叩いていたポンタさんに出会ったんです。当時、僕は下北沢に住んでいて、近くにポンタさんが毎晩のように立ち寄るお魚が美味しいお店があって、よく「いまから来いよ」って電話がかかってきてね。

ひろし　ポンタさんから呼び出しってなんかドキドキするね。

さはし　行くと、しこたま酔っ払ったポンタさんがいるんですが、僕は仕事もなくて、お金がない時代でしたから、「おまえ、腹減ってるだろ」って食事を奢ってくれてね。その代わり、ポンタさんが店で酔いつぶれると、機材車の中で待っているボーヤと一緒にクルマに乗せて、「いま、ポンタさん帰られました」って、僕が奥さまに電話するという時期があったんです。

ひろし　ポンタさんは、そんな日々が生涯続いていたんだろうね。

さはし　まぁ、公私ともに気っ風がいい方でしたね。亡くなる1年くらい前、電話で話したのが最後になりました。EPO先輩のデビュー40周年ツアーにポンタさんや僕も参加することになっていたんですが、コロナで流れてしまって。

ひろし　じゃあ、ポンタさんを偲んで献杯しますか。

さはし　晩年はドクター・ストップがかかって、お酒は一切飲んでいなかったんですけどね。ホントに残念です。献杯。

アメリカのスティーヴ・ガッド、日本の村上秀一

さはし　バンドを解散して、僕が今の仕事を始めたとき、高校の先輩の**清水信之**さんとポンタさんが**NOBUYUKI, PONTA UNIT**＊1というユニットを組んで、12インチ・シングルをリリースしたんですよ。

ひろし　12インチ！　流行ったね。俺、ワム！の「ラスト・クリスマス」の12インチ買ったよ（笑）。

さはし　イイッすねー（笑）。クラブ？　まだディスコの時代だったのかな？　そういうフロア向きに、妙に曲の尺を伸ばしたレコードが80年代は流行りましたよね。その12インチ・シングルの「The Rhythm Boxer」のカップリングの曲を書いてみないかと声がかかりまして。

ひろし　それは聴いてみたいな。クレジットを見ると、演奏をしているのは4人？

さはし　この頃、**フェアライト**＊2という魔法の機械が世界中を席巻していまして、そのフェアライトを信之先輩が駆使して、ギターが僕、パーカッションは**ペッカー**さん（橋田正人）＊3、のちに**新居昭乃**＊4さんとしてアニメの主題歌などで知られる方も参加していたんです。

M DIGI-VOO／NOBUYUKI, PONTA UNIT

＊1 NOBUYUKI, PONTA UNIT
村上秀一と清水信之が結成したユニット。1985年に12インチシングル「The Rhythm Boxer」をリリース。

＊2 フェアライト
フェアライトCMI。オーストラリアのフェアライト社が1979年に発表、80年に発売したシンセサイザー。発売当時の価格は1200万円。

＊3 ペッカー
橋田"ペッカー"正人。ペッカーの通称で、70年代からパーカッション奏者として2万曲以上に参加。日本初の本格的なサルサ・バンド、オルケスタ・デル・ソルの創始者。CMのナレーターとしても活躍している。

＊4 新居昭乃
1986年にシンガー・ソングライターとしてデビュー。Chara、安藤裕子らのライブ・サポートやレコーディングに参加するかたわら、数々のアニメーション、ゲーム、CM、他アーティストに楽曲提供。

ひろし 佐橋くんは、ポンタさんのドラムはどう思っていたの?

さはし 当時の感覚では、ポンタさん=日本で一番うまくて、一番ギャラが高いドラマーでしたね。アメリカのスティーヴ・ガッドか、日本の村上秀一かというくらい。

ひろし 80年代だったかな? 当時のTOKYO FMのスタジオにポンタさんが来たとき、イタリアのCLOSEDのジーンズをはいて、公衆電話から電話をされていたことを覚えております。口調で女の子と話しているってわかった(笑)。

さはし あー。僕、その交通整理をさせられたこともあります(笑)。

ひろし 売れっ子スタジオ・ミュージシャンってこういう感じなのかなと思った記憶があるな。

さはし でもね、いざ、スタジオに入ると半端ない技術で圧倒するんですよ。

「六本木ピットイン」で起きた〝事件〟

さはし 僕の仕事が少しずつ増えてきた頃、「六本木ピットイン」＊5で、『PONTA WEEK』というポンタさんのレギュラー・イベントがあったんですよ。

ひろし 懐かしいね。フュージョンの殿堂。

さはし でしょ? そのイベントはポンタさんが1週間いろんなミュージシャンとセッションするという企画で、1987年の「六本木ピットイン」10周年のとき、まだ駆け出しの僕を大抜擢してくれたんですよ。

ひろし 佐橋くん、目をかけられていたんだね。

さはし そのときはEPOさんのバンドに僕がギターで参加するというセッションだったんですが、いまだに忘れられないことがあってね。リハーサルで、「この曲の間奏で、佐橋はソロを存分に弾いてくれ。終わりたくなったら、俺の方を見ればいいから」と言わ

＊5 「六本木ピットイン」
「新宿ピットイン」の姉妹店として、1977年にオープン。リー・リトナー、ラリー・カールトンなどの出演を機に〝フュージョンの殿堂〟と表されたが、山下達郎、吉田美奈子、柳ジョージらもステージに立った。ビル解体により、04年に閉店。

れたので、本番でそのとおりにソロを弾きはじめたら、ポンタさんはドラムを止めて、メンバー全員、楽屋に帰っちゃったんです!

ひろし ステージに佐橋くん、一人ぼっちってこと?

さはし そうですよ! 要は、「オマエもプロなら一人で弾いてみろ」と。でも、お客さんにしたら、見たこともない若造が必死になっていろんなフレーズを弾いてるもんだから、クスクス笑ってる人もいて。あー、これは、騙されたなと。

ひろし ずいぶんかわいがられたね(笑)。

さはし 修行だと思って頑張りましたよ。そろそろ勘弁してくれよーって、舞台の袖を見たら、メンバーもニヤニヤ笑っていました。

ひろし ポンタさんは、佐橋くんの檜舞台をつくってくれたんだね。イイ話じゃん。

さはし ソロであんなに拍手をもらったのは初めてでしたし、何よりも僕を信じてくれたということがすごく嬉しかったですね。

ポンタさんがドラムを始めた理由

ひろし 僕も村上龍さんとキューバに行って、天才的なドラマーを観たことがあってね。たしかオスカリートっていう名前だった。とにかくスゴいの。龍さんは「F1カーで公道を走っちゃいけない」と独特の表現をしていたけど、あまりにも巧いと扱いづらいところもあったのかな?

さはし ポンタさんは関西出身で、東京に来てからスタジオ・ミュージシャンとしてメキメキと頭角を表していくんですが、どんなジャンルでも適切なプレイをするだけでなく、その楽曲がワンランクもツーランクも上がるようなプレイを必ず残すドラマーだったんじゃないかと思いますね。

ひろし 聞くところによると、クラシックの素養があったらしいね。

さはし ご本人から聞いた話では、元々は吹奏楽部でフレンチホルンを吹いていていて、N響のオーディションを受けたこともあったとか。あるとき、友だちがジャズのレコードを聴かせてくれて、「このシンバルと大太鼓と小太鼓はどうなっているんだ？」と。クラシック一筋だったから、それまでドラムセットを知らなかったそうなんですよ。それで、ドラムを始めたって聞きました。

ひろし　やっぱり、天賦の才能の持ち主だったんだ。

さはし　関西に「スゴい奴がいる」という評判が広まり、ギタリストの**大村憲司**＊6さんとともに、フォーク・グループの**赤い鳥**＊7のバンドに抜擢され、プロのミュージシャンの道を歩みだしたんです。

ひろし　赤い鳥も村井邦彦さんが世に送り出したグループでしたね。

さはし　そうでしたね。僕がポンタさんのテクニックに心底驚いたのは、**渡辺香津美**＊8さんのユニット、**KYLYN**＊9でした。そのお二人に加え、小原礼さん、坂本龍一さん、矢野顕子さんなど錚々たる若手ミュージシャンが集結していたんですよ。KYLYNの1979年の『KYLYN LIVE』を聴いてみましょう。

M Inner Wind／渡辺香津美

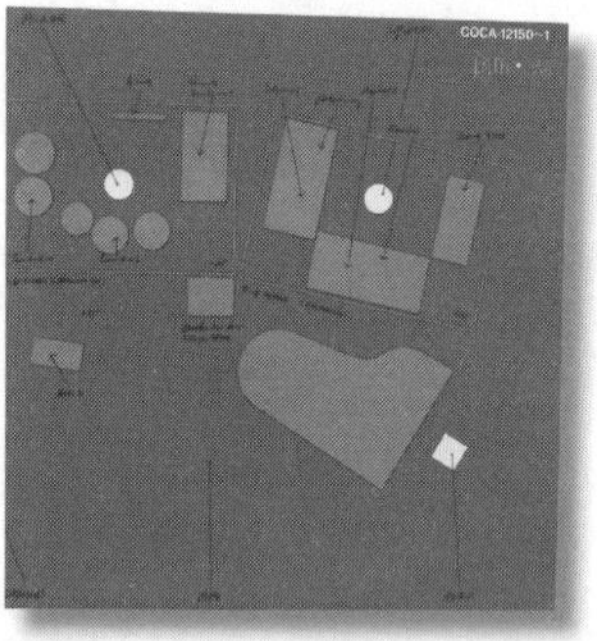

『KYLYN LIVE』/ 渡辺香津美

ポンタさん伝説と名前の由来

ひろし　僕が**阿川泰子**＊10さんのライブで観た

＊6 大村憲司
1949年生まれ。72年にギタリストとして、赤い鳥に参加。70年代はスタジオ・ワークと共に、村上秀一らとBAMBOO、CAMINOを結成。80年代は、YMOのワールド・ツアーへ参加。アレンジャーとして井上陽水、大貫妙子などを手がける。ソロ作品に『KENJI SHOCK』、『春がいっぱい』がある。98年に他界。

＊7 赤い鳥
「翼をください」や「竹田の子守唄」などの美しいコーラスワークで知られる関西出身のフォーク・グループ。村井邦彦のプロデュースにより、1970年にデビュー。解散後は元メンバーが紙ふうせん、ハイ・ファイ・セットを結成した。

＊8 渡辺香津美
1953年生まれ。東京都出身。17歳でデビューを飾り、卓越したギター・テクニックでジャズ・フィールドに留まらず活躍。79年、坂本龍一、村上秀一らと伝説のバンドKYLYNを結成し、YMOのワールド・ツアー

ポンタさんは、まるで千手観音みたいだったな。

さはし　あー、わかります。スティックをバンバン飛ばしているのも見たでしょ？

ひろし　見た、見た。それがひとつのショーみたいになっているんだよね。でも、ポンタさんは、ジャズから歌謡曲まで幅広く仕事をしていたんでしょ？

さはし　ピンク・レディーの「UFO」もポンタさんだったとか、ご本人も覚えていないくらいたくさんの曲で叩いている。中にはそれは違うんじゃないかって話もあって（笑）。

ひろし　それはマユツバってこと？（笑）。

さはし　戦後のジャズマンがよく人を喰ったホラ話をしていたじゃないですか？　そういう他愛もないレベルですけどね。

ひろし　そもそも、なんでポンタと呼ばれるようになったのか、佐橋くんは知ってる？

さはし　ご本人から聞いた話では、小さい頃の育ての母が芸者さんで、ポンタ姐さんと呼ばれていて、それが由来らしいですよ。ここに**「翼をください」**＊11の英語ヴァージョン「I Would Give You Anything」があるんですよ。作曲は村井邦彦さんですが、このヴァージョンがファンキーでいいんですよ。

ひろし　なるほど。村井邦彦さんの世界戦略はすでに始まっていたんだな。

M I Would Give You Anything（翼をください）／赤い鳥

ポンタさんに最後に会った夜

ひろし　こうしてポンタさんの足跡を作品でたどり、佐橋くんのとっておきのエピソードを聞いていると、ありし日の姿が浮かび上がってくるね。

さはし　そうですね。僕が最後にお目にかかったのは、2018年の山下達郎さんの福岡のコンサートの後でした。終演後に楽屋に

へ参加。国内外トップ・ミュージシャンと多数共演し、アルバム制作を行っている。

＊9 KYLYN
渡辺香津美が主宰したグループの名称で、1979年発表のアルバム。同年、『キリン』のレコーディング・メンバーが参加して行われたライブの模様を収録したライブ・アルバム『KYLYN LIVE』もリリースした。

＊10 阿川泰子
文学座を経て女優となり、ジャズ・ヴォーカリストの道へ。1978年『ヤスコ・ラブバード』でデビュー。スウィートな歌声で脚光を浴び、一時期は〝ネクタイ族のアイドル〟と呼ばれた。

＊11 「翼をください」
赤い鳥が1971年のシングル「竹田の子守唄」のB面曲として発表。作詞・山上路夫、作曲・編曲・村井邦彦。

戻ると、携帯にポンタさんから何回も着信が残っていたんです。「今日は拉致られるな」ってメンバーは笑っていたんだけど、電話したら、案の定、「達郎で博多にいるんだろ？　いまからメールする店に来いよ」。

ひろし　ポンタさんの呼び出しには逆らえない（笑）。

さはし　はい（笑）。その日、ポンタさんは博多の店で地元のジャズ・ミュージシャンとライブをしていて、その打ち上げにご一緒したんですが、もうお酒は止めていて、葉巻をふかしていましたね。

ひろし　葉巻はＯＫだったんだ。

さはし　医者にも許可を得ていたそうですよ。そのときはＥＰＯさんの40周年ツアーや、清水信之先輩の還暦祝いのライブの話とかして、「佐橋、いろいろ頼むな」と。呼び出されて叱られるのかと思ったら、そうじゃなかった。

ひろし　面倒見のいい人なんだね。前から気になっていたんだけどさ、ドラマーとギタリストではどっちがモテるの？

さはし　どうですかね？（笑）。ポンタさんはモテたと思いますけどね。

ひろし　スティックが恋人じゃないの？（笑）。

さはし　表向きには（笑）。これもマユツバなんですけど、アメリカで某女性シンガーと知り合って、夜の勉強をさせてもらったとか……（笑）。

ひろし　あら、「Killing Me Softly」されちゃった（笑）。

さはし　なにウマいこと言ってんですか？（笑）。ここらで、ポンタさんの名演、山下達郎さんの『IT'S A POPPIN' TIME』＊12を聴きませんか？

ひろし　俺は達郎さんのコンサートに行くと、佐橋くんって羽の生えた音楽の天使のように見えるんだよね。見とれちゃう（笑）。

さはし　やめてくださいよ（笑）。かつてはバ

＊12『IT'S A POPPIN' TIME』　1978年3月に「六本木ピットイン」で行われた山下達郎のライブの模様を収録した、78年の2枚組ライブ・アルバム。村上秀一、岡沢章、松木恒秀、坂本龍一、土岐英史、コーラスに伊集加代子、吉田美奈子、尾形道子が参加。

＊13 松木恒秀　1948年生まれ。16歳からギタリストとして活動を始め、稲垣次郎とビッグ・ソウル・メディア、鈴木宏昌率いるコルゲン・バンド、ザ・プレイヤーズ、大野雄二の作品など数多くのグループやセッションに参加。山下達郎のアルバムには77年の『SPACY』から、05年の『SONORITE』まで参加。吉田美奈子の『FLAPPER』、大貫妙子の『SUNSHOWER』などでも活躍。17年に他界。

＊14 岡沢章　1951年生まれ。ベーシスト。17歳のときにグループサウンズのMに参加。稲垣次郎とビッグ・ソウル・メディア、松岡直也、渡辺貞夫のグループを経て、79年からザ・プレイヤーズに加入。

ンドで最年少の下っ端だった僕も、難波弘之さん、**伊藤広規**さんに次ぐ古株になったんですから。

ひろし　そうか。月日が流れるのは早いね。

さはし　『IT'S A POPPIN' TIME』の時代は、**松木恒秀***13さんがギター、**岡沢章***14さんがベース、坂本龍一さんがキーボード、**土岐英史**さんがサックス、そしてポンタさんという布陣。これも「六本木ピットイン」での収録なんですが、同じビルの上階にソニー六本木スタジオがあったので、回線が繋がっていてライブ録音が可能だったそうです。

ひろし　それは効率的だね。「ピットイン」という店名は、オーナーの佐藤良武さんが、モータースポーツが好きだったから付けたんだってね。60年代は、クルマと音楽が若者の文化として捉えられていたということ。

さはし　へぇー、知らなかった。では、いまでもライブで演奏する**ブレッド&バター***15のカヴァー**「ピンク・シャドウ」***16を。この曲のポンタさんのドラムがとにかくカッコイイんですよ。

『IT'S A POPPIN' TIME』/山下達郎

M　ピンク・シャドウ（LIVE）／山下達郎

さはし、〝オヤジ〟の洗礼を受ける！

さはし　僕は1994年の「TATSURO YAMASHITA Sings SUGAR BABE」*17から山下達郎さんのバンドに入ったんですが、98年の達郎さんのツアーに参加したときに、メン

80年の『MONOCHROME』以降、吉田美奈子のサポートを務めた。

＊15 ブレッド&バター　1969年のデビュー以来、50年以上活動を続ける岩沢幸矢、岩沢二弓の兄弟によるデュオ。20年に開催された50周年記念コンサートでは、SKYE（林立夫・小原礼・鈴木茂・松任谷正隆）を迎えた。

＊16 「ピンク・シャドウ」　1974年にリリースされたブレッド&バターのシングル。キャラメル・ママが参加したアルバム『Barbecue』収録。山下達郎の『IT'S A POPPIN' TIME』でカヴァーされ、近年はシティ・ポップの名曲としても人気を呼ぶ。

＊17 「TATSURO YAMASHITA Sings SUGAR BABE」　1994年4月26日、27日、5月1日、2日に東京・中野サンプラザで行われたシュガー・ベイブ時代のレパートリーのみで構成されたコンサート。ゲストに大貫妙子が出演。大滝詠一の「指切り」、鈴木茂の「砂の女」のカヴァーなども披露された。

バーは新入りの僕を心配していたそうなんです。「佐橋、土岐（英史）のオヤジにいじめられないかな？」って。

ひろし　それって、かわいがりみたいなもの？

さはし　あの世代のジャズ出身の人って、若手をいじってかわいがることがあったんです。ところが、俺、そういうのに全然めげなくて、あるとき、「ウルセーな、オヤジ」って言っちゃったんですよ。メンバーはヒヤヒヤしてたみたいなんですが、土岐さんは「こいつ、面白いな」って思ったみたいで、そのあと、すごく仲良くなっちゃった（笑）。

ひろし　俺も若い頃、月刊カドカワの編集長だった**見城徹**[18]さんにからかわれてさ。親友の編集者の**石原正康**[19]と電話しているのに横槍を入れるから、「（生まれ故郷の）清水に帰れ！」って言っちゃったことあるもん（笑）。でも、それで一挙に仲良くなって、小説の新人賞を貰ったとき、見城さんからドンペリが届きました。嬉しかったなあ。

さはし　そう。思ったことは我慢しないで口にした方がいいときもある（笑）。ジャズ系のミュージシャンは音楽学校で講師をしている方が多くて、土岐さんもそうだったんですが、僕はロック出身で学校に縁がなかったんで、「オヤジ、俺にも教えてよ」って言ったら、「バカヤロー、俺はこれで金取ってんだからな」って（笑）。

ひろし　そのやりとりが目に浮かぶようだね。

さはし　ジャズのややこしいルールも随分教えてもらいました。この前も家の整理をしていたら、土岐さんから盗んだ学校の教材が出てきて（笑）、きちんとファイリングしておきました。

ひろし　渡辺貞夫さんも留学先の**バークリー音楽大学**[20]から帰ってきたあとにアメリカで学んだことを後輩たちに教えていたんだってね。

＊18　見城徹
１９５０年生まれ。静岡県清水市出身。廣済堂、角川書店を経て、93年に幻冬舎を設立し、代表取締役社長に就任。著書に『編集者という病い』（太田出版）『読書という荒野』（幻冬舎）などがある。

＊19　石原正康
１９６２年生まれ。新潟県出身。角川書店を経て、93年に幻冬舎設立に参加。数多くの話題作やヒット作を手がける。

＊20　バークリー音楽大学
マサチューセッツ州ボストンに本部を置くジャズおよび商業音楽全般を専門とする高等教育機関。

さはし　渡辺貞夫さんの著作『ジャズスタディ』は、日本に初めてバークリーのジャズ理論を伝えた本ですよね。

ひろし　奥さまの貢子さんも、ジャズ・ミュージシャン志望の若い生徒にお寿司や手料理を振る舞っていたらしい。日本橋の寿司屋の娘さんだったから、気っ風がよくて。そのとき乗っていた赤いアウディでご自宅の金谷マンションまでお送りしました。

さはし　若いミュージシャンは食えないですからね。ポンタさん絡みに話を戻すと、2015年に清水信之さんが、アレンジャー歴35周年記念アルバム『LIFE IS A SONG』をリリースしたんです。そこに収録された新曲にポンタさんと僕も参加していて、それが一緒にクレジットされた最後の曲になりました。

ひろし　そうなんだ。何ていう曲なの？

さはし　秋元康さん作詞、**大江千里**＊21さん作曲の「終わらない歌」。大貫妙子さん、高校の先輩のEPOさん、後輩の**渡辺美里**さんなど清水先輩に縁のあるシンガーが「We Are The World」式に歌で繋いでいく曲なんですが、やっぱり、ポンタさんのドラムは音楽に命を吹き込んでくれる独特の牽引力があるんですよね。

M **終わらない歌／清水信之 with Best Friends**

日本独自の70年代シティ・ポップ考

ひろし　ポンタさんがドラムを叩いた曲は、生涯で1万4000曲あるんでしょ？

さはし　正確な数字かどうかはわかりませんが、とにかく膨大な数であることは間違いないですね。僕もスタジオの仕事をするようになってからは、13時から1本目のセッションで2曲、夕方から2曲、その後にダビングで2曲と、1日に6曲くらいこなしたことがありましたから。

ひろし　スタジオ・ミュージシャンは大変な

＊21 大江千里
1960年生まれ。83年にシンガー・ソングライターとしてデビュー。「十人十色」「格好悪いふられ方」などがヒット。08年以降はニューヨークに在住。12年にはジャズ・ピアニストとしてデビューし、日米で活動中。

んだね。ましてポンタさんのような売れっ子ともなれば。

さはし それを70年代の初頭から続けていたわけですからね。マユツバな部分はあるにせよ、真実味もあるんですよ。

ひろし その膨大なポンタさん参加の曲の中から、佐橋くんが今、聴きたい曲は？

さはし 70年代の**吉田美奈子***22さんかな。このときの美奈子さん、24歳⁉ ヤバい！

M 恋は流星／吉田美奈子

ひろし 佐橋くんは、最近のシティ・ポップについてはどう思っているの？ 世間じゃすごく話題になってるじゃない？

さはし 僕はシティ・ポップの少し前にアメリカで流行った**ヨット・ロック***23あたりから、そんな予感はしていました。日本のシティ・ポップって、多少の勘違いが新しいものを生んだところもあったのかもしれない。日本人独特のセンスというのかな？ ジーパンと長髪に下駄みたいな（笑）。

ひろし 中村雅俊さんの「俺たちシリーズ」だね（笑）。

さはし 70年代は、海外からの情報が均等に入ってこない時代でしたから、「これ、カッコイイじゃん。自分なりに出来ないかな？」という創意工夫が日本で独自に発展して、欧米にありそうでなかった音楽になったとも言えるんじゃないかと。

ひろし あの頃のミュージシャンはみんな、レコードを異様なほど熱心にを聴き込んでいたよね。

さはし そう。聴き込んで、勉強して、それを自分のフィルターを通して混ぜあわせて、新しい音楽になった。そんな当時はサブカルチャーだった音楽が最近になって、欧米やアジア圏から火が点いたというのも面白い。

ひろし いまや、向こうのミュージシャンが影響を受けているんだもんね。

*22 **吉田美奈子**
1953年生まれ。73年にキャラメル・ママが参加した『扉の冬』でデビュー。村井邦彦プロデュースの『FLAPPER』は、大瀧詠一の「夢で逢えたら」、山下達郎との共作「ラスト・ステップ」、「永遠に」を収録。RCA時代の山下達郎の歌詞やコーラスも手がけ、『TWILIGHT ZONE』は山下が共同プロデュースを務めた。

*23 **ヨット・ロック**
2005年から米ネットテレビ局で放映された短編コメディ『Yacht Rock』が語源。日本ではAORを呼ばれることもあるマイケル・マクドナルド、ケニー・ロギンズ、クリストファー・クロスなどを「ヨットが似合う爽やかな音楽」と見なし、再評価のきっかけとなった。

さはし　細野晴臣さんのアメリカ・ツアーに参加した**高田漣**くんから聞いたんですが、アメリカでも細野さんはマジですごい人気だったそうですよ。

ひろし　現地の日本人とか、日本から旅行会社が連れていくツアーの客じゃないよね？（笑）。

さはし　違いますって（笑）。アメリカの**「Light In The Attic」**＊24というレーベルが、細野さんを含むJ－POP以前の日本の音楽を紹介して、そこから一気に注目されるようになったみたいです。アメリカでも、一時はダサいとされていた70年代から80年代にかけて流行った音楽をヨット・ロックと呼んで再評価する動きがあったり。

ひろし　なるほど。ホント、時代の移り変わりは面白いね。

はっぴいえんどを観ていた俳優

ひろし　佐橋くんのポンタさんにまつわる愛のある話に感銘を受けて、今日は私もライブ盤の予習をしてきましたよ。ライブ盤は、ミュージシャンの生きた足跡だからね。

さはし　そのとおり！　浩さんは、日本のライブ盤といえば？

ひろし　はっぴいえんどかな？

さはし　はっぴいえんどは、自分たちの活動もしながら、フォークの神様と呼ばれた**岡林信康**＊25さんのバックバンドも務めていたんですよね。

ひろし　そう。松本さんの話によると、京都で岡林さんと初めて打ち合わせするとき、細野さんも大滝さんも来なかったらしいよ。松本さんがひとりで会いに行った。心細かっただろうね。

さはし　イメージとしては、ボブ・ディランとザ・バンドですよね。僕、最近、知ったんですけど、はっぴいえんどのレコードをリリースしていた**URC**＊26って正式名称が“UNDERGROUND RECORD CLUB”（アングラレコードクラブ）

＊24 「Light In The Attic」
地域や時代を超えたカタログを独自にリリースするシアトルのインディー・レーベル。細野晴臣の作品、コンピレーション『Pacific Breeze』など日本のアーカイヴ音源を多数リリース。

＊25 岡林信康
1946年生まれ。滋賀県出身。68年「山谷ブルース」でレコード・デビュー。“フォークの神様”と呼ばれ、カリスマ的な人気を博す。はっぴいえんどは、バックバンドとして、70年の『岡林信康アルバム第二集 見るまえに跳べ』、71年のライブ盤『岡林信康コンサート』に参加。

＊26 URC
アングラ・レコード・クラブ。1969年に設立。第一作は、『わたしを断罪せよ 岡林信康フォーク・アルバム第一集』。

なんですね。アングラって、時代を感じるなぁ。

ひろし URCは日本のインディーズ・レーベルの元祖だよね。

さはし 浩さんは、俳優の**佐野史郎**＊27さんはご存じですか？

ひろし もちろん。佐野さんの娘さんとうちの息子が吉祥寺のバンド仲間だったので、存じ上げておりますよ。

さはし そういうお付き合いなんだ！ 僕は2000年に**細野晴臣**さん、**鈴木茂**さん、林立夫さんの3人がTin Pan名義で復活したときのツアーに参加したんですが、佐野さんは全公演に来ましたからね。で、打ち上げで、ご本人たちも覚えていないようなオタクな話をする（笑）。

ひろし 佐野さんは俳優業のみならず、音楽も本気だからね。**SKYE**＊28のメンバーとも一緒にライブもしていたし。

さはし SKYEというのは、はっぴいえんど以前に鈴木茂さん、小原礼さん、林立夫さんらで結成された伝説のバンドで、そこに松任谷正隆さんも入って、佐野さんと配信シングルを発表したんですよね。

ひろし そう。とにかく、はっぴいえんどとその周辺にやたら詳しい。

さはし 佐野さんは、1971年の中津川の第3回**全日本フォークジャンボリー**＊29も観ていて、ライブ盤には佐野少年のヤジが入っているとか。

ひろし そこにいたっていうのがスゴいよね。はっぴいえんどは、午前3時、客が寝ないように大音量で演奏したという。「朝日ジャーナル」の編集者だった評論家の川本三郎さんが『マイ・バック・ページ ある60年代の物語』にこう書いている。

> 大多数の観客は眠りこけていた。わずかにまだ元気のある若者たちがそのステージの下に集まり始めていた。少数のいわば選ばれた者たちに向かってそのグループはエキサイティ

＊27 佐野史郎
1955年生まれ。島根県出身。個性派俳優として数多くのテレビドラマ、映画に出演する傍ら、音楽活動も行う。19年に、佐野史郎 meets SKYE with 松任谷正隆名義で「禁断の果実 - EP」をリリース。

＊28 SKYE
鈴木茂、小原礼、林立夫が高校生時代に組んでいたアマチュア・バンド。佐野史郎のレコーディング参加を機に、松任谷正隆が加入。2021年、アルバム『SKYE』でデビューした〝大型新人バンド〟。

＊29 全日本フォークジャンボリー
岐阜県・中津川の椛の湖畔にて、1969年から71年にかけて開催された野外フェスティバル。はっぴいえんどは、70年、71年に出演した。

ングに、しかし、同時に冷静に演奏を続けた。凄いグループだなと感激して私は彼らのステージを見続けた、それははっぴいえんどだった。

（『マイ・バック・ページ ある60年代の物語』 川本三郎より）

さはし 『**はっぴいえんど LIVE ON STAGE**』＊30から、「はいからはくち」を聴いてみましょうよ。

M はいからはくち（LIVE／第3回全日本フォークジャンボリーより）／はっぴいえんど

大滝詠一から聞いた「失われた子音」の話

ひろし 「はいからはくち」って、〝ハイカラ白痴〟と〝肺から吐く血〟とかけてもいたって知ってる？ **正岡子規**＊31の「鳴いて血を吐くホトトギス」へのオマージュでもあるらしい。今日は私も勉強してきましたよ（笑）。

さはし 僕はまだ10歳でしたけど、これは衝撃的だったでしょうね。

ひろし でも、『**ニューミュージック・マガジン**』＊32誌上で、ロックは英語でユニバーサルを目指すべき派の**内田裕也**＊33さんと日本語ロック論争になった。大滝さんと松本さんは、音楽はオリジナリティにこだわりたいから日本語でと。松本さんが言うには、当時はクリームのエリック・クラプトンを完コピする人がいたんだけど、「真似るなんて誰でもできる。オリジナルじゃない」って。アルバム『はっぴいえんど』が『ニューミュージック・マガジン』で日本のロック賞を受賞したことに端を発して、起きた論争だった。

さはし 僕、**大滝詠一**さんから面白い話を聞いたことがあるんです。大滝さんいわく、「いまどきの若い子のしゃべり方は鼻濁音がなくなって子音が多い」と。大滝さんによると「かつては日本各地に子音を用いた話し方があったのに、それが標準語の普及と教育のせいで淘汰されてしまった。だから、俺は今の

＊30 『はっぴいえんど LIVE ON STAGE』
1970年から71年にかけて行われた「全日本フォークジャンボリー」、「ロック・アウト・ロック・コンサート」、「加橋かつみコンサート」から、はっぴいえんどのライブ音源をコンパイルしたアルバム。

＊31 正岡子規
明治を代表する文学者として、俳句、短歌、小説、評論、随筆など多方面にわたり創作活動を行い、日本の近代文学に多大な影響を及ぼした。雅号の子規はホトトギスの異称。

＊32 『ニュー・ミュージック・マガジン』
1969年に中村とうよう、田川律らによって創刊された日本の月刊音楽雑誌。80年に『ミュージック・マガジン』に改名。

＊33 内田裕也
1939年生まれ。50年代から日劇ウエスタンカーニバルなどで歌手として活動を始め、ビートルズの来日公演にも出演。70年代初頭の日本語ロック論争の

若い子のしゃべり方は失われた話し言葉の復活だと思う」って。
ひろし 大滝さん、さすが!
さはし 大滝さんは岩手出身だから、東北地方の子音の多い言葉使いが失われてゆくことを危惧されていたんでしょうね。同じ岩手出身の『明解国語辞典』を生んだ金田一家にも精通されていましたから。
ひろし 失われたものへの懐古は、『風街ろまん』の世界観に通底している。はっぴいえんどは、もの真似の英語じゃなくて、日本語でちゃんとロックに向き合ったってことだね。
さはし そうですね。大滝さんといえば、2021年は『A LONG VACATION』*34 40周年イヤーでもあるので、1983年に西武球場で行われたコンサートのライブ音源『NIAGARA CONCERT '83』*35から、「恋するカレン」を聴きましょうか。

『NIAGARA CONCERT '83』/
大滝詠一

M 恋するカレン(LIVE)/大滝詠一

さはし この前、YouTubeチャンネルの「THE FIRST TAKE」で、「恋するカレン」を**藤井フミヤ**さんと一緒に収録してきたんですよ。あのフィル・スペクター・サウンドをアコギ一本で。フミヤさんも大滝さんとは面識があったみたいで、彼も福岡・久留米のドゥーワップ大好きな少年だったわけですからね。チェッカーズも上京した頃、みんなで暮らしていた合宿所で『ロンバケ』を夢中で聴いていたらしいですよ。

時は、英語の歌詞で海外進出を狙ったフラワー・トラベリン・バンドのプロデュースを務めていた。その後、郡山のワンステップフェスティバルや年越しロックイベントを主宰した。

***34『A LONG VACATION』** 1981年にリリースされた大滝詠一の5枚目のアルバム。10年ごとに記念盤がリリースされ、2021年には、ボックス・セット『A LONG VACATION VOX』を発表。累計売上は300万枚以上に達する。

***35『NIAGARA CONCERT '83』** 2019年に発売された大滝詠一のライブ・アルバム。83年7月24日に西武球場で行われ「ALL NIGHT NIPPON SUPER FES '83 / ASAHI BEER LIVE JAM」でのライブ音源を収録。初回限定盤には70年~80年初頭にかけてのオールディーズのカヴァー曲を集めた「EACH Sings Oldies From NIAGARA CONCERT」、77年の「THE FIRST NIAGARA TOUR」の模様をフィルムで記録したナイアガラ初の映像作品も所収。

ひろし　大滝さんは福生のご自宅で、ラジオ関東の番組『**ゴー・ゴー・ナイアガラ**』*36を収録していたんだよね。横田基地の軍用機の音が入っていたってホントかな？

さはし　ご自宅に遊びに行った人の話では、ＮＡＳＡにあるような巨大なパラボラアンテナがあって、テレビの各チャンネルを24時間録画していたとか、いろんな逸話がありますよね。

ひろし　それも含めて異才でした。

伝説のJohnny, Louis & Charのフリー・コンサート

さはし　今日はライブ音源を聴いていますが、どっちも野外録音ですね。僕が野外ライブでいちばんインパクトがあったのは、城南地区の先輩、**Ｃｈａｒ**さんがいた、のちのPINK CLOUD、**Johnny, Louis & Char** *37でした。

ひろし　これはいつの録音かな。おっと、１９７９年か。

さはし　その夏、日比谷野外音楽堂でフリー・コンサートが開催されて、僕もバンド仲間と観に行ったんですよ。それがライブ盤になっていて、佐野史郎さんじゃないけど、僕の声も入っているかもしれない（笑）。

ひろし　Ｃｈａｒさんもかつてはアイドルのように人気があったよね。

さはし　それ以前は、十代前半からスタジオ・ミュージシャンをしていたという早熟ぶり。

ひろし　松任谷正隆さんがプロデューサーとして駆け出しの頃、ディレクターがＧＳにいたミュージシャンを起用してうまくいかなくて困っていたら、Ｃｈａｒさんが現れて、「この人たち、全然なっちゃない」って、その場で天才的なギターを披露したという話を僕も聞いていますよ。

M **You're Like A Doll Baby／Johnny, Louis & Char**

ひろし　Ｃｈａｒさんのギターといえば、な

***36『ゴー・ゴー・ナイアガラ』**
大滝詠一がパーソナリティを務め、１９７５年から80年代前半までラジオ関東、ＴＢＳラジオで断続的に放送されたラジオ番組。ラジオ関東時代は大滝の自宅を改造して作られた『福生45スタジオ』で収録された。

***37 Johnny, Louis & Char**
元イエローのジョニー吉長、ザ・ゴールデン・カップスのルイズルイス加部、Charにより結成。１９７９年に日比谷野外音楽堂で1万4千人を動員したフリー・コンサート開催。82年にPINK CLOUDに改名。

ぜかフェンダーのムスタングだよね？

さはし　「安いギターでもいい音を出せると思った」ってご本人は言ってましたね。Ｃｈａｒさんのムスタングは、スチューデント・モデルといってギター初心者向きにつくったモデルなんですよ。

ひろし　ご実家が品川区・戸越の歯医者さんなんだよね。地下鉄でギターを抱えて『ぎんざＮＯＷ！』に通っていたという。そこんところがたまらなく東京的！

さはし　いまは歯科医院の待合室が事務所になっています。最近も連絡があって、「地元の友だちがベビールーム付きの居酒屋を始めたんで、子供連れて飲みに来いよ」って誘われてます（笑）。

ヤマハ渋谷店で観たシュガー・ベイブ

さはし　僕が初めて**シュガー・ベイブ**を聴いたのは、たぶんＴＯＫＹＯ ＦＭの今月の歌みたいなコーナーだったと思うんですよ。あの頃はラジオを聴くときは、いつもポーズボタンを押して録音待機状態にしていたんですが、**「DOWN TOWN」**＊38がかかったときは、呆気にとられてちゃんと録音できなくて、シングル盤を買いに行ったんです。

ひろし　ラジカセ、あるあるだね。

さはし　そのうち、**ヤマハ渋谷店**＊39でシュガー・ベイブの無料ライブがあると中学の同級生に聞いて、駒場から道玄坂までチャリこいで行ったんですよ。

ひろし　新人のショーケースみたいな感じ

「DOWN TOWN」/ シュガー・ベイブ

＊38 「DOWN TOWN」
シュガー・ベイブのアルバム『SONGS』収録。１９７５年４月にシングルとしてもリリース。作詞・伊藤銀次、作曲・山下達郎。

＊39 ヤマハ渋谷店
ヤマハミュージック東京 渋谷店。渋谷・道玄坂に１９６６年に楽器販売の旗艦店として開業。10年に閉店。

だったのかな？

さはし　そう。僕としたら、「DOWN TOWN」のキラキラ、ワクワクしたポップなバンドを期待するじゃないですか？　ところが、その日、初めてライブを観たら、メンバー全員ものすごく暗くて、愛想が悪い（笑）。

ひろし　あらま（笑）。

さはし　後年、何かのきっかけでその話をしたら、「えっ！　私もそのヤマハのライブを観てたの！」って竹内まりやさんが反応されて、達郎さんが舌打ちしたっていう（笑）。

ひろし　「サンソン」の**〝夫婦放談〟**＊40みたいだね（笑）。達郎さんは、城北地区に誇りを持っているんだよね。難波弘之さんも豊島区だっけ？

さはし　そうです。同じ東京でも城北、城南、隅田川周辺の下町では、微妙に違うところがありますよね。僕が達郎さんのバンドに参加したのは1994年の「TATSURO YAMASHITA Sings」で……。

ひろし　そのコンサート、僕の両隣が大貫妙子さんと、小林武史さんでした。ライブのあと、中野の居酒屋に3人で飲みに行ったんだ。小林さんは生ビール飲みながら「俺、メジャーになる！」って言ってたな。そのあと、My Little Loverでビッグヒットを飛ばした。

さはし　また、スゴいメンツですね（笑）。僕は80年代の終わり頃からレコーディング・スタジオで達郎さんとお会いする機会が増えて、お話するようになったんですが、シュガー・ベイブの**『SONGS』**＊41がオリジナル・マスターでCD化されることになり、「今度、シュガー・ベイブを歌うコンサートがあるんだけど、ギター弾いてみる？　コピーしていたんだったら知ってるでしょ？」って感じでお誘いいただいたんですよ。

ひろし　あの貴重なコンサートは中野サンプラザだったよね？

さはし　そうです。サンプラだけで4日間。地方公演なし。

＊40〝夫婦放談〟
『山下達郎のサンデー・ソングブック』で毎年8月と12月に、竹内まりやをゲストに迎えてオンエアーされる「納涼夫婦放談」、「年忘れ夫婦放談」。

＊41『SONGS』
大滝詠一の主宰するナイアガラ・レーベルの第一弾アーティストとして、1975年に発売されたシュガー・ベイブの唯一のアルバム。発売元は独立系レコード会社のエレック。オリジナル・マスターにより初CD化された94年盤は、74年のデモ・テープ4曲と、76年の荻窪ロフトでの解散コンサートのライブ音源3曲を追加収録。

＊42「こぬか雨」
後期シュガー・ベイブに一時期在籍した伊藤銀次が、山下達郎と共作。1977年の伊藤銀次のソロデビュー作『DEADLY DRIVE』に初収録。15年の『SONGS』の40周年記念盤にはシュガー・ベイブ解散ライブの音源を収録。山下の94年の『Sings SUGAR BABE』のライブ音源は、後に『Ray Of Hope』初回限定

ひろし　サンプラの地下にはプールがあったよね。俺、中学のとき、よく行ってて、水が冷たいから唇が真っ青になって風邪ひいてさ。翌日、学校を休むと、教師が「またサンプラのプール行ったのか⁉」って（笑）。

さはし　じゃ、そんな水の冷たいプールの上にある（笑）、中野サンプラザの「TATSURO YAMASHITA Sings SUGAR BABE」から、達郎さんと僕のツイン・リードが聴ける「**こぬか雨**」＊42を。

M こぬか雨（'94 Live Version）／山下達郎

竹内まりや、18年ぶりのライブ

ひろし　佐橋くんがシュガー・ベイブを観たヤマハ渋谷店は、桑田佳祐さんも青学の音楽サークル「Better Days」＊43時代によく行ったってラジオで話していた。松本隆さんが細野晴臣さんに初めて会って、ベースの腕を確かめたのも渋谷のヤマハだった。細野さんはビートルズの「デイ・トリッパー」を弾いたんだけど、いつも同じところで間違えたんだって。その時、松本さんは18歳、細野さんは20歳でした。

さはし　それが渋谷のヤマハの楽器売り場だったんですよね。話を戻すと、達郎さんとのご縁をきっかけに、**竹内まりや**さんのライブで僕も演奏することになり、2000年に武道館のステージに。

ひろし　あれはTOKYO FMの30周年記念コンサートでございました。

さはし　まりやさんは、ライブが18年ぶりということで、オープニング・アクトに**canna**＊44と**SING LIKE TALKING**＊45が出演したんです。その2組のドラムもポンタさんでした。

ひろし　まりやさんもデビューしてしばらくはアイドル的な存在だったよね。それが辛かったって仰っていました。1stアルバム『**BEGINNING**』＊46はロサンゼルスでも録音

盤ボーナスCD『Joy 1.5』に「こぬか雨（'94 Live Version）」のタイトルで収録された。

＊43「Better Days」 ポール・バターフィールドのグループ名から付けられた青山学院大学の音楽サークル。桑田佳祐、関口和之、原由子、斎藤誠、小西康陽らを輩出した。

＊44 canna 谷中たかし、周水（Shusui）により結成され、1999年に「紙ひこうき」でメジャーデビューしたポップ・ユニット。周水はKinKi Kids、坂本真綾、M-IAに楽曲提供を行っている。

＊45 SING LIKE TALKING 佐藤竹善、藤田千章、西村智彦により結成され、1988年にデビュー。90年代にはアルバム『ENCOUNTER』がオリコン首位を獲得。佐藤竹善はソロとしても多彩な活動を続けている。

＊46『BEGINNING』 1978年にリリースされた竹内まりやのデビュー・アルバム。加藤和彦、安井かずみ、大貫妙

され、ウエストコーストっぽい雰囲気で、何度聴いたことか。

さはし　まりやさんは結婚されてから、ライブはお休みされていましたからね。このときライブで披露された松本隆・作詞、安部恭弘・作曲の「五線紙」を聴きませんか。

ひろし　この曲、大好きなんだ。佐橋くんのギターも神がかっているよね。

M **五線紙（LIVE）／竹内まりや**

佐野元春との再会

さはし　僕は邦楽ははっぴいえんど、ティン・パン・アレー系、**ナイアガラ系**＊47の先輩たちの音楽を中心に聴いてきたので、そういう方々からお声がけいただいて、一緒にお仕事しているのは運命的なものさえ感じるんですが、もう一人、ご縁を感じたのは**佐野元春**さんですね。

ひろし　佐野さんと佐橋くんの出会いはいつ頃なの？

さはし　佐野さんに最初に出会ったのは、中学時代。僕が友だちとつくった曲で**ヤマハポピュラーソングコンテスト**＊48、に応募したら、中学生の分際で入賞しちゃって。そのとき関東・甲信越地区代表になったのが佐野さんのバンドだったんです。

ひろし　へぇー。中学生で入賞とはスゴいね。

さはし　その頃、杉真理さんや佐野さんと同世代の大学のサークルの人たちが自主コンサートを企画していて、「あのコンテストで入賞した中学生を呼んでみようぜ」となって、演奏させてもらったことがあるんです。そのあと、僕が名前を多少知られるようになったとき、「あれ？　彼はあのときの中学生じゃないか？」と。

ひろし　佐野さんは覚えていたんだね。

さはし　そうなんです。佐野さんが **THE HEARTLAND**＊49を解散後、新しいバンド

子、杉真理、細野晴臣、山下達郎らが楽曲提供。日本とロサンゼルスで録音された。

＊47 ナイアガラ系
大滝詠一が1974年から主宰したナイアガラ・レーベルのアーティスト及び作品。

＊48 ヤマハポピュラーソングコンテスト
ヤマハ音楽振興会の主催で1969年から86年まで行われたフォーク、ポップス、ロックのコンテスト。略称「ポプコン」。八神純子、中島みゆき、世良公則&ツイストらがデビューした。

＊49 THE HEARTLAND
1980年から94年まで佐野元春のバンドとして、レコーディングやライブを支えたバンド。オリジナル・メンバーはダディ柴田、阿部吉剛、小野田清文、伊藤銀次、古田たかし、西本明。94年の横浜スタジアムのライブ「Land Ho!」で解散。

The Hobo King Band＊50をつくることになったとき、僕を誘ってくれたんです。

ひろし　佐野さんはデビュー前に、ＴＯＫＹＯ ＦＭでラジオ・ディレクターの仕事をしていた。「佐野さんは、このレコード室で一日中レコードを聴いていたわ」って、僕が入社したとき、レコード室の大先輩社員が教えてくれました。

さはし　佐野さんのその気持ち、わかるなー。僕もこの仕事を始めて、ラジオ局のレコード室に入ったときは、夢のようだと思いましたよ。そんな佐野さんとThe Hobo King Bandの『THE SUN』＊51ツアーのときのライブ録音があるんです。

M 最後の1ピース（LIVE）／佐野元春 & The Hobo King Band

ひろし　佐野さんはラジオ・ディレクターだったから、現役ディレクターと二人羽織状態ですごく時間をかけて自分の番組をつくっていましたね。

さはし　昔取った杵柄で、テープ編集とかも出来るんですよね。

ひろし　そう。自分でしゃべって、自分で編集できちゃう。

さはし　そういうところもナイアガラ系ですよね。アルバム『THE SUN』は、佐野さんがメジャー・レーベルを離れて、自主レーベル・Daisy Musicから初めてリリースしたアルバムなので、佐野さんにとっても思い出深い作品だと思うんですよね。

ひろし　佐野さんの「SOMEDAY」＊52は、カラオケで何回歌ったかわからないくらいだよ。あの曲は、ブルース・スプリングスティーンの影響もあったのかな？

さはし　どちらかというと、フィル・スペクター〜ナイアガラ系ですかね。そういう温故知新イズムは、ナイアガラにも、ティン・パン・アレーにも、僕にもあるんです。

＊50 The Hobo King Band
1996年の佐野元春のツアーと、『FRUITS』のレコーディング・セッションで集まったメンバー、Dr.kyOn、佐橋佳幸、井上富雄、小田原豊、西本明により結成。97年、ジョン・サイモンのプロデュースによるウッドストック録音の『THE BARN』に参加。00年代半ばまで佐野元春と活動し、現在も、変則的な編成で継続。

＊51『THE SUN』
佐野元春が2004年に設立した自主レーベル「Daisy Music」からリリースした13枚目のオリジナル・アルバム。The Hobo King Bandに、古田たかし、山本拓夫が加入。

＊52「SOMEDAY」
1981年にリリースされた佐野元春シングル。82年のアルバム『SOMEDAY』に収録。

PART 5

さはしひろしと妄想音楽旅行

沖縄編
妄想音楽旅行は沖縄からスタート

さはし　世間はGWまっただ中ですね。でも、このコロナ禍で旅行も行楽もままならないので、今夜は気分だけでも旅の気分を味わえるようなホリデー・ミュージックを聴きたいですね。

ひろし　俺たちの世代は、それこそ達郎さんやサザン（オールスターズ）をカセットテープに入れて、遊びに出かけたもんですよ。

さはし　ラジカセも昭和の遺物になっちゃいましたね。僕は仕事柄、いろんなサウンドをチェックするので、カセット、CD、MDがかけられる機器は仕事場に置いていますよ。

ひろし　村上春樹さんと同じだ。春樹さんは、昔、エアチェックしたカセットをいまも聴くことがあるんだって。

さはし　親近感覚えますね。以前桑田佳祐さんに中目黒に面白いカセットテープ専門店（「waltz」）があるって聞いたんですよ。「俺は懐かしいだけだけど、若い子で賑わってるよ」って。

ひろし　最近は、桑田さんも密を避けて、一人でふらっと蕎麦屋に行くらしいね。知らない人に道を聞かれたりしながら（笑）。

さはし　似たような話を聞いたな。先月、「ビルボードライブ東京」で**山崎まさよし**＊1くんと有観客のライブをしたんですが、テレビ番組で「最近、犬を飼い始めたので、ウォーキングしてます」って言ったんですって。そしたら、近所を散歩してたら、「あら、可愛いワンちゃんね。こういう話をテレビで山崎まさよしがしていたわ」って（笑）。

ひろし　案外、気がつかれないもんだね。

さはし　まぁ、近所の散歩もいいですけど、どこか遠くに行きたいもんですよねー。

ひろし　沖縄とか行きたいね。社員旅行で沖縄に行ったとき、俺、調子にのって三線買っちゃったなー。

＊1　山崎まさよし
1971年生まれ。滋賀県出身。95年にメジャー・デビュー。97年の主演映画『月とキャベツ』主題歌「One more time, One more chance」のヒットで人気を決定的なものにしたシンガー・ソングライター。

さはし　沖縄にはEPO先輩など移住された方も多いですが、僕がいちばん印象的な沖縄の音楽家といえば、やはり、**喜納昌吉**[*2]さん。90年代の頭に、喜納さんの代表曲「すべての人の心に花を（花）」のレコーディングに、ギターやマンドリンで参加したんですよ。

M すべての人の心に花を（花）／喜納昌吉＆チャンプルーズ

沖縄音楽に魅せられたライ・クーダー

さはし　Dr.kyOnさんに初めてお会いしたのもこの喜納さんのセッションだったんですよ。喜納さんは、そのとき東京でライブがあって、「佐橋くんも飛び入りでライブに出ない？」と声をかけてくれたんです。僕が弾けるのは「花」と「ハイサイおじさん」くらいだったんですけどね。でも、その日のスペシャルゲストは喜納さんのお父さん、喜納昌永さんだったんです。

ひろし　お父さまは何をされている方なの？

さはし　沖縄の有名な民謡歌手で三線奏者です。ライブの待ち時間は楽屋で喜納さんのお父さんに三線を教えてもらいました。

ひろし　沖縄には周囲の島も入れると、たくさんのラジオ・ステーションがあるんだよね。沖縄はラジオの国。コミュニティFMとか地域の話題を沖縄の言葉でしゃべっていて、すごく面白い。ラジオの魅力は、何といってもローカリティだから。

さはし　いいですね。沖縄の音楽にハマっちゃった人といえば、**ライ・クーダー**[*3]がいますね。あの人はアメリカのルーツ・ミュージックのみならずいろんな国の民族音楽に造詣が深くて、たしかに沖縄特有のあの跳ねたリズムは世界でも類を見ないですからね。あと、沖縄音階の魅力ですね。

ひろし　かつての琉球王朝は、地政学的にもア

***2 喜納昌吉**
1948年生まれ。沖縄県出身。70年代から喜納昌吉＆チャンプルーズを率い、琉球民謡を現代風にアレンジしたウチナー・ポップを確立。代表作の「花～すべての人の心に花を～」は、世界60か国以上、多数のアーティストにカヴァーされている。

***3 ライ・クーダー**
1947年生まれ。60年代半ばから活動を始め、70年にソロ・デビュー。アメリカのルーツ・ミュージックに根差したアルバムを精力的に発表。80年代以降は『パリ、テキサス』など映画音楽を多く手がける。キューバのミュージシャンとセッションを行った『ブエナ・ビスタ・ソシアル・クラブ』は世界的なヒット作となる。沖縄民謡にも接近し、喜納昌吉＆チャンプルーズの『BLOOD LINE』にも参加。

ジアのいろいろな文化が集まってきたからね。

さはし　ですね。ここでライ・クーダーの沖縄音楽の研究の粋が集まった曲を聴いてみましょうよ。

M Going Back To Okinawa ／ Ry Cooder

『ゲット・リズム』/ライ・クーダー

基地の街で観た コンディション・グリーン

さはし　沖縄には全国区で人気のあるグループも多いですが、浩さんが好きなのは？

ひろし　**上々颱風**＊4も好きだったし、坂本龍一さんが『BEAUTY』で共演していた**ネーネーズ**＊5もよかったね。

さはし　そういう伝統音楽を継承する人たちがいる一方、沖縄は米軍基地があるから、ハードロックも盛んなんですよね。基地の兵隊さんたちが来るバンドが入っている店では、彼らのリクエストに応えなくちゃいけないから、ハードロックはマストだって聞きました。とくに、**紫**＊6や**コンディション・グリーン**＊7は人気があった。

ひろし　コンディション・グリーンは過激なパフォーマンスで話題になったよね？

さはし　そうそう。僕が初めて沖縄に行ったのは、80年代の半ば、渡辺美里さんのツアーでしたが、そのときコンディション・グリーンのライブがあると聞いて、ライブハウスに行ったんですよ。そしたら、僕ら以外の客は全員アメリカ兵！　腕っ節の強そうなヤツら

＊4 上々颱風
紅龍&ひまわりシスターズを経て、1990年にメジャー・デビュー。民族楽器やアジアの民謡を取り入れた独自の音楽スタイルでアルバム『上々颱風』は10万枚のセールスを記録した。

＊5 ネーネーズ
沖縄音楽界の重鎮、知名定男プロデュースにより結成されたグループ。1992年にメジャー・デビュー。メンバー・チェンジを重ねながら、活動中。

＊6 紫
1970年、ジョージ紫を中心に結成され、沖縄の米兵向けのクラブなどで活動。76年にデビュー・アルバム『MURASAKI』を発表し、全国区で人気を集めるが、81年に解散。07年の再結成以降も沖縄で定期的にライブ活動を継続している。

＊7 コンディション・グリーン
1971年に結成され、77年に『LIFE OF CHANGE』でデビュー。米兵相手のライブで鍛えぬかれた演奏力と、ステージでの過激なパフォーマンスが

がビール片手に、爆音のライブをギャーギャー楽しんでいるんですよ。

ひろし　うわーっ！　なんかちょっと恐ろしい光景だね。

さはし　そこで見たんですよ！　メンバー3人が演奏しながら肩車をして、満員の客席に倒れ込む有名なパフォーマンスを！

ひろし　凄まじいね。それを米兵相手にやってたんだ。

さはし　そりゃ、鍛えられますよね。でも、あの頃は僕もウブでしたから、途中でビビって、そーっと帰りました（笑）。

ジョージ紫のハモンド・オルガン

さはし　浩さんは、基地の中に入ったことはあります？

ひろし　僕はかつて福生に住んでいたポンちゃんこと山田詠美さんに横田基地に連れていってもらったことがある。その昔は、**アイク＆ティナ・ターナー**＊8が基地だけでコンサートをやったり、ベトナム戦争の頃に慰問で横田に来日したアーティストはけっこういるんだよね。

さはし　僕が沖縄のバンドで衝撃を受けた紫は、『ぎんざNOW！』で観たんです。ジョージ紫さんは、ハードロック・オルガンの名手でした。

ひろし　紫というのは、やっぱり、ディープ・パープル由来なの？

さはし　そうだと思いますよ。面白い話があってね。僕がバンドに参加する随分前に、山下達郎さんの沖縄公演で、ハモンド・オルガンの調子が悪くなったんですって。それでジョージ紫さんのハモンドを借りたそうなんですが、何を弾いても音が歪んでハードロックの音になっちゃったって（笑）。

ひろし　そういえば佐橋くんは、ハードロックは通過したの？

さはし　僕が音楽を始めた70年代半ばは、レッド・ツッペリンも健在でしたし、普通に

話題を呼んだ沖縄出身のハードロック・バンド。

＊8　アイク＆ティナ・ターナー
60年代から70年代にかけて、活躍したソウル・デュオ。ポップ、R＆Bの両チャートにヒット曲を多数送り込んだ。アイクとティナは後に離婚。ティナ・ターナーはソロ・シンガーとしても成功した。

流行っていましたからね。それこそ学園祭なんか、先輩のバンドのほとんどはハードロックでしたよ。

ひろし　イアン・ギランみたいに高い声出してたんだろうね。

さはし　ハードロック・バンドはハイトーンのヴォーカルが売りものですけど、あれは周りが爆音で、高いレンジじゃないと聞こえないからああいうスタイルになったんじゃないかとも言われていますね。でも、男子であんな高い声が出る人なんて滅多にいないから、学園祭のバンドでは、たいてい女子が歌うんですよ。

ひろし　**カルメン・マキ&OZ**[*9]を思い出すね。寺山修司が作詞した**「時には母のない子のように」**[*10]からの転身に驚いたもんだよ。

M Double Dealing Woman (LIVE)／紫

さはし　振り返ってみると、僕はハードロックは聴いたり、弾いてみたことはあるけど、やったことないなぁ。

ひろし　トリの首をはねたり、生き血を吸ったりしなかったんだ？（笑）。

さはし　してません！（笑）。僕の知り合いに**ザ・スターリン**[*11]のマネージャーだった人がいて、ザ・スターリンも臓物投げたり、過激なステージをやってたじゃないですか。それでどこの会場も貸してくれなくなって、ボクシングで血を見慣れている後楽園ホールでライブをやったって聞きました（笑）。

ひろし　プロレスラーの入場曲にハードロックが多いのもわかる気がするね……って、なんで俺たちこんなにハードロックの話してんのよ？（笑）。

さはし　今夜はホリデー・ミュージック聴きたいって言ってたのに（笑）。

＊9 カルメン・マキ&OZ
1972年にカルメン・マキが春日博文らと結成。74年にデビュー。75年のアルバム『カルメン・マキ&OZ』収録された12分に及ぶ「私は風」が人気を集める。18年に再結成し、デビュー45周年ツアーを行った。

＊10 「時には母のない子のように」
寺山修司が主宰する劇団「天井桟敷」に女優として入団したカルメン・マキの1969年のデビュー・シングル。ゴスペルから着想を得た歌詞も寺山が手がけている。

＊11 ザ・スターリン
遠藤ミチロウを中心に1980年に結成。「電動こけし／肉」をインディーズからリリースし、82年にメジャー・デビュー。過激なパフォーマンスや破壊を危惧したライブハウスやホールから締め出され、85年に解散。

ハワイ編
ハワイ録音の山弦のアルバム

『hawaiian munch』／山弦

さはし　今日はウクレレ持参で参りました。浩さん、バーチャルでハワイ旅行に行きませんか?

ひろし　いいねー、「ワイハ」。現地でハーレーをレンタルして、パイナップル畑を通ってノースショアに行ったなぁ。でも、今日はハードロックにならないようにしてね（笑）。

さはし　僕と**小倉博和**さんがやっている**山弦**というギター・デュオがリモートで録音した新しいアルバムが間もなく出るんです。山弦は5枚のアルバムをリリースしているんですが、2枚目と4枚目は「MUNCH」シリーズというカヴァー・アルバムなんです。その通算4枚目のアルバムが、**『hawaiian munch』**＊12。浩さんは、ハワイのカイルア・ビーチってわかります?

ひろし　もしかして、それ、ハワイ録音?

さはし　そうなんです。オアフ島のカイルア・ビーチにある貸別荘に機材を持ち込んで、最小限のスタッフと寝泊まりしながらレコーディングしたんですよ。

ひろし　それはなんとも贅沢なレコーディングだね。

さはし　今日は、バーチャルなハワイに誘う僕たちのオリジナル曲から始めましょうか。

M （Kona）／山弦

＊12『hawaiian munch』　ハワイのオアフ島で録音された山弦の2002年のカヴァーアルバム。「ムーン・リバー」、シュガー・ベイブの「蜃気楼の街」などを収録。

ひろし　そもそも、なんで山弦というユニット名にしたの？

さはし　オグちゃんと出会ったのは、桑田佳祐さんの現場がツインギター編成で、ギタリスト同士で意気投合して、曲をつくるようになったんです。初めてのライブのとき、二人ともいろんな弦楽器を弾くので、ステージに山のように弦楽器が並んじゃって、それを見た誰かが「こりゃ、〝山弦〟だね」と。

ひろし　山のように並ぶ弦か。さぞや壮観な絵なんだろうね。

さはし　僕はカントリー系の弦楽器、フラット・マンドリンやバンジョーを弾くし、オグちゃんは中南米系のチャランゴとかも弾く。まぁ、弦が張ってある楽器なら何でも弾きたがる二人なんですよ。

ハワイで出会ったジェイク・シマブクロ

さはし　ハワイで思い出しましたけど、『hawaiian munch』を出したとき、ホノルルのライブ・レストランで演奏しないかという話が舞い込んできたんです。そこで観たのが、ウクレレ一本で素晴らしい演奏をしていた**ジェイク・シマブクロ**＊13さん。

ひろし　映画**『フラガール』**＊14の音楽を手がけた人だよね。プロデューサーは李鳳宇さんでした。いつも一緒に飲んでいます。

さはし　そう。僕らが彼のライブを観たのは映画でブレイクする少し前でしたが、終演後に挨拶に行ったら、「山弦のCDは持っているよ。2部のステージで一緒にやろう」と誘われて、一緒にプレイしました。とにかくスゲー奴に会ったと思いましたね。

ひろし　山弦のライブはどうだったの？

さはし　山弦はインストゥルメンタルなので歌詞の問題はないんですが、心配だったのは英語のMC。そしたら、ジェイクが「僕が通訳してしゃべるよ」って、僕らのステージの司会まで買って出てくれた。

ひろし　旅に出れば、出会いがあるね。

＊13 ジェイク・シマブクロ
ハワイ州ホノルル出身の日系5世のウクレレ奏者／作曲家。Pure Heart のメンバーとして1998年にデビュー。02年にソロで日本デビューし、映画『フラガール』の音楽を手がける。

＊14『フラガール』
福島県の常磐ハワイアンセンター（現スパリゾートハワイアンズ）の誕生から成功までの実話をベースに描いた2006年公開の日本映画。李鳳宇が設立したシネカノン製作・配給。

さはし　そうなんですよね。でね、そのライブ・レストランというのが、浩さんも知ってるんじゃないかな？　ハワイ出身の**セシリオ&カポノ**＊15のヘンリー・カポノさんの店だったんですよ。

ひろし　ああ、このジャケット（『ナイト・ミュージック』）、懐かしいな。茅ヶ崎の海でサーフィンの真似事しながら聴いてたよ。

さはし　セシリオ&カポノはメインランドや日本でも人気がありましたが、このアルバムは、ニック・デカロのストリングス・アレンジもいいんですよねー。

M The Nightmusic／Cecilio & Kapono

ひろし　ＫＩＫＩ-ＦＭの**カマサミ・コング**＊16の番組でかかりそうな曲だね。俺、ハワイでドライブ中に彼の番組を聴いて、スタジオに訪ねて行ったことがある。

さはし　そのお名前、すごく久しぶりに聞きました。

ひろし　彼、いまは日本在住で、西麻布のロックバーで再会したんだけど、ラジオＤＪになったきっかけは、軍の仕事で韓国にいたときに小林克也さんのＤＪを聞いて影響を受けたからなんだって。

『ナイト・ミュージック』/ セシリオ&カポノ

さはしひろしの〝陸サーファー〟時代

さはし　僕が高校の頃は、日本でもサーファー・ブームで、サーフィンはしないんだ

＊15 セシリオ&カポノ
メキシコとヤキ族をルーツに持つセシリオ・ロドリゲスと、ハワイ生まれのヘンリー・カポノにより結成。１９７４年にＬＡ録音のアルバムでデビュー。ウエストコースト・ロック、ＡＯＲ系のサウンドでカラパナと共に日本で人気を獲得した。

＊16 カマサミ・コング
１９８０年代にハワイのＫＩＫＩ-ＦＭの看板ＤＪとして活躍。角松敏生とのコラボレートなどで日本でも人気となる。

けど、サーファーっぽい恰好をして、周辺の文化を好む〝陸《おか》サーファー〟という輩もいて、僕がまさにそうでした（笑）。

ひろし　佐橋くんみたいな若者は、「アンナ・ミラーズ」によくいたよ。

さはし　はい。僕、いました（笑）。オカジュー（自由が丘）あたりには陸サーファー対応の店、たくさんありましたよね。

ひろし　たいていラコステやタッキーニのポロシャツにファーラーのパンツ穿いて、**カラパナ**＊17を聴いていたね。

さはし　そうそう。サーフィン映画も流行りましたね。サントラがカラパナの映画って何だっけ……？

ひろし　**『メニー・クラシック・モーメンツ』**＊18。あと、ベトナム戦争の影がある**『ビッグ・ウェンズデー』**＊19もあった。

M Many Classic Moments／Kalapana

ひろし　ハワイ、行きたくなってくるね。ハワイアン・エアーなら羽田から出ているし、なんたってCAがアロハシャツを着ている！

さはし　僕はGWから10月までは短パンで過ごすと決めているんですが、ハワイの人は年中短パンでいけるからうらやましいな。

ひろし　でもさ、芸能人はなんで年末年始にハワイに行くの？

さはし　年末年始のテレビは撮りだめしておいた特番が多いから、休みやすいんじゃないですか？　または、一年中働いて遊びに行けなかった腹いせ？（笑）。

ひろし　年末年始にハワイって、昭和から日本に根付いた文化だよね。アロハシャツだって日本のキモノがルーツだし。

さはし　たしかに。日系の方も多いし、ハワイと日本は独特の文化を育んだと言えるのかもしれませんね。浩さん、コロナ明けに、一緒に行きませんか？

ひろし　行きたいね。俺、永住してもいいも

＊17 カラパナ
1975年に『カラパナ（ワイキキの青い空）』でデビューしたハワイ出身のバンド。「愛しのジュリエット」のヒットやサーフィン・ムービー『メニー・クラシック・モーメンツ』のサウンド・トラックで知られる。

＊18『メニー・クラシック・モーメンツ』
ジェリー・ロペスなど伝説のサーファーが多数出演した1976年のサーフ・ムービー。

＊19『ビッグ・ウェンズデー』
サーフィンに明け暮れるカリフォルニアの若者たちの60年代から70年代の青春を描いたジョン・ミリアス脚本・監督の1978年の映画。

ん。憧れのハワイ航路（笑）。

中南米編
初めてのメキシコ一人旅

さはし　僕はライ・クーダーを介して、中南米の音楽にハマったことがあって、当時のマネージャーと旅行することになったんですよ。ところが、彼が出国寸前に行けなくなり、一人旅になっちゃって。

ひろし　初めての中南米？

さはし　そう。サンフランシスコでトランジットしてメキシコに向かう機内は、もうスペイン語圏。一人だけいた日本人は、プロレス関係の方でした。

ひろし　メキシコシティとか高地にあるから、すぐ酔っぱらっちゃうし、気分もハイになるんだよね。俺、メキシコでソンブレロ買って、大きすぎてスーツケースに入らないから帰りの京成スカイライナーで被ってたら、何とも場違いで恥ずかしかったよ（笑）。

さはし　やっちゃいましたね（笑）。メキシコには面白い弦楽器がたくさんあって、ギターとベースの中間くらいのバホ・セストという弦楽器を買ったんですけど、ホテルのフロントに預けたのに盗まれちゃった。

ひろし　あら、残念。まっ、スリや置き引きは多いからね。

さはし　ですね。メキシコの音楽といえば、マリアッチが有名ですが、僕がマリアッチを知ったのは、ニッポン放送の『オールナイトニッポン』のテーマ曲のこれでした。

M Bittersweet Samba／Herb Alpert & The Tijuana Brass

ひろし　アメリカ映画で犯罪がらみで逃げ込むところといえば、メキシコだよね。

さはし　とりあえず国境を越えれば何とかなるという発想がアメリカ人にはありますね。

＊20 ホセ・フェリシアーノ　1945年生まれ。プエルトリコ出身のシンガー・ギタリスト。68年にドアーズのカヴァー「ハートに火をつけて」でグラミー賞の最優秀新人賞を受賞。「雨のささやき」、「ケ・サラ」などのヒットを放ち、世界で活躍。

＊21 長谷川きよし　1949年生まれ。2歳のときに失明し、12歳でクラシック・ギターを始める。69年に「別れのサンバ」でデビュー。渡辺貞夫、エリゼッチ・カルドーゾ、ピエール・バルーらと共演。椎名林檎がカヴァーした「灰色の瞳」は加藤登紀子とのデュエットで74年にヒットした。

＊22 エネヘ・ラ・バンダ　フルート奏者ホセ・ルイス・コルテス率いるキューバを代表する超絶バンド。90年代に村上龍のプロデュースで来日公演を行い、「ムラカミ・マンボ」というオリジナル曲もある。

ひろし　メキシコじゃないけど、プエルトリコ出身の**ホセ・フェリシアーノ**[*20]って人、俺、好きだったな。

さはし　ホセのドアーズの「ハートに火をつけて」のカバーは最高ですよね。あの人は歌もギターもメチャクチャうまい。

ひろし　スペイン語文化圏は陰影があるからギターと抜群にあうんだよね。日本のホセ、**長谷川きよし**[*21]さんにもグッときちゃうもん。「別れのサンバ」とか。

キューバ音楽の深い森

さはし　スペイン語圏の音楽はなぜか日本人の琴線にも触れるんですよね。僕が英語圏以外の音楽で、「この森はかなり深いぞ」と思ったのはキューバ音楽ですね。

ひろし　僕は村上龍さんがプロデュースを手がけて、日本に招聘した**エネヘ・ラ・バンダ**[*22]というバンドに関わったことがあるので、キューバには龍さんと4回行きました。

キューバは、かつて東欧の社会主義国家の人が音楽の先生をしていたこともあって、楽団の人たちは楽譜が読めるし、ミュージシャンも外貨を稼ぐ国家公務員なんだよね。

さはし　なるほどね。キューバ音楽って決まり事がすごく多くて、とってもインテリジェンスが高いんですよ。クラベスという拍子木のような打楽器を担当する人がリズムの主導権を握っているというのも、興味深いなと思っていたんです。そしたら、僕がずっと追いかけてきたライ・クーダーが、キューバのミュージシャンとドキュメンタリー映画をつくっちゃった。

ひろし　はい。『**ブエナ・ビスタ・ソシアル・クラブ**』[*23]ですね。

さはし　昔からのキューバ音楽ファンにはライ・クーダーはあまり評判がよろしくないみたいですが、キューバ国外ではほとんど無名の高齢のミュージシャンを世界に紹介したという意味では、ライ・クーダーの功績は大き

＊23『ブエナ・ビスタ・ソシアル・クラブ』
かつて第一線で活躍していたキューバのベテラン歌手や音楽家によるバンドをライ・クーダーがプロデュース。1997年にアルバム、99年にはドキュメンタリー映画が製作された。「ブエナ・ビスタ・ソシアル・クラブ」は40年代に実在した会員制の音楽クラブの名前。

『Buena Vista Social Club』/ V.A.

かったと思います。

ひろし　映画としてもよかったよ。世界を舞台にキャリアを重ね、年老いたミュージシャンやシンガーの演奏や佇まいに、キューバ人の矜持みたいなものを感じたね。

M Chan Chan／Buena Vista Social Club

ひろし　キューバのバンドと大阪で焼肉に行ったら、待っている間にお皿やお箸でチャンチャカリズムを刻みだした。それがそのままライブになる。♪腹減った、肉はまだかって（笑）。15人で200人分くらい食べた焼肉の勘定にも驚いたけど（笑）。

レゲエを取り入れようとしたムッシュ

さはし　日本でも、ルンバ、マンボ、チャチャチャなどキューバ生まれの音楽は人気を呼んで、ラテン歌謡ブームになりましたね。

ひろし　ムード歌謡に転じた**鶴岡雅義と東京ロマンチカ**＊24とかね。

さはし　鶴岡雅義さんといえば、**レキント・ギター**＊25ですよ。**内山田洋とクール・ファイブ**＊26の内山田洋さんもギタリストで、テレキャスター弾いていましたから。

ひろし　俺は、メインの歌手以外の人たちは、♪ワワワワーって歌っているだけだと思っていたんだけど、違うの？

さはし　違うんです。テレビでコーラスだけつけているように見えた人たちは、ステージ

＊24　鶴岡雅義と東京ロマンチカ
「小樽のひとよ」、「君は心の妻だから」のヒットで知られる60年代のムード歌謡を代表するグループ。

＊25　レキント・ギター
普通のクラシック・ギターより一回り小さく、高音が出やすいように設計され、中南米の民族音楽でも使われる。

＊26　内山田洋とクール・ファイブ
内山田洋率いる歌謡グループ。メイン・ヴォーカルを前川清に、1969年に「長崎は今日も雨だった」でデビュー。「そして、神戸」「東京砂漠」、などがヒット。

では楽器担当のメンバーなんですよ。

ひろし そうなんだ！ 失礼しました（笑）。

さはし 浩さんは、ジャマイカは？

ひろし 俺は行けなかったんだけど、番組の収録で行った同僚はガンマイクのせいで追いかけられて、危うく撃たれそうになったって（笑）。

さはし 僕は行けなかったんだけど、**ボブ・マーリー***27の来日公演は素晴らしかったそうですね。あれは、レゲエを超えたソウル・ミュージックだったって。ここで、**カーリー・サイモン***28が**スライ&ロビー***29をバックに、ボブ・マーリーをカヴァーした曲を聴きましょうよ。

M Is This Love?／Carly Simon

ひろし **かまやつひろし**さんがユーミン（荒井由実）のデビュー曲**「返事はいらない」***30をプロデュースしたとき、レゲエを取り入れようとしていたんだって。レゲエという新しいリズムがあることをすでに知っていたんだ。

さはし ムッシュは、他の誰よりも早く、海外の音楽の情報を取り入れていましたよね。僕はＣｈａｒさんの還暦イベントで一緒になったことがあるんですが、Ｃｈａｒさんいわく、「知ってる？ ムッシュは朝からドンペリで歯を磨いてくるんだぜ」って（笑）。

ひろし 最高！ ホントにチャーミングな方でした。ＴＦＭのある麹町に住んでいて、真っ赤なアバルトに乗っているのをよく拝見しました。また、話が脱線しちゃった（笑）。

ウエストコースト編
ロサンゼルスと東京を往復した90年代

さはし 僕が洋楽にハマるようになった70年代は、ウエストコースト・ロックが全盛期だったんです。その頃、アメリカの西海岸で

＊27 ボブ・マーリー １９４５年生まれ。60年代からジャマイカで活動し、72年にアイランド・レコードと契約。『キャッチ・ア・ファイア』をリリース。エリック・クラプトンがカヴァーした「アイ・ショット・ザ・シェリフ」が全米1位を獲得すると、ロック・ファンからも注目を集め、レゲエとジャマイカ音楽・文化を世界に知らしめた。81年、36歳で他界。

＊28 カーリー・サイモン １９４５年生まれ。71年にソロ・デビューを果たし、72年に、ミック・ジャガーがコーラスで参加した曲「うつろな愛」が全米1位となり、以降もシンガー・ソングライターとして活躍。ジェームス・テイラーと結婚するが、83年に離婚。

＊29 スライ&ロビー ジャマイカ出身のドラマー、スライ・ダンバーと、ベーシストのロビー・シェイクスピアによるリズム・セクション。70年代の半ばに活動を始め、ミック・ジャガー、グレイス・ジョーンズ、セルジュ・ゲンスブールな

は新しい音楽が次々生まれていたので、僕はその影響がすごく大きいんですよ。

ひろし　それは、ギタリストとしても？

さはし　そうですね。僕がギターもエレキ、アコースティックの両方弾いて、スチール・ギター、マンドリン、バンジョーなども弾くのは**イーグルス**の影響大で、それに加えて、ウエストコーストの音楽に特徴的なコーラス・ワークや素敵なメロディにも魅了されました。

ひろし　アメリカのウエストコースト、主にカリフォルニアは、ゴールド・ラッシュで発展した土地だけど、政治的にはリベラルで、その自由な気風が60年代のヒッピー文化を育んでいたんだ。佐橋くんは、ロサンゼルスに住んでいたことがあったんだってね。

さはし　１９９４年から3〜4年、ウエストハリウッドにアパートを借りて、東京と行ったり来たりしながら暮らしていたんです。その頃は、日本のアーティストの海外レコーディングの仕事がけっこうあって、１年のうち半年は、ＬＡのミュージシャンたちとレコーディングをしながら過ごしていました。

ひろし　４年も住んでいたなら、ロスの文化を吸収して、交友関係も拡がるよね。

さはし　住んでみて感じたのは、東京で慣れ親しんでいた音楽の聴こえ方が違うことでしたね。現地でアメリカン・ロックを聴くと、これはここの空気にぴったりな音楽なんだなと肌身で感じましたよ。

ひろし　ＬＡでレコーディングするのは、そういう空気を味わいたいからなの？

さはし　それもありますね。佐橋が向こうにいるならとセッションに呼んでくれた人もいましたし、**氷室京介**さんのようにそのままＬＡに移住した人もけっこういますね。前にお話した僕のソロに参加してくれたヴァレリー・カーターさんとも一緒にご飯を食べに行ったりしていたんですよ。彼女の2枚目のアルバム、『Wild Child』から、１曲聴いて

ど多数の作品に参加。

＊30「返事はいらない」　１９７２年の荒井由実（松任谷由実）のデビュー・シングル。『ひこうき雲』にはアルバム・ヴァージョンを収録。

＊31『リアリティ・バイツ』　俳優としても活躍するベン・スティラーの１９９４年の初監督作品。主演俳優のイーサン・ホークと友人だったリサ・ローブの「ステイ」が大ヒットした。

＊32『オン・ザ・ボーダー』　イーグルスが１９７４年に発表した３枚目のアルバム。シングル・カットされた「Best of My Love」は全米1位を記録。

みましょう。

M Da Doo Rendezvous／Valerie Carter

クルマ社会のラジオ・ステーション

さはし　ロスにいる間は、僕はほとんどラジオばかり聴いていましたね。お気に入りのステーションをみつけたら、それを聴いているだけで好きな曲がバンバンかかりますからね。クルマ社会だから、ラジオは重要な娯楽であり、メディアでもあるんですよね。

ひろし　クルマとラジオは親和性があるからね。それに、向こうのDJは色気があるんだよ。**『リアリティ・バイツ』**[*31]という映画で、ウィノナ・ライダーが演じる主人公がラジオ局に就職試験の面接に行って、「きみは頭はいいけど、センスがないからダメ」って落とされるシーンがあったけど、ラジオは感覚重視なんだよね。

さはし　浩さんのカリフォルニア体験は？

ひろし　伯父がナパ・ヴァレーでパイロット・スクールの校長先生だったから、ガキの頃からカリフォルニア・ワインを飲んでました（笑）。フランシス・フォード・コッポラ大先生もワイナリーを持っているナパ・ヴァレーを舞台にした面白いロード・ムービーもあったよね？

さはし　ありましたね。何ていうタイトルだっけ？（『サイドウェイ』）。ロスも元々、砂漠の上につくった人工的な町ですし、ちょっとクルマで走ると砂漠ですからね。

イーグルスにLA出身はいない？

さはし　イーグルスの**『オン・ザ・ボーダー』**[*32]は、「Best of My Love」が初めて全米1位になり、スター街道を駆け上っていくときのアルバムなんですが、創設メンバーの一人でもある**バーニー・レドン**[*33]の曲に「My Man」という曲があって、若くして亡くなっ

***33 バーニー・レドン**　1947年生まれ。ミネソタ州出身。ギター、バンジョー、マンドリン、スティール・ギターなど様々な楽器を演奏し、60年代後半にディラード&クラーク、フライング・ブリトー・ブラザーズなどで活動。リンダ・ロンシュタットのバックバンドで出会ったグレン・フライ、ドン・ヘンリーらとイーグルスを結成。カントリー、ブルーグラスの要素をバンドに導入するが、75年の『呪われた夜』を最後に脱退した。

***34 グラム・パーソンズ**　1946年生まれ。インターナショナル・サブマリン・バンドを経て、バーズに加入し、『ロデオの恋人』を制作。その後、フライング・ブリトー・ブラザーズを結成。キース・リチャーズと親交を深める一方、カントリー・ロックを牽引した。73年にはソロに転じるが、カリフォルニア州ヨシュア・トゥリーにて、麻薬の過剰摂取により、26歳で他界。

た**グラム・パーソンズ**＊34のことを歌った曲なんです。グラムはキース・リチャーズとも仲が良くて、それが**「ワイルド・ホース」**＊35を生んだという。

ひろし　あれは名曲ですね。

M My Man／Eagles

さはし　イーグルスのコンサートは、「We Are Eagles, From Los Angele」というMCで始まるんですが、実は、ロス出身のメンバーは一人もいないんですよ。

ひろし　そうなの⁉　陸サーファーみたいなもんじゃん？（笑）。

さはし　そう。要するにみんな夢を抱いてロスに来たクチなんですよ。

ひろし　しかし、彼らはなんであんなにハーモニーがきれいなのかね？

さはし　メンバー・チェンジはしていますが、楽器もさることながら、とにかく、ハーモニーがつけられて、歌えなかったらメンバーになれないバンドですね。

ひろし　イーグルスはリンダ・ロンシュタットのバックバンドからスタートしたんだよね。

さはし　そう。バーニー・レドンは、カントリー・ロックを牽引したグラム・パーソンズが結成した**フライング・ブリトー・ブラザーズ**＊36のメンバーだったので、バンジョーやマンドリンも弾けるんですよ。僕もその影響をおおいに受けました。

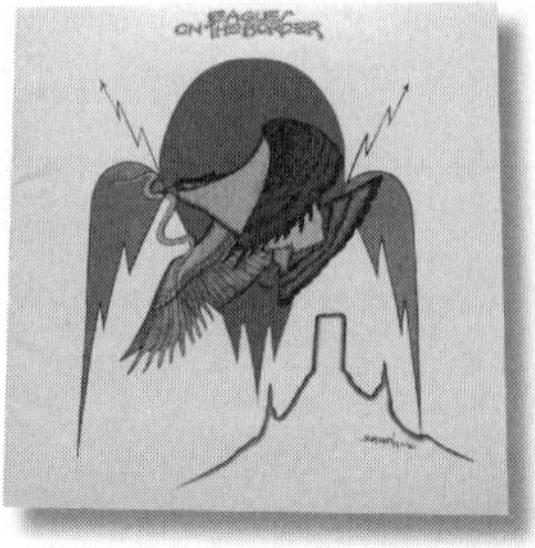

『オン・ザ・ボーダー』/ イーグルス

＊35 「ワイルド・ホース」　ローリング・ストーンズが1971年に発表した楽曲。『スティッキー・フィンガーズ』収録。初出はキース・リチャーズと親交があったグラム・パーソンズを擁するフライング・ブリトー・ブラザーズの70年の『ブリトー・デラックス』。

＊36 フライング・ブリトー・ブラザーズ　バーズを脱退したグラム・パーソンズとクリス・ヒルマンを中心に結成。69年に『黄金の城』でデビュー。カントリーとロックの融合を試み、4枚のアルバムを残した。

＊37 ドン・ヘンリー　1947年生まれ。テキサス州出身。イーグルスのデビュー時から在籍するオリジナル・メンバー。ドラマー、ヴォーカリスト、主要ソングライターとして活躍。イーグルス解散後も、「The Boys of Summer」がヒット。グラミー賞を受賞するなどソロでも成功を収めた。

「ホテル・カリフォルニア」と〝地元の名士〟ネッド・ドヒニー

ひろし　俺、学生時代にアメリカに行ったとき、砂漠の真ん中で近所に住んでいた幼なじみとグレイハウンドのバス停で偶然再会したことがあるんだ。幼なじみは東海岸から、俺は西海岸から。こんなことってあるんだって、それから一緒にラスベガスにギャンブルしに行った。イーグルスを聴くと、その思い出がよみがえるね。

さはし　ロード・ムービーまんまじゃないですか？　イーグルスにはアメリカ開拓史を歌った曲もあるし、アメリカという国に真摯に向き合った**ドン・ヘンリー**＊37の歌詞がいいんですよね。

ひろし　「**ホテル・カリフォルニア**」＊38もそうだよね。〝スピリット〟を、酒と精神にかけて、1969年以来、用意していませんとかさ。

さはし　浩さん、知ってました？　ビバリーヒルズとウエストハリウッドを結ぶドヒニー・ドライヴという通りの名前は、**ネッド・ドヒニー**＊39の曾祖父の功績をたたえてつけられたそうですよ。

ひろし　つまり、地元の名士ってこと？

さはし　そう。ネッド・ドヒニーは、イーグルスの連中とつるんでいたりしたけど、ドヒニー家のボンボンなんですよ。

ひろし　そうだったんだ！

さはし　有名なプールでシャワーを浴びているジャケットの『ハード・キャンディ』も、もしかしたら自宅かもしれないですね（笑）。

M Get It Up For Love／Ned Doheny

さはし　ロサンゼルスには、「トルバドール」という有名な老舗ライブハウスがあって、ミュージシャンの交流の場でもあったんですが、エルトン・ジョンがアメリカに初上陸し

＊38 「ホテル・カリフォルニア」　1976年にリリースされ、全世界で3200万枚以上のセールスを記録したイーグルスの5作目のアルバムのタイトル・チューン。「ニュー・キッド・イン・タウン」に次いで、77年にシングル・カットされ、全米チャート1位を獲得。ロック界や現代社会への暗喩に富んだ歌詞も話題を集めた。

＊39 ネッド・ドヒニー　1948年生まれ。カリフォルニア州出身。スティーヴ・クロッパーのプロデュースの76年の『ハード・キャンディ』はAORの名盤として日本で人気が高い。チャカ・カーンの「What Cha' Gonna Do for Me」は、アヴェレイジ・ホワイト・バンドのヘイミッシュ・スチュアートとの共作曲。

＊40 村田陽一　1963年生まれ。静岡県出身。トロンボーン奏者、作曲家、編曲家。ジャズを中心に、ポップからクラシックまで幅広いジャンルで活躍。ソロ・アルバムも多数リリース。リーダー・バン

て、一躍注目を集めたのもそこだったんです。

ひろし　キャロル・キングとジェームス・テイラーがリユニオン・コンサートをやったところだよね。

さはし　そうです。あと、僕がロスに行くと必ず立ち寄るアコースティックの弦楽器店「McCabe's Guitar Shop」にも奥に小さいステージがあって、弾き語り系の人の登竜門になったりと、歴史のある店が残っていたりする。寂しかったのは、サンセット通りの「Tower Records」がなくなっちゃったこと。

ひろし　倒産しちゃったんだっけ?

さはし　そう。だから、アメリカから日本に来た観光客が、「日本にまだTower Recordsがある!」って喜んで、あの黄色と赤の袋欲しさに買いに来るって聞きましたよ。

ニューヨーク編

ブロードウェイの『ジャージー・ボーイズ』

さはし　浩さん、今日は、音楽や映画でも舞台になることが多いニューヨークへ妄想で行きましょうよ。

ひろし　ニューヨークは母方の従姉妹がマンハッタンに住んでいて、ニューヨークに行くとそこに入り浸ってる。

さはし　僕は仕事でも何度も行きましたが、

『ジャージー・ボーイズ』映画パンフレット

ドは、村田陽一Solid Brass、村田陽一オーケストラなど。

＊41 ギル・エヴァンス　1912年生まれ。マイルス・デイヴィスの『クールの誕生』をはじめ、『マイルス・アヘッド』などのコラボレーションで知られるピアニスト、編曲家、作曲家。83年からジャズ・クラブ「Sweet Basil」で毎月曜日に自身が率いる「マンデイ・ナイト・オーケストラ」を開催

＊42 『ジャージー・ボーイズ』　フォー・シーズンズの結成から成功、メンバーの脱退などを脚色したジュークボックス・ミュージカル。05年にブロードウェイで開幕し、ロングランを記録。14年にクリント・イーストウッド監督により映画化された。

＊43 フォー・シーズンズ　1962年の「シェリー」以降、「恋はヤセがまん」、フランキー・ヴァリのソロ「君の瞳に恋してる」などの大ヒットで知られるニュージャージー出身のグループ。メンバー兼作曲家のボブ・ゴーディオ、プロデューサーの

友人のトロンボーン奏者・**村田陽一***40さんが、Solid Brassというバンドで、「Sweet Basil」というジャズクラブで演奏したとき、ポンタさんと一緒に出演したことがあります。そこは、**ギル・エヴァンス***41が毎週月曜日にセッションをしていたクラブなんですが、ステージのすぐ脇に厨房があって、ちょっと揚げもの臭かった（笑）。

ひろし　僕は、ポエトリー・リーディングで有名な「Bowery Poetry Club」に行きましたよ。ニューヨークにはそういう文学や音楽の歴史の蓄積を感じる場所がたくさんあるのが嬉しいね。

さはし　ブロードウェイは行かれました？

ひろし　『CATS』は観たよ。ネコの話なら、とりあえず俺にもわかりやすいかなと思って（笑）。オフの『ブルーマン』には度肝をぬかれた！

さはし　僕は映画化される前に、ミュージカル『**ジャージー・ボーイズ**』*42を観ました。なんたって、**フォー・シーズンズ***43のストーリーですからね。ニュージャージー出身のイタロ・アメリカンがスターになっていく話が面白くないわけはないですが、驚いたのは、キャストの歌唱力が半端なかったことと、オケピのバンドがまぁ、うまいのなんの！

ひろし　ブロードウェイは、とにかく競争がとんでもなく激しいらしいからね。

さはし　クリント・イーストウッドが映画化すると聞いて、完璧なミュージカルを観た僕としては危ぶんでいたんですが、映画も良かったですね。

ひろし　フランク・シナトラもそうだけど、イタリア系のショービズの人たちは叩き上げが多いから、いろんな人生経験が歌に反映されるんだろうね。マフィアとの関係なんかもふくめて。

さはし　そう。映画の『ジャージー・ボーイズ』は、マフィアの親分のクリストファー・ウォーケンがカッコよかったですね。

ボブ・クリュー、アレンジャーのチャーリー・カレロによる作品群は、R&Bチャートでも大きな成功を収め、ブルー・アイド・ソウルの草分けとも評される。14年に初の日本公演が実現した。

＊44　フィル・スペクター
1939年生まれ。ニューヨーク出身。60年代に「ウォール・オブ・サウンド」と称される多人数のミュージシャンを起用し、独特の音響を持つサウンド・プロデュースで、大きな足跡を残したプロデューサー。ビートルズの『レット・イット・ビー』、ジョン・レノン『イマジン』、ジョージ・ハリスン『オール・シングス・マスト・パス』も手がけ、ラモーンズの『エンド・オブ・ザ・センチュリー』を最後に一線から退く。03年に第2級殺人罪で有罪となり、服役中の21年に他界。

＊45　『GO AHEAD!』
1978年の山下達郎の通算3作目のスタジオ・アルバム。

M Rag Doll／The Four Seasons

山下達郎がカヴァーしたMFQ

さはし　こういう懐かしのサウンドを聴くと思い出されるのが、先日亡くなった**フィル・スペクター***44。彼も元々はニューヨーク出身ですね。山下達郎さんが『**GO AHEAD!**』*45でカヴァーしている**モダン・フォーク・カルテット***46（MFQ）の「This Could Be The Night」は、**ハリー・ニルソン***47とフィル・スペクターの曲なんですが、この曲が収録されているレコード（『Phil Spector Wall of Sound Vol.6 – Rare Masters Vol.2』）が当時はどこにもなかったんですよ。

ひろし　そういうレアなレコードを持っているのは、さすが、マニアの達郎さんだね。

さはし　ですね。MFQのメンバーには、数多くのアルバム・カヴァーで有名な写真家**ヘンリー・ディルツ***48もいたんですよ。MFQが聴きたくなってきちゃったな。

M This Could Be The Night／The Modern Folk Quartet

さはし　フィル・スペクターは、60年代半ばにブームになりつつあったフォーク・ロックに目をつけて、ラヴィン・スプーンフルをプロデュースしたかったんですが、彼らに断られて、その代わりにMFQにアプローチしたみたいです。

ひろし　しかし、このコーラスを一人で歌っちゃうのが達郎さんのスゴさだね。

さはし　当時はまだ24チャンネルだったから、大変苦労されたらしいですよ。

フィフス・アヴェニュー・バンドの人気

さはし　達郎さん絡みで、僕が大好きな**フィフス・アヴェニュー・バンド***49の話をしようかな。シュガー・ベイブが参考にしたバン

＊46 モダン・フォーク・カルテット
60年代初頭にハワイで結成され、63年にデビュー。ジャズに影響された洗練されたコーラスで他のフォーク・グループと一線を画す。66年に、フィル・スペクターのプロデュースで「This Could Be The Night」を録音したが、当時は発表されず、2枚のアルバムを残し解散。

＊47 ハリー・ニルソン
1941年生まれ。60年代後半から70年代にかけて、ニルソン名義で「うわさの男」、「ウィザウト・ユー」などのヒットを残したシンガー・ソングライター。ニルソン自身によるピアノ弾き語りの「This Could Be The Night」は『The RCA Albums Collection』に収録。

＊48 ヘンリー・ディルツ
1938年生まれ。MFQ解散後、写真家として活動し、ドアーズ『モリソン・ホテル』、『クロスビー、スティルス＆ナッシュ』、イーグルス『ならず者』など数多くのアルバム・ジャケットを撮影。著書に『Unpainted Faces

『フィフス・アヴェニュー・バンド』／フィフス・アヴェニュー・バンド

ドとも言われていて、ピーター・ゴールウェイや、のちにソングライターとして大活躍するジョン・リンドなど、グリニッジ・ヴィレッジの名うての面々が在籍していたんですが、これがアメリカではまったく売れなかったんです。でも、彼らの残したたった1枚のアルバムは、日本ではすごく人気があって、それは、ここでも度々話にでてくる「パイドパイパーハウス」の長門芳郎さんが、日本に広めたおかげだと思いますね。

M Nice Folks ／ The Fifth Avenue Band

ひろし　我々日本人は、達郎さんや、長門さんのような人たちのおかげで、こういう隠れた名盤に出会っているよね。

さはし　そうなんですよね。日本のマニアは耳が肥えているのかもしれないですね。ＭＦＱやフィフス・アヴェニュー・バンドの跳ねたリズム、スウィング感は、東海岸のポップスに多くて、これは明らかにジャズから来ているんですよ。

ひろし　そうか。なんか小粋な感じがするのは、ジャズのエッセンスが効いているからなんだ。これが１９６９年のアルバムっていうのも驚くね。

さはし　やっぱり、そこがニューヨークなんでしょうね。いろんな文化と音楽が混じって、奇跡のように素敵なアルバムが生まれる街。

ひろし　アートの力も大きい。音楽にしてもアートにしても表現に関わることが、街や人を豊かにしているんだよね。

ヘンリー・ディルツ写真集』（P-Vine Books）がある。

＊49　フィフス・アヴェニュー・バンド
バンド名を冠した1969年の唯一のアルバムが、日本で高い人気を誇るニューヨーク出身のバンド。その後、メンバーのジョン・リンドは、ヴァレリー・カーターとHowdy Moonを結成。ソングライターとして、マドンナ「クレイジー・フォー・ユー」、アース・ウィンド&ファイアーらの大ヒット曲を手がける。ケニー・アルトマンは、White Horse、セッション・マンとして活動。山下達郎のデビュー・アルバム『CIRCUS TOWN』の〈Los Angeles Side〉にベースとコーラスで参加している（ピーター・ゴールウェイは別項）。

PART 6

さはしひろしと名盤
～私的解説！アナログ・ナイト

はっぴいえんど編

『風街ろまん』の衝撃

さはし　浩さん、すっかりサブスクの世の中になって、逆にレコードを聴く人が増えている気がしませんか？

ひろし　アメリカではレコード針やプレーヤーが売れているらしいね。

さはし　レコードからＣＤに切り替わる頃は、もうレコードが聴けなくなると思って、レコード針を爆買いしましたよ。今日は、アナログ盤ナイトにしませんか？

ひろし　佐橋くんがアナログ盤で思い出深いものといえば？

さはし　やっぱり、音楽オタクの同級生、フクシマくんと買った、**はっぴいえんど**ですね。１枚目の『**はっぴいえんど**』*1と２枚目の『**風街ろまん**』*2のどっちも聴きたいから、フクシマくんと１枚ずつ買って交換して聴いて、「スゲーな、これ！」って。

ひろし　それは相当な音楽少年だね。僕がラジオ局に入社した80年代には、はっぴいえんどのリクエストなんて滅多に届いたことなかったよ。解散して10年経過していて、半ば伝説的存在だった。

さはし　はっぴいえんども、シュガー・ベイブも、メンバーのみなさんが仰っているのは、とにかく当時は「箸にも棒にも」だった

***1**『**はっぴいえんど**』
1970年に8月5日に発売されたはっぴいえんどのファースト・アルバム。

***2**『**風街ろまん**』
1971年11月20日に発売された、はっぴいえんどのセカンド・アルバム。

と。それが、後世にこんな名盤になるとは！　僕は道玄坂のヤマハで買いました。

ひろし　シュガー・ベイブが不機嫌な顔で演奏していたっていうヤマハ渋谷店ね（笑）。

さはし　そうです（笑）。僕がはっぴいえんどの存在に気がついたときは、もう解散していたんですが、『風街ろまん』に針を落とした瞬間の「なにこれ！」っていう衝撃は忘れられませんね。

M 抱きしめたい／はっぴいえんど

さはし　「夏なんです」は、細野晴臣さんプロデュースで、ギターの鈴木茂さんがダニー・コーチマーっぽいというか、当時のアメリカのナウいサウンドを取り入れているんです。スペシャル・サンクスのクレジットに「小坂忠 for GUITARS」と書いてあるのは、アコギは細野さんが忠さんのギブソンのJ50を借りて弾いたからなんですって。

ひろし　そうなんだ。

さはし　J50は誰が弾いていて有名かというと、ジェームス・テイラー。つまり、「あの音が欲しいからこのギターで弾く」という狙いが定まっていたんですよ。当時、これだけの知識がどうしてあったんでしょうか？

ひろし　レコードのクレジットやファミリー・ツリーを読み込んでいたんだろうね。

さはし　僕もプロとして仕事を始めて、最初に買ったギターがこのJ50でした。ちなみに藤井フミヤさんのヒット曲「TRUE LOVE」＊3は、J50で弾きましたけど、元をただせば「夏なんです」の細野さんの弾いていたアコギの記憶があるんですよね。

ひろし　知ってる？　マエストロ小澤征爾＊4さんはボストンでジェームス・テイラーの隣に住んでいたんだよ。

さはし　ウソ！　マジですか？

ひろし　ある日、テレビに隣の人が出ていたから驚いたんだって。メジャーリーグのワー

＊3「TRUE LOVE」
1993年に発売された藤井フミヤのシングル。テレビドラマ『あすなろ白書』の主題歌に起用され、ダブル・ミリオンを超える大ヒット曲となった。

＊4 小澤征爾
1935年生まれ。ボストン交響楽団、ウィーン国立歌劇場の音楽監督を務めた指揮者。15年に開催された「マエストロ・オザワ80歳バースデー・コンサート」には、親交のあるジェームス・テイラーが参加した。

ルドシリーズで国歌を歌っていて「しかし、ヘタだなー」って笑っていらしたと（笑）。

さはし　では、ジェームス・テイラーをはじめとした当時のアメリカで流行った音楽が背景にある細野さんの名曲「夏なんです」を。

M 夏なんです／はっぴいえんど

解き明かされたクレジットのナゾ

さはし　この前、林立夫さんに、「なんで林さんの名前が『風街ろまん』の「花いちもんめ」にクレジットされているんですか？」とメールで質問したんです。そしたら、「（鈴木）茂が、『心細いからついてきてくれ』って言ったんだよ」と返事がありました（笑）。茂さんはリズムのことを松本隆さんに説明するために、林さんをつれてスタジオに行ったんですって。そこで林さんが「茂が言ってるのはこういうことで……」と通訳みたいなことしたら、クレジットされちゃった。

ひろし　今になってわかった、その事実（笑）。

さはし　話の流れで、林さんに「松本さんのドラムって、本当に個性的ですよね」とメールしたら、「あの人は会ったときからワン・アンド・オンリー」っていう返信がきました。

ひろし　松本さんは高校のとき、ドラムコンテストの全国大会で優勝しているんだよね。

さはし　この頃のドラマー全般は、欧米の人もそうですけど、ちょっとジャズの匂いがするんですよね。はっぴいえんどって、いろんな個性的な人が偶然出会って生まれたバンドなんですね。

ひろし　高橋幸宏さんも、小学5年生のときのクリスマス・プレゼントがドラムセットだったそうだよ。

さはし　**ジェネシス**＊5はフィル・コリンズだけがワーキング・クラスで肩身が狭かったって話ですけど（笑）、ミュージシャンにはお

＊5 ジェネシス
70年代から80年代にかけて世界的な成功を収めたイングランド出身のロックバンド。オリジナル・メンバーは貴族階級出身で、名門パブリックスクールの学友だったと言われている。

坊ちゃんも多いですよね。

ひろし　ミック・ジャガーにしても、親に買ってもらった家に住んで、フレンチのディナーが好きだった。昔は楽器そのものが庶民には高嶺の花だったからね。

さはし　松本さんにしろ、幸宏さんにしろ、ドラムを練習できる住宅環境だったってことですよ。

ひろし　山下達郎さんはラジオでよく「俺たちは城北地区だから」って言うよね（笑）。

さはし　達郎さんは酔っぱらうと必ず、「ま、オマエらは世田谷・目黒生まれだからな」って言いますからね（笑）。

ひろし　達郎さん、ワインがお好きで、飲むと朝までコースだし！

さはし　長いです。「もう1軒、この時間でもやってる店を知ってるんだけどさ」って帰してもらえない（笑）。お元気でなによりでございます。

大滝さんと細野さんの茶話会

ひろし　ジャケットの話ができるのも、アナログの楽しみだね。

さはし　『はっぴいえんど』のジャケットは、**林静一**＊6さんのイラストと写真のコラージュですが、看板に大きく「ゆでめん」と書いてあるもんだから、通称「ゆでめん」になっちゃった。名盤にエピソードは尽きませんね。

M 花いちもんめ／はっぴいえんど

ひろし　大滝さんは細野さんの家にレコードを持っていって茶話会やっていたらしいね。酒ではなく、茶話会っていうのが可愛い。

さはし　大滝さんも細野さんも茂さんも、お酒がダメなんですよね。大滝さんが佐野元春さんのコンサートに来られたとき、打ち上げに参加されて、僕らはみんな飲んでいたんで

＊6 林静一
1945年生まれ。イラストレーター、漫画家、アニメーション作家。67年に『ガロ』で漫画家としてデビュー。『赤色エレジー』は、同作をモチーフにしたあがた森魚の同名曲としてヒット。抒情的な画風で知られる。

すけど、大滝さんが、「俺、ほぼほぼ下戸なんだよ」って。でも、飲まなくても、誰よりも饒舌でした（笑）。

ひろし　なるほどね。それは面白い。

さはし　僕、細野さんに聞いたことがあるんですよ。「はっぴいえんどは、打ち上げはどうしていたんですか？」って。返事は、一言、「ないよ」（笑）。

ひろし　だから茶話会だったんだね。

さはし　そうでしょうね。「佐橋くんは打ち上げ好きなの？」って聞かれたんで、「はい」って素直に答えましたけど（笑）。年中お酒を飲んでる僕らは、もしかして無駄な時間を過ごしているんですかね（笑）。

ひろし　ウーン……。

バッファロー・スプリングフィールド編

はっぴいえんど経由で知ったアルバム

さはし　はっぴいえんどのアルバムを聴くと、**バッファロー・スプリングフィールド**＊7を爆音で聴きたくなりますね。今日は、私物を持ってきました。

ひろし　そのアルバム、日に灼けて黄ばんで

＊7　バッファロー・スプリングフィールド
1966年にロサンゼルスで結成。カントリー、フォーク、ロック、R&Bを取り入れた音楽性とメンバーの際立った個性により3枚のアルバムを残し、70年代の音楽シーンの第一線で活躍する人材を輩出した。

＊8『バッファロー・スプリングフィールド・アゲイン』
1967年のバッファロー・スプリングフィールドのセカンド・アルバム。メンバーの逮捕や不仲にもかかわらず実験的かつ幅広いサウンドを取り入れた音楽性から傑作の声も高い。

＊9　スティーヴン・スティルス
1945年生まれ。60年代は、バッファロー・スプリングフィールド、70年代はクロスビー、スティルス、ナッシュ&ヤング、マナサスなどで活躍。不仲が伝えられていたニール・ヤングと、76年にスティルス・ヤング・バンド名義でアルバムを発表。ソロ作品の「愛への讃歌」は、アレサ・フランクリンなど多くのカヴァーが生まれた。

るんじゃない？（笑）。

さはし　「はっぴいえんどは、バッファロー・スプリングフィールドというバンドの影響を受けているらしい」と友だちがどこかで聞きかじってきて、ヤマハ渋谷店に探しに行ったんですよ。「ゆでめん」には、自分たちが影響を受けた人たちの名前が並んでいるんですが、あれは『**バッファロー・スプリングフィールド・アゲイン**』＊8からパクったんだと気がついた。

ひろし　どっちのアルバムも献辞は手書きだね。

さはし　そう。手書きのところも一緒。

ひろし　佐橋くんの私物は1971年に発売された日本盤だね。帯もついてるじゃん。

さはし　キャッチコピーは「ロック・エイジの貴重なるバイブル」（笑）。値段は2300円。僕がハマった曲は、A面の最後の**スティーヴン・スティルス**＊9の「ブルーバード」。もう、一発でノックアウトされました。

M Bluebird／Buffalo Springfield

さはし　この曲はスティーヴン・スティルスはエレキギター、アコギは主に**ニール・ヤング**＊10が弾いていると思うんですけど、この音色とフレーズは僕もコピーしました。最後にバンジョーだけのリプライズが出てきますが、こういうネタも、はっぴいえんどはお洒落に取り入れていた。

ひろし　ハーモニーもすごくいいね。

さはし　スティルスとニール・ヤングはのちに**クロスビー、スティルス、ナッシュ＆ヤング**＊11（CSN&Y）を結成しますが、声のブレンドもよかったんじゃないかな。

リリースに時差があった70年代の洋楽

さはし　本国でこのアルバムが出たのは1967年で、日本盤が発売されたのは1971年。つまり、4年後にようやく日本盤が出たんですよ。昔は洋楽が日本盤として発売され

＊10 ニール・ヤング　1945年生まれ。カナダのトロント出身。バッファロー・スプリングフィールドを経て、69年からソロ活動を開始。並行してCSN&Yにも参加。『ハーヴェスト』でシンガー・ソングライターとしての存在感を証明。パンク・ロックへの共鳴を示した79年の『ラスト・ネヴァー・スリープス』では新たな支持を獲得。以降もソロ、クレイジー・ホース名義で精力的に活動を続け、多くの作品を発表している。

＊11 クロスビー、スティルス、ナッシュ＆ヤング　略称CSN&Y。1969年にクロスビー、スティルス&ナッシュとして活動を始め、同アルバムをリリース後にすでにソロで活動していたニール・ヤングが加入。70年のアルバム『デジャ・ヴ』は爆発的ヒットとなり、ライブ・アルバム『4ウェイ・ストリート』も全米アルバム・チャートの1位を記録。

るまで時差がありましたよね。

ひろし　それはレコード会社の編成会議で、日本でも売れるかどうかというシビアなジャッジがあったからだろうね。

さはし　CSN&Yは、『デジャ・ヴ』というアルバムが大ヒットして、『小さな恋のメロディ』で「ティーチ・ユア・チルドレン」が使われて、日本でも人気があったから、それに便乗して彼らが前にやっていたバンドということで発売されたんでしょうね。

ひろし　ということは、はっぴいえんどは、輸入盤を聴いていたということだよね。

さはし　そうなんですよ！　あの人たちは異様に音楽の情報が早かった。このアルバムは、「ミスター・ソウル」というニール・ヤングの曲で始まりますが、こう言っちゃなんですが、ほぼほぼローリング・ストーンズの「サティスファクション」のパクリなんですよ。本人たちは、**オーティス・レディング***12や**ウィルソン・ピケット***13のソウルをやってるつもりだったと思うけど。

ひろし　ギタリストから見るとどうなの？

さはし　スティルスとニール・ヤングは、それほどテクニカルではないけれど個性的なギタリストであり、ソングライターですね。このアルバムが発売された1967年、昭和42年は、うちがカラーテレビになるかならないかくらいの時代。

ひろし　当時、新聞のラ・テ欄（ラジオ、テレビの番組表）に「カラー」と書いてあったの覚えてる？　「この番組はカラー放送です」ってことなんだけどさ。

さはし　昔だなぁ（笑）。

「サザン・マン」vs.「スウィート・ホーム・アラバマ」

さはし　あと、この二人は、組むとスゴいんだけど、すぐにケンカして別れちゃう。

ひろし　似た者同士は、磁力がプラス×プラスだから、反発しあうんだよ。僕はニール・

***12 オーティス・レディング**
1941年生まれ。ソウル・ミュージックに多大な影響を与えたシンガー。代表曲は、「愛しすぎて」、「ドック・オブ・ベイ」など。67年自家用飛行機の墜落により事故死。

***13 ウィルソン・ピケット**
1941年生まれ。「イン・ザ・ミッドナイト・アワー」、「ダンス天国」などのヒット曲を放ったサザン・ソウルを代表するシンガー。

***14 「オハイオ」**
CSN&Yが1970年に発表したシングル。ケント州立大学銃撃事件を基にニール・ヤングが作詞・作曲。B面はスティーヴン・スティルスの「自由の値」。

***15 「サザン・マン」**
ニール・ヤングの1972年の「アフター・ザ・ゴールドラッシュ」収録。奴隷制の時代から続く米南部における黒人差別を批判し、物議を醸した。

***16 レーナード・スキナード**
1973年にデビュー。「ス

ヤングのリベラルな姿勢が好きだった。1970年のケント州立大学銃撃事件をモチーフにした**「オハイオ」***14とかね。
さはし　あの曲はつくるやいなや、すぐにリリースしたんですよね。
ひろし　そう。曲のメッセージに賛同した全米のラジオ局のDJがみんなこぞってかけたんだよ。でも、**「サザン・マン」***15は、「南部をバカにしやがって！」と、**レーナード・スキナード***16が怒っちゃた（笑）。
さはし　それに対抗して**「スウィート・ホーム・アラバマ」***17をつくった（笑）。このアルバムも『風街ろまん』と一緒で、当時はたいして売れてないんですよ。ヒット曲も**「フォー・ホワット・イッツ・ワース」***18くらいだし。それ以前に、スティーヴン・スティルスは**モンキーズ***19のオーディションに落ちている（笑）。
ひろし　マジで？
さはし　ハンサムだけど、歯並びが悪いからという理由で（笑）。
ひろし　モンキーズに入らなくてよかったね（笑）。
さはし　B面最後の「ブロークン・アロー」という曲は、近年のニール・ヤングしか聴いたことない人は驚きますよ。「ミスター・ソウル」のライブ音源のコラージュから始まって、曲があっちこっちに展開していくんです。しかも、演奏はあのレッキング・クルー。
ひろし　出た、職人集団！
さはし　アルバムの制作中にベースのブルース・パーマーが、大麻不法所持で捕まったりして（笑）、**キャロル・ケイ***20がベースを弾いている曲もあって、だからこそ面白い、不思議なアルバムになっています。

M Broken Arrow／Buffalo Springfield

ウィート・ホーム・アラバマ」、「フリー・バード」のヒットとトリプル・ギターの重厚な音で知られるサザン・ロック・バンド。人気絶頂時の77年に飛行機事故でメンバー2人が死亡し、解散。87年に再結成。

***17「スウィート・ホーム・アラバマ」**　ニール・ヤングの「サザン・マン」と「アラバマ」（『ハーヴェスト』収録）のアンサー・ソングとして1974年に大ヒット。人種差別主義的な政策のアラバマ州知事ジョージ・ウォレスへの賛美とする向きがあったが、曲中で否定している。その後、ニール・ヤングは、レーナードに自作曲を提供したが、メンバーの事故死により録音は実現しなかった。

***18「フォー・ホワット・イッツ・ワース」**　サンセット・ストリップで起こった暴動を目撃したスティーヴン・スティルスが作詞・作曲し、1966年に発表。初のトップ10ヒットとなった。

スーパー・グループの共通点

さはし　解散後は、ニール・ヤングはソロをスタートさせて、スティルスは**デヴィッド・クロスビー**＊21、**グラハム・ナッシュ**＊22と、クロスビー、スティルス&ナッシュ（CS&N）を結成。この3人の組み合わせが大成功して、元同僚のニール・ヤングに声をかけて、CSN&Yという4人組になっていく。

ひろし　それこそスーパー・グループだよね。

さはし　そう。だから、細野さんがいて、大滝さんがいて、松本さんと茂さんがいるという感じとちょっと似ていると思うんです。実際、バッファローをすごく研究していたみたいだし、はっぴいえんどの頃の大滝さんのヴォーカル・スタイルは、「空いろのくれよん」を聴くと、ニール・ヤングの影響があるような気がして。

ひろし　バッファローは、バンドをやってるヤツらは、けっこう持っていたよ。輸入レコード屋で薦められたりしてね。あとはFENを耳をダンボのようにして聴いていた。

さはし　僕ははっぴいえんどを経由して知りましたが、近所のおねえさんにもらったシングル盤の中にCSN&Yの「ウッドストック」のシングル盤が入っていたんですよ。そこから、CSN&Y~CS&Nと聴いていった。

ひろし　はっぴいえんどを起点として、自分なりに勉強したんだね。

さはし　僕は小学校の高学年くらいから全米トップ40をノートにつけていたんですが、そこで流れている音楽と、はっぴいえんどは明らかに違って聴こえたんです。その後、はっぴいえんどの4人とお仕事をすることになるなんて、想像すらできませんでしたけど。

ひろし　思えば遠くへ来たもんだ？（笑）。

さはし　ですね。バッファローのもう1人のソングライター、**リッチー・フューレイ**＊23は、なかなかメロウな曲をつくる人でね。その後もAORというかブルー・アイド・ソウルっ

＊**19 モンキーズ**
1966年から放送されたテレビ番組『ザ・モンキーズ・ショー』が爆発的人気となったグループ。オーディション参加者には、ラヴィン・スプーンフルのジョン・セバスチャン、ヴァン・ダイク・パークスなどもいた。

＊**20 キャロル・ケイ**
1935年生まれ。セッション・ミュージシャンとして、60年代から70年代に1万曲以上のレコーディングに参加した女性ベーシスト、ギタリスト。レッキング・クルーの一員として、ビーチ・ボーイズの『ペット・サウンズ』、西海岸録音のモータウン楽曲などでベースを演奏。

＊**21 デヴィッド・クロスビー**
1941年生まれ。64年にロジャー・マッギン、ジーン・クラークとバーズを結成。フォーク・ロックの雄として活躍し、68年からは、CS&N、CSN&Yに在籍。以降もグラハム・ナッシュとのクロスビー&ナッシュなどで活動。長年の薬物中毒や、銃器法違反で活動に支障を来すこともあったが、近年は

ぽいソロなどを発表しています。

M Sad Memory／Buffalo Springfield

さはし　あっ、この曲、チューングを下げてる!? もしくはテープのスピードを変えたのかな？　この曲の押さえ方は全部Cのフォームでできているんですけど、ギターで確認したらキーがB♭だな。今、気がついた。

ひろし　いいね。AORっぽくて。

さはし　メジャーセブンだから、お洒落なんですよ。

ひろし　リッチー・フューレイは、その後、**ジム・メッシーナ**＊24と**ポコ**＊25を結成したけど、ポコってカントリーだっけ？

さはし　カントリー・ロックですね。彼はなぜかそっちに行くんですよ。70年代には**サウザー・ヒルマン・フューレイ・バンド**＊26、もやっているし、今はクリスチャン・ロック、ジーザス&アーメン系ですから、なかなか面白い経歴ですね。

ひろし　演歌とフォークを行ったり来たりする、みたいな？

さはし　ウーン。ちょっと違うかな？（笑）。

ビートルズ編

母がラジオで聴いていたビートルズ

ひろし　アナログ・ナイトが絶好調だから、俺も家でレコードを発掘しましたよ。

さはし　浩さんにとって思い出深いレコードも聴きましょうよ。

ひろし　高い山なんだけど、やっぱりビート

実の息子、ジェイムス・レイモンドやスナーキー・パピーと交流を深め、21年に新作『For Free』をリリース。

＊22 グラハム・ナッシュ　1942年生まれ。イングランド出身。60年代にはホリーズで活躍。68年からはCS&N、CSN&Yで、「ティーチ・ユア・チルドレン」や「僕達の家」のヒットを生む。72年からは、クロスビー&ナッシュとして活動。クロスビーの麻薬中毒の時もサポートし、近年はCS&Nとして活動していたが、16年にナッシュから活動停止が発表された。

＊23 リッチー・フューレイ　1944年生まれ。バッファロー・スプリングフィールドを経て、ジム・メッシーナとポコを結成し、カントリー・ロックを牽引。脱退後の74年にサウザー・ヒルマン・フューレイ・バンドを結成。以降はソロに転じ、牧師として活動しながら、クリスチャン・ロックのパイオニアとして音楽活動を継続。

ルズかな。

さはし　音楽の仕事に携わる僕や浩さんもそうですけど、ビートルズの影響下にない人はいないでしょう。

ひろし　ビートルズは僕が小学生の頃、母が朝、父を送り出した後、ＮＨＫラジオで聴いていたんだよ。それが全部インストゥルメンタル。

さはし　歌のないポップスみたいな？

ひろし　そういう帯の番組があったんだ。それをずっと聴いていたから、メロディは知っていた。レコードを自分で買うようになったとき、英語教師だった母に、**「レット・イット・ビー」**＊27の歌詞に出てくる「ブロークン・ハートってどういう意味？」と聞いたら、「失恋のことよ」と教えてくれた。

さはし　なんかステキな話ですね。僕の初めてのビートルズ体験も、テレビでかかっていた「レット・イット・ビー」。近所のおねえさんからもらったシングル盤の中に**「抱きしめたい」**＊28があって、Ｂ面の「ジス・ボーイ」の邦題が「こいつ」（笑）。

ジョージの才能が開花した「サムシング」

ひろし　俺は**『アビイ・ロード』**＊29が聴きたいな。**『レット・イット・ビー』**＊30の「ゲット・バック・セッション」のあとに、解散を間近に感じていたポールが「もう一枚アルバムをつくろう」と頑張ったんだ。それにしても、ピーター・ジャクソン監督の『ザ・ビートルズ：Get Back』は素晴らしかった。ビートルズの４人は、心から楽しんでアルバムをつくっていた。

さはし　僕は50周年記念アニバーサリー・エディションの**「サムシング」**＊31のデモ音源に驚きました。「サムシング」には裏メロとか、いろんなメロディや旋律が出てくるじゃないですか。それをジョージが全部１人でやっている！　作詞・作曲家としてはポールとジョンの陰に隠れていましたが、最後の最後にジョージのすごい才能が花開いた。

＊24 ジム・メッシーナ
１９４７年生まれ。バッファロー・スプリングフィールドの後期に加入し、『ラスト・タイム・アラウンド』に参加。解散後はポコを結成し、リード・ギターとして活躍。その後、ロギンス＆メッシーナを結成し、71年から76年まで９枚のアルバムをリリース。「ママはダンスを踊らない」などをヒットさせた。

＊25 ポコ
リッチー・フューレイとジム・メッシーナを中心に結成され、１９６９年にデビュー。メンバー・チェンジを繰り返しながら、スティール・ギターを多用したカントリー・ロックで多くのアルバムを発表。ランディ・マイズナー、ティモシー・Ｂ・シュミットは後にイーグルスに加入した。

＊26 サウザー・ヒルマン・フューレイ・バンド
リッチー・フューレイ、シンガー・ソングライターのＪ．Ｄ．サウザー、元バーズ、フライング・ブリトー・ブラザーズのクリス・ヒルマンが結成。アサイ

ひろし　ジョージはポールの紹介で、2階建てバスの中でギターを弾いて、ジョンに認められて入ったんだ。歳もいちばん下だし、最後まで弟分の印象があったね。

さはし　50周年記念CDのブックレットで知ったんですが、「サムシング」のギターソロは一発録りだったそうです！　録音するチャンネルは限られているし、オーケストラも入っていて間違えられないので、一発できめたらしいですよ。

ひろし　ジョージ、やるじゃん！

M Something／The Beatles

ひろし　私もあのジャケットに憧れて高校生の息子と、アビイ・ロードに行きましたよ。そしたら道は渋滞するわ、観光客は並んでるわで、写真どころじゃなかった。で、記念のマグカップを買ってきた（笑）。

さはし　有名なのは、ポールだけが裸足で歩いていることですね。

ひろし　そこからポール死亡説が流れた。白いスーツのジョンは司祭、黒いスーツのリンゴが葬儀屋、裸足のポールは死んだ人、ジーンズのジョージが墓掘り職人、なんて言われて（笑）。

さはし　墓掘り職人はひどいなぁ（笑）。このアルバムは、いわゆるマルチトラック、当時最先端の8チャンネルで録ったんですよ。そういう意味でも革新的なアルバムだった。僕がポールをすごいと思ったのは、**「オー！ダーリン」***32。これ、ポールの歌がすごくないですか？

ひろし　『アビイ・ロード』の1位を蹴落としたのは、**キング・クリムゾン***33の『クリムゾン・キングの宮殿』とか言われているけど、「もうビートルズは古い」という世評に彼らなりに反抗した曲なんじゃないかな？

M Oh! Darling／The Beatles

ラム・レコードから1974年にデビュー。「第二のCSN&Y」と称され、アルバム2枚を残す。

***27「レット・イット・ビー」** 1970年3月に発売されたビートルズ活動中最後のシングル。シングル・バージョンのアレンジはジョージ・マーティン、アルバム収録のアレンジはフィル・スペクターが手がけた。

***28「抱きしめたい」** 1963年に発売されたビートルズのシングル。日本では、64年2月5日にデビュー・シングルとして発売された。

***29『アビイ・ロード』** 1969年に発売されたビートルズの12枚目のオリジナル・アルバム。EMIレコーディング・スタジオは、本作をきっかけに「アビイ・ロード・スタジオ」と改称された。

怖い歌詞や暴露話もある『アビイ・ロード』

ひろし　佐橋くん、ノっちゃってるね。眉間にシワ寄ってるよ（笑）。

さはし　やっぱり、ビートルズ、スゲー！と思って。ビートルズはあまりにも有名すぎて、年中聴かないじゃないですか（笑）。

ひろし　でも、なかには怖い歌詞もあってさ。**「マックスウェルズ・シルヴァー・ハンマー」** *34なんて、ハンマーで人の頭を粉々に砕く歌だからね。

さはし　子供も口ずさみそうな陽気な曲なのに。

ひろし　メロディは明るいのに猟奇的な歌詞なんだ。ビートルズは歌詞も奥が深い。当時、アップルは破綻しかけていて、マネージャーへの不信感からポールが書いたのが、**「ユー・ネヴァー・ギヴ・ミー・ユア・マネー」** *35。

さはし　**アラン・クレイン** *36問題だ。

ひろし　そう。ある意味、内部告発。

さはし　暴露話（笑）。名盤はたいていそうですが、A面に針を落とした瞬間の**「カム・トゥゲザー」** *37のインパクトたるや！　あの「シュッ！」っていうのがカッコイイ。

ひろし　あれは〈Shoot me（俺を撃て）〉と歌っているんだよね。ジョン・レノンの死を暗示していたのか……と、俺はあとで思った。

さはし　「カム・トゥゲザー」はベースラインも含めて衝撃的でした。

ひろし　ポールのベースはどうなの？

さはし　かつていなかったベーシストだと思います。ベースですから、低音を支える役割でしょう。でも、ポールはベースであんまり下のほうに行かないんですよ。一番低いミの音が出る4弦の開放弦を使う曲がすごく少ない。上のギターに近い音域のところを弾いて、そこで対旋律みたいなものをつくりながらグルーヴを生み出すスタイル。

ひろし　アコースティック・ギターもよく弾くよね。

＊30『レット・イット・ビー』
1970年に発売されたビートルズの13枚目にして、ラスト・アルバム。録音は、「ゲット・バック・セッション」として、『アビイ・ロード』制作前の69年1月に行われたが、完成に至らず、フィル・スペクターに委託。ポール・マッカートニーはスペクターの仕事に不満を抱いたが、ビートルズが事実上解散した後に発売され、映画『レット・イット・ビー』が劇場公開された。

＊31「サムシング」
「カム・トゥゲザー」との両A面としてシングル・カットされた。作詞・作曲はジョージ・ハリスン。2019年の『アビイ・ロード』50周年記念スーパー・デラックス・エディションにはデモ音源を収録。

＊32「オー！ダーリン」
レノン＝マッカートニー名義だが、ポール・マッカートニーよって書かれ、日本ではシングルとしても発売された。

＊33 キング・クリムゾン
イングランド出身のプログレッ

さはし　それもまた細野さんと一緒で、ギターもうまいんですよ。というか、ポールはマルチ・プレイヤーですね。**ビリー・プレストン**[*38]が客演するようになる前のビートルズのキーボード・パートは、基本的にはポールが弾いている。

録音芸術の実験に挑み続けたビートルズ

ひろし　ジョンはちょっと斜に構えているところがあるから、ポールがスポークスマン的な役割をしていたところもあったね。

さはし　ジョンはリーダーだけど、活動を続けていくうちにそうなってきたのかもしれないですね。あと、プロデューサーの**ジョージ・マーティン**[*39]の存在も非常に大きい。

ひろし　ジョージ・マーティンは『アビイ・ロード』のときに、ポールから「もう1回プロデュースをやってほしい」と呼び戻されたんだってね。

さはし　**ジェフ・エメリック**[*40]というエンジニアがまたすごい人で。ビートルズが思いつく「こんなことをやったらどうなるんだろう？」という実験に、「面白い。やってみよう！」と応える人だったんですよ。昔のエンジニアって、スタジオで白衣を着ているいわゆる技術者で、とにかくいい音で録るのが優秀なエンジニアだった。でも、彼とジョージ・マーティンは、ビートルズのいろんな注文に辛抱強くつきあった。録音芸術における実験性はビートルズが先駆者と言えますね。

ひろし　ジョージ・マーティン先生に取材したことがある。赤坂のザ・キャピタルホテル東急で。来日したビートルズが泊まったホテル（当時は旧称の東京ヒルトンホテル）です。身長190センチ以上あったかな。絵に描いたようなイギリス紳士で、サインもらっちゃった。この前お亡くなりになったフィリップ殿下みたいでした。

シブ・ロック・バンド。1969年のデビュー・アルバム『クリムゾン・キングの宮殿』は、『アビイ・ロード』を1位から転落させたという事実とは異なる情報が喧伝された。

***34「マックスウェルズ・シルヴァー・ハンマー」**　ポール・マッカートニーによって書かれたビートルズとしては珍しい物騒な歌詞のナンバー。

***35「ユー・ネヴァー・ギヴ・ミー・ユア・マネー」**　『アビイ・ロード』のB面のメドレーの冒頭を飾るポール・マッカートニーの楽曲。アップル・コアの財政難やマネージャーのアラン・クラインへの批判が歌詞に織り込まれている。

***36 アラン・クライン**　1931年生まれのアメリカ人実業家。60年代の一時期、ローリング・ストーンズのマネージメントを務め、69年にポール・マッカートニーを除くビートルズのメンバーのビジネス・マネージャーとなり、「ビートルズを解散に追い込んだ男」とも言われた。

解散前の孤高の世界

ひろし　『アビイ・ロード』はB面のメドレーが評価されているけど、ジョンがつくった**「ビコーズ」**＊41は、ヨーコさんがベートーヴェンの「月光ソナタ」をピアノで弾いたとき、逆に弾いてもらってできた曲なんだよね。歌詞も東洋的というか禅的なんだよね。

さはし　この曲のメインのキーボード、エレクトリック・ハープシコードか、それともシンセサイザーで工夫したのかわからないんだけど、このサウンドは「ビコーズ」以外で聴いたことのない音ですね。あと、メロディが美しいじゃないですか。「ポールじゃなくてジョンの曲なの？」って衝撃だったんです。

M **Because／The Beatles**

ひろし　考えてみて。このとき、メンバーはまだ30歳にもなってないんだよ。

さはし　若かったんだなぁ。なんかすごく老成して見えましたよね。

ひろし　『アビイ・ロード』が発売された1969年は、ウッドストックがあったり、いわゆるアメリカン・ロックが台頭してきた頃だから、そんな世俗のなかで、ビートルズは孤高の世界にいたのかもしれないね。

さはし　何をつくるべきか、解散前にいろいろと考えたと思うんですけど、それでも傑作をつくっちゃう。やっぱりスゲー！

荒井由実編

＊37「カム・トゥゲザー」　ジョン・レノンが、「ドラッグの教祖」ティモシー・リアリーのカリフォルニア州知事選挙の応援ソングとして作り、スローガンの「Come together and join the party」を基に完成させた。

＊38 ビリー・プレストン　1946年生まれ。テキサス州出身。レイ・チャールズのロンドン公演で、ジョージ・ハリスンに出会い、『アビイ・ロード』、『レット・イット・ビー』、ルーフトップ・コンサートにキーボードで参加。アップル・レコードからソロ・アルバム『神の掟』をリリースした。

＊39 ジョージ・マーティン　1926年生まれ。ビートルズのほぼ全作品のプロデューサー。50年にEMIに入社。62年にビートルズを見出し、ビートルズのオーケストレーションや創意に富んだサウンドに大きく貢献した。息子のジャイルズ・マーティンも、ビートルズの音楽総指揮を受け継いだ。

キャラメル・ママがバックアップした名盤

さはし　ここらで女性アーティストのアナログも聴きたいですね。

ひろし　佐橋くんと一緒に聴きたいのはミン・ユーかな（笑）。

さはし　そこ、ひっくり返す？（笑）。せっかくアナログでかけるなら、今日は松任谷由実さんの**荒井由実**＊42さん時代のものを聴きましょうよ。

ひろし　これもいまさらながらだけど、『**ひこうき雲**』＊43かな。

さはし　日本が誇る名盤ですね。

ひろし　儚さと永遠性と宗教性、生と死がここまできちんと描かれた絵画的な作品もないと思う。

さはし　僕はユーミン初体験もテレビだったんですよ。「**やさしさに包まれたなら**」＊44がお菓子のCMソングとしてテレビから流れてきて、「なんだ、このいい曲は？」って。

ひろし　TBSラジオの『**パックインミュージック**』＊45。午前3時からの「林パック」でヘビー・ローテーションされた。

さはし　TBSのアナウンサーの林美雄さんですね。

ひろし　そう。林さんが、ユーミンを「八王子の歌姫」と呼んで、特集していたんだ。

さはし　『ひこうき雲』は、はっぴいえんど解散後に細野晴臣さんを中心にしたスタジオ・ミュージシャン集団、キャラメル・ママがバックアップ。のちにご主人になる松任谷正隆さんもいました。

ひろし　新宿のスタジオで行われた初めてのセッションにユーミンが来たとき、村井邦彦さんの後ろには**川添象郎**＊46さんがいて、正隆さんは「怖かった」って（笑）。ユーミンは細野さんたちを見て、「なに、このカントリーな人たち？　私はブリティッシュなんだけど」って思ったそうです（笑）。

＊40 ジェフ・エメリック
1946年生まれ。15歳でEMIロンドン・スタジオに入り、ビートルズ初期からアシスタントを務め、66年の『リボルバー』からはチーフ・エンジニアに昇格。様々な録音方法のアイデアを考案し、ビートルズの中期以降の斬新なサウンドを担った。

＊41 「ビコーズ」
ジョン・レノンによって書かれた楽曲。イントロのエレクトリック・ハープシコードは、ジョージ・マーティンが演奏した。

＊42 荒井由実
松任谷由実の旧姓。荒井由実名義での活動は1972年のデビューから、76年『14番目の月』まで。

＊43 『ひこうき雲』
1973年に発表された荒井由実のファースト・アルバム。

少女が「キャンティ」で見た世界

ひろし　なにしろユーミンは14歳から**「キャンティ」**＊47に出入りしていたような早熟な少女だったからね。

さはし　なにそれ！（笑）。

ひろし　ご本人にたしかめたら、「毎晩じゃなくて、2週間に1回くらいよ」って怒られちゃった（笑）。

さはし　ちょっと待ってくださいよ。ご実家は八王子でしたよね？　そこから麻布台の「キャンティ」へ？

ひろし　午前2時くらいに店がはねると、表参道の友だちの家に行って、そこでお茶を飲んでから始発で朝帰り。ロック少女で、お洒落で、大人の世界を垣間見ていたユーミンは、ミュージカル**『ヘアー』**＊48のオーディションを13歳で受けようとしていたらしい。

さはし　ブロードウェイから日本に『ヘアー』を持ち込んだのも川添象郎さんでしたよね。小坂忠さんも出演していたという。

ひろし　そう。**『MISSLIM』**＊49のジャケットにあるグランドピアノは、「キャンティ」のオーナー夫人である**川添梶子**＊50さんのもの。イヴ・サン＝ローランのドレスもタンタンこと梶子さんのスタイリング。四畳半フォーク全盛にあって、とんでもなくお洒落なアート・ディレクションだった。

さはし　荒井由実さんのデビューをきっかけにして、長髪で汚らしい人たちがロックやフォークをやってるというイメージが変わりましたよね。

ひろし　そうだね。『ひこうき雲』には文学性とクリスチャニティがあったね。出身はミッション・スクールの立教女学院だったし。

さはし　ジェームス・テイラー、キャロル・キングを筆頭に、シンガー・ソングライター・ムーブメントが起こり、個人的なことを歌う風潮に変わってきた頃でしたから、ユーミンさんの登場は、ある意味でタイムリーだった

＊44 「やさしさに包まれたなら」
1974年に発売された荒井由実の3枚目のシングル。不二家のCMソングとして書かれ、シングルとアルバムで編曲が異なる。89年には映画『魔女の宅急便』のエンディング・テーマ・ソングになった。

＊45 『パックインミュージック』
1967年から82年まで、TBSラジオをキーステーションに放送された深夜ラジオ番組。TBSアナウンサーの林美雄が担当した「パック」の第2部では、ブレイク前の荒井由実を積極的に紹介した。

＊46 川添象郎
1941年生まれ。69年にミュージカル『ヘアー』の来日公演のプロデューサーを務める。70年に村井邦彦、ミッキー・カーチスらとマッシュルーム・レコードを創立。77年にアルファレコードを立ち上げた。音楽・舞台・ファッションなどの分野でプロデューサーとして活躍。父は川添浩史。

んですね。

ひろし　そう。もともと彼女は作曲家志望だったんだけど、曲を聴いたプロデューサーの村井邦彦さんが、「歌ってみようよ」と声をかけたことがデビューのきっかけでした。

M 返事はいらない／荒井由実

幻想的な「ベルベット・イースター」

さはし　僕がこのアルバムを初めて聴いたときに一番ショックを受けたのは、B面の1曲目の「ベルベット・イースター」。ユーミンさんの楽曲は、浩さんが言うように、賛美歌や教会音楽の影響がありますよね。

ひろし　立教女学院の講堂の端の小さな部屋にあるピアノで作曲していたんだって。**プロコル・ハルム**＊51が大好きで、アメリカよりヨーロッパ圏の文化の影響が色濃い。

さはし　キャラメル・ママは、マッスルショールズのようなアメリカの音楽スタイルを自分たちなりに取り入れて演奏したいと思っていたから、ユーミンさんとの組み合わせで他にはない新しい音楽が生まれたんでしょうね。

ひろし　たしかに。佐橋くんはユーミンとは？

さはし　僕はなかなかご縁がなくて、初めてお会いしたのはCharさんの還暦記念の武道館のライブでした。その時、かまやつひろしさんもいらして、打ち上げの最後までユーミンさんはかまやつさんをアテンドされていて、素敵な方だなと思いました。

ひろし　ユーミンは八王子の大店の呉服屋の娘だから、サービス精神がある方なんですよ。正隆さんが企画したサプライズ還暦パーティーのときのホテルオークラでの和服もステキでしたが、帝国ホテルの菊池寛賞授賞式のときは、菊池寛の『真珠夫人』という小説にちなんで、真珠をモチーフにした帯で、そのセンスにため息が出ました。

＊47「キャンティ」
1960年に麻布飯倉片町にオープンしたイタリアン・レストラン。創業者の川添浩史が国際文化交流事業を行っていた関係もあり、国内外の作家、音楽家、デザイナーなど各界の著名人が集い、交流を深めた。

＊48『ヘアー』
1968年にブロードウェイで上演されたロック・ミュージカル。日本では川添象郎がプロデューサーとなり、69年に初演。ザ・タイガースを脱退した加橋かつみが主演を務め、エイプリル・フール解散後の小坂忠も出演した。

＊49『MISSLIM』
1974年に発表された荒井由実の2枚目のアルバム。キャラメル・ママが演奏を務め、シュガー・ベイブ時代の山下達郎がコーラス・アレンジとコーラスに参加。ジャケット写真は交流のあった川添梶子宅で撮影された。

M ベルベット・イースター／荒井由実

ひろし　彼女が生まれ育った八王子は川が多くて、復活祭の時期は川に靄がかかる。それをベルベットと表現したのもポエティックだよね。

さはし　なるほど。だから松任谷さんのエレピもトレモロを深くかけて、幻想的なんですね。演奏も、聴いていて驚きの連続。

ひろし　林美雄さんの「パック」は明け方の朝5時に終わる放送だったから、この曲がかかると、なんともシュールだったと想像するね。歌詞に出てくる〈むかしママが好きだったブーツ　はいていこう〉に良家の子女っぽさと、ちょっと不良な感じが混じっている。

さはし　この曲は、松任谷さんのエレピと茂さんのギターの不思議なアンサンブルがいいんですよね。

ひろし　ユーミンを少女の頃から知っている**シー・ユー・チェン***52さんに聞いたんだけど、目黒に彼のお母さんの家があって、ユーミンや仲間と夜な夜な集ってレコードを聴いていたんだって。その名もロイシー館。僕は当時を思って、散歩しましたよ。閑静な住宅街で、ここで良家の子女たちがロックを聴いていたんだって感慨深かった。ソフィア・コッポラの『ヴァージン・スーサイズ』を思い出した。

さはし　誰かの家に行って、みんなで同じレコードを聴くというのが楽しかったんですよね。僕もそんな風に『ひこうき雲』と出会ったのかもしれないな。

村井邦彦とアルファレコード

ひろし　佐橋くんは、ユーミンの才能を見出した村井さんが設立した**アルファレコード***53はどんなイメージがある？

さはし　レコード・レーベルとして意識したのはけっこう遅くて、僕はYMOですね。アルファは、集まるべくして集まった人たちの才気溢れるレーベルだったと思います。

***50 川添梶子**
1928年生まれ。聖心女子学院卒業後、イタリアに渡り、彫刻家エミリオ・グレコに師事。川添浩史と再婚後、60年代から「キャンティ」、ブティック「ベビードール」を経営。デザイナーとして皇族やグループ・サウンズの衣装も手がけた。

***51 プロコル・ハルム**
1967年のデビュー曲「青い影」が世界的なヒットとなったイギリスのロックバンド。影響を公言する松任谷由実は、『日本の恋と、ユーミンと。』で「青い影」をプロコル・ハルムの演奏でカヴァーしている。

***52 シー・ユー・チェン**
1947年、北京生まれ。成毛滋や高橋幸宏の兄、高橋信之が在籍したザ・フィンガーズにベーシストして参加。ザ・フィンガーズの熱心なファンだった松任谷由実に「ユーミン」というニックネームを付けた人物でもある。

***53 アルファレコード**
1969年、村井邦彦が音楽出

ひろし　ある意味、レーベルの立役者のＹＭＯがスゴすぎちゃったところもあったね。

さはし　そうですね。名スタジオと呼ばれた自社スタジオ「スタジオＡ」は僕もスタジオ・ミュージシャンとして行きましたよ。

ひろし　２０１５年に村井邦彦さんの古希を記念して開催された『アルファミュージックライブ』は、ユーミン、ティン・パン・アレーはもちろん、村上〝ポンタ〟秀一さんも参加していたね。

さはし　**サーカス**＊54の「アメリカン・フィーリング」のドラムもたしかポンタさんです。

ひろし　編曲は教授。坂本龍一さん。

さはし　教授はあの曲でレコード大賞の編曲賞を受賞したんですよね。いわゆるポップス・歌謡曲の編曲家としては、ほぼ最初の仕事なのに編曲賞を獲っちゃうんだから、やっぱりスゴいや。

「ひこうき雲」の禁欲的なサウンド

さはし　「ひこうき雲」は、サウンドも素晴らしいですが、ユーミンさんの詞と曲も、今まで聴いたことのない作風でしたね。

ひろし　「ひこうき雲」についてご本人から聞いた話をすると、ユーミンが小学生の頃、クラスに足の不自由な男の子がいて、掃除のときに、よかれと思って「君も一緒に掃除しようよ」と声をかけたら、先生に怒られたんだって。彼は難治病を患っていたんだ。卒業後は会う機会もないまま、数年後にその子が亡くなり、葬儀で遺影を見たら、小学生の頃の面影はなく、見知らぬ大人のようだった。その少年の死と、当時、若者の飛び降り自殺が相次いでいたこともあって、あの歌詞が生まれたそうです。

さはし　なるほど。僕は『**ギルバート・グレイプ**』＊55を観たとき、なんでこの映画の主題歌は「ひこうき雲」じゃないんだろうと

版社アルファミュージックを設立。アーティストとして赤い鳥、作家として荒井由実と契約し、ＧＡＲＯ、小坂忠などのアーティストを送り出す。77年にはレコード会社アルファレコードを起ち上げ、ＹＭＯ、カシオペアなどを成功させた。

＊54 サーカス　70年代後半の「Mr.サマータイム」、「アメリカン・フィーリング」の大ヒットで知られる男女混成のコーラス・グループ。

＊55『ギルバート・グレイプ』　ジョニー・デップ主演、レオナルド・ディカプリオがアカデミー助演男優賞にノミネートされた１９９３年の映画。

思ったんです。

ひろし　佐橋くんと同じ感覚を持ったのがスタジオジブリの宮崎駿さんだね。

さはし　宮崎さんも、『**風立ちぬ**』＊56の主題歌は、「これしかない！」と思ったそうですね。「恋のスーパー・パラシューター」のようなポップで楽しい曲もあるんですけど。

ひろし　「恋のスーパー・パラシューター」はジミ・ヘンドリックスのことを歌っているんだよ。横田基地にも友だちがいたそうだから、最新のロックは基地から仕入れて聴いていたみたい。

さはし　では、内省的なムードが漂う名盤『ひこうき雲』から、タイトル曲を。

M ひこうき雲／荒井由実

ひろし　この曲はプロコル・ハルム的だよね。

さはし　ですね。最後はキャロル・キングの『つづれおり』と同じような仕掛けで終わるんですが、演奏が非常に禁欲的。

ひろし　それはなぜなんだろう？

さはし　後年、キャラメル・ママのみなさんとお知り合いになって思いましたが、彼らはいわゆるフュージョンのほうには行かなかったじゃないですか？　テクニカルに見せようと演奏している人が、誰もいないんですよ。

ひろし　みなさん、上品なんだね。

さはし　そう。余計なことはしないんだけど成立している。去年、林さんと矢野顕子さんのアルバムの仕事をして僕が思ったのは、普通はそこでシンバル打つだろうというところでも、極力そうしない。理由は、「このほうが歌がよく聴こえるから」。

ひろし　カッコイイ！

さはし　そういう人たちなんです。あと「○○みたいな」を嫌いますね。「それは前にもう誰かがやったことでしょう」と。今も新しい音楽をつくり出そうという思いで、ものづくりをされているんですよ。

＊56『**風立ちぬ**』
宮崎駿監督、スタジオジブリ制作の2013年の長編アニメーション映画。

Who's Who

トを生み出す。15年にはアレンジャー歴35周年を記念したコンピレーション『LIFE IS A SONG』を発表。高校の後輩である佐橋佳幸は、EPO以降、清水がアレンジを手がける多くの楽曲に参加。18年には、EPO、清水と共にライブ「〝My Generation, Your Generation〟おとな文化祭 夏」を開催した。

伊藤広規
1954年生まれ。東京都出身。77年に新川博、青山純、牧野元昭とマジカルシティを結成し、ベーシストとしてプロ活動開始。79年に山下達郎と出会い、以降、レコーディング、ライブ活動に携わる。竹内まりや、松任谷由実、高中正義、大滝詠一、井上陽水、中島みゆき、鈴木雅之、斉藤和義、MISIA、B'z、久石譲、松たか子、平井堅、SMAPなどこれまでにレコーディングに関わった楽曲は2000曲を超える。08年には自己のレーベルBass & Songsを立ち上げ、ソロ・アルバムやプロデュース作品を発表。複数のバンドでのライブ活動も精力的に行っている。

土岐英史
1950年～2021年。兵庫県神戸市出身。中学時代にクラリネットとサックスを始め、16歳でプロとしてデビュー。大阪音楽大学サックス科進学後、阪口新に師事。タイガー大越、向井滋春、大村憲司らとのライブや渡辺貞夫、増尾好秋らとセッションを重ね、70年に鈴木勲グループ、宮間利之とニューハードのリード・アルトとして入団、日野皓正クインテットへの参加を経て、74年には土岐英史カルテットを結成。75年に初のリーダー・アルバム『TOKI』を発表。85年にはCHICKEN SHACKを結成し、10枚のアルバムを発表。山下達郎のバンド・メンバーとしても知られ、77年から2011年までツアーに参加した。

渡辺美里
1985年にデビュー。86年の「My Revolution」がチャート1位となり、86年には女性ソロシンガーとして初のスタジアム公演を西武スタジアムで成功させ、20年連続公演の記録を達成。清水信之が編曲を手がけていた縁

PART 4 さはしひろしとポンタさんと ライブ盤の愉しみ～邦楽編

村上〝ポンタ〟秀一
1951年～2021年。兵庫県西宮市出身。72年にフォーク・グループ、赤い鳥にドラマーとして参加。以降、渡辺貞夫、山下洋輔、坂本龍一、渡辺香津美らとのセッション、井上陽水、吉田拓郎、山下達郎、松任谷由実、吉田美奈子、矢沢永吉、沢田研二、さだまさし、泉谷しげる、桑田佳祐、長渕剛、EPO、角松敏生、尾崎豊など、歌謡曲からジャズ、ロックまで1万4000曲を超えるレコーディングに参加。70年代は、バンブー、カミーノ、90年代からは自身初のリーダー・バンド、PONTA BOXでも活躍。ドラム・クリニックをはじめ、後進の育成、指導にも力を注いだ。22年3月には「村上〝ポンタ〟秀一 トリビュート ～One Last LIVE～」が開催。

EPO
1960年生まれ。東京都出身。80年のデビュー・シングル「DOWN TOWN」が、テレビ番組『オレたちひょうきん族』のエンディング・テーマに起用され、「土曜の夜はパラダイス」、CMソングとして発表した「う、ふ、ふ、ふ、」が大ヒット。竹内まりや、大貫妙子らと、〝RCA三人娘〟と称された。90年代以降は、坂田明、巻上公一、鼓童、マルコス・スザーノらとの共演やミュージカルに出演。現在は催眠療法セラピストとしても活動し、音楽をベースにしたワークショップを開催。佐橋佳幸は都立松原高校の後輩にあたり、1stアルバム『DOWN TOWN』（80年）収録の「語愛」に初めてギタリストとして参加した。

清水信之
1959年生まれ。17歳で紀の国屋バンドに参加し、79年にデビュー。解散後は、高校の後輩であるEPOのデビュー作にアレンジャーとして参加。以降、キーボーディスト、作曲家、プロデューサーとしても南佳孝、大貫妙子、大江千里などの作品に携わり、河合奈保子「けんかをやめて」、平松愛理「部屋とYシャツと私」などの編曲で数々のヒッ

クルバック、矢野顕子+TIN PAN「さとがえるコンサート」などのライブで精力的に活動。21年には小原礼、林立夫、松任谷正隆とSKYEでアルバムをリリースした。

大滝詠一
1948年～2013年。岩手県出身。70年からはっぴいえんどで活動しながら72年にはソロ・アルバムを発表。74年に自身のレーベル・ナイアガラを設立し、『NIAGARA MOON』、シュガー・ベイブ、『NIAGARA TRIANGLE Vol.1』などをリリース。81年に発表した『A LONG VACATION』はミリオンセールスとなり、作曲家としても松田聖子「風立ちぬ」、森進一「冬のリヴィエラ」、小林旭「熱き心に」などのヒット曲を生む。84年の『EACH TIME』以降は、自身の音楽制作活動は休止していたが、97年に「幸せな結末」をリリース。佐橋佳幸は、大滝が活動再開のために行ったスタジオ・セッションに初参加。その時の「陽気に行こうぜ～恋にしびれて(2015村松2世登場!version)」は、『佐橋佳幸の仕事(1983-2015)』で初CD化され、16年の『DEBUT AGAIN』の初回限定ボーナスディスクにも収録された。

藤井フミヤ
1962年生まれ。福岡県出身。83年にチェッカーズとしてデビュー。93年以降はソロ・アーティストとして活動。240万枚の大ヒットとなった93年の「TRUE LOVE」の編曲・ギターは佐橋佳幸が手がけた。以降も佐橋、屋敷豪太、有賀啓雄、斎藤有太と結成したバンド、RAWGUNSがプロデュースした『WITH THE RAWGUNS』(06)、『Order Made』(07)、ソロ・デビュー15周年記念作『F 's KITCHEN』(08)では全曲のアレンジを担当。21年にはYouTubeチャンネル「THE FIRST TAKE」で、大滝詠一の「恋するカレン」を佐橋との共演で披露した。

Char
1955年生まれ。東京都出身。8歳でギターをはじめ、10代からギタリストのキャリアを重ねる。76年「Navy Blue」でデビュー以降、「Smoky」、「気絶するほど悩ましい」「闘牛士」などで、ギタリスト&ヴォーカリストとして人気を博す。78年にはJohnny, Louis & Char(のちのPINK CLOUD)を結成し、日比谷大野外音楽堂にてフリーコンサートを行う。88年の江戸屋設立以降は、ソロと並行して、Psychedelix、BAHOでも活動。2009年以降はレーベルZICCA RECORDSで、佐橋佳幸はデビュー当初から高校の後輩である渡辺の作品、ライブに参加。MISATO & THE LOVER SOULのバンドマスターを務め、「センチメンタル・カンガルー」などの楽曲提供や共作、編曲を手がける。13年にはUGUISS feat. MISATOとして全国7箇所でライブを開催。14年の佐橋佳幸30周年ライブ「東京城南音楽祭」では、清水、EPO、渡辺、佐橋の4人がステージに並んだ。

高田漣
1973年生まれ。東京都出身。高田渡の長男として生まれ、14歳からギターを始める。02年、『LULLABY』でソロ・デビュー。自身の活動と並行して、細野晴臣&東京シャイネスのメンバーとしてペダル・スティールを担当するほか、ウクレレ、バンジョー、マンドリンを操るマルチ弦楽器奏者としても活躍。17年のアルバム『ナイトライダーズ・ブルース』は、第59回 日本レコード大賞優秀アルバム賞を受賞。21年には『高田渡の視線の先に-写真擬-1972-1979-』(リットーミュージック)の解説を執筆。

細野晴臣
1947年生まれ。東京都出身。音楽家。69年にエイプリル・フールでデビュー。70年、はっぴいえんどを結成。73年にソロ活動を開始し、『HOSONO HOUSE』を発表。並行してセッション集団、ティン・パン・アレーとしても活動。78年には坂本龍一、高橋幸宏とイエロー・マジック・オーケストラ(YMO)を結成。歌謡界でも楽曲提供を手がけ、プロデューサー、レーベル主宰者としても活動。YMO散開後は、ワールドミュージック、アンビエント、エレクトロニカを探求しながら、作曲・プロデュース・映画音楽などで活躍。佐橋佳幸は、Tin Pan名義で復活した2000年の全国ツアーに参加。ゲストの忌野清志郎,小坂忠らと共にステージに立った。

鈴木茂
1951年生まれ。東京都出身。70年にはっぴいえんどでデビュー。解散後はティン・パン・アレーのギタリストとして数多くのセッションに参加。75年にはLAのミュージシャンを起用した初のソロ作『BAND WAGON』を発表し、鈴木茂&ハックルバックを結成。ソロ・アルバムを発表する傍ら、アレンジャー、プロデューサー、ギタリストとして数多の作品、ライブに参加。近年は、「BAND WAGON全曲再現ライブ」、「鈴木茂☆大滝詠一を唄う!! Tribute live」、鈴木茂&ハッ

参加。以降、The Hobo King Bandのメンバーとしてツアーを重ね、97年にはジョン・サイモンをプロデュースに迎え、ウッドストックで録音したアルバム『THE BARN』、メジャーを離れ、自主レーベル・Daisy Musicから発表した『THE SUN』(04) などに参加した。

PART5 さはしひろしと妄想音楽旅行

小倉博和
1960年生まれ。香川県出身。82年よりプロのミュージシャンとしての活動を開始。映画『稲村ジェーン』のサウンドトラックや桑田佳祐の『孤独の太陽』にギタリストとして参加。以降、ギタリスト、アレンジャー、サウンド・プロデューサーとして活躍しながら、小林武史、Mr.Childrenの櫻井和寿を中心に結成されたBank Band、スガシカオ、武部聡志、屋敷豪太らとのkōkuaでも活躍。また、ソロ名義でも『Summer Guitars』などアコースティック・ギター・インスト・アルバムをリリース。佐橋佳幸と91年に結成した山弦では6枚のアルバムを発表。20年の還暦記念ライブ「60th Anniversary LIVE 〜No Guitar , No Life 〜」には佐橋も参加した。

山弦
1991年に桑田佳祐のライブ「Acoustic Revolution」に小倉博和と佐橋佳幸が参加したことがきっかけで結成されたギター・デュオ。98年の1stアルバム『JOY RIDE』は音楽雑誌ADLIBにおいて、JAPANESE FUSION SELCTION ベスト・レコード賞を獲得した。これまでに6枚のオリジナル・アルバムをリリース。ユニット名は、「"山"のような"弦"楽器を演奏する」ことに由来し、アコースティック・ギター、エレクトリック・ギター、ガット弦ギターなどの各種のギター、バンジョー、マンドリン、アイリッシュ・ブズーキ、オートハープなど様々な弦楽器を演奏。21年に、17年ぶりの新作『TOKYO MUNCH』をリリースした。

かまやつひろし
1939年〜2017年。東京都出身。通称はムッシュ。父はジャズ・シンガーのティーブ釜萢。小坂一也とワゴンマスターズを経て、60年にかまやつヒロシとしてデビュー。64年からはザ・スパイダースのヴォーカルとリズムギターで活躍。「あの時君は若かった」、「バン・バン・バン」などの代表曲を生む。70年にはソロ活動を始め、75年に「我が良き友よ」を主宰。佐橋佳幸は、15年の『ROCK 十』収録の「Still Standing 」を書き下ろし、還暦前夜の武道館公演にも参加。20年には生配信のアコースティック・ライブにゲスト出演した。

シュガー・ベイブ
1973年に結成され、75年に大滝詠一主宰のナイアガラ・レーベルから、アルバム『SONGS』とシングル「DOWN TOWN」でデビュー。アルバムを1枚残し、76年に解散するが、山下達郎、大貫妙子らが在籍していたことで後年まで語り継がれることになったバンド。シュガー・ベイブ時代は多くのCMソングや、荒井由実『MISSLIM』、大滝詠一『NIAGARA MOON』、吉田美奈子『FLAPPER』などにコーラスで参加。75年に渋谷ヤマハ店でシュガー・ベイブのライブを観た佐橋佳幸は、オリジナル・マスターにより『SONGS』が初CD化された94年に行われたコンサート『山下達郎 sings SUGAR BABE』で初めて山下のバンドに参加した。

竹内まりや
1955年生まれ。島根県出身。慶應義塾大学在学中に音楽サークル リアルマッコイズに参加し、78年にシングル「戻っておいで・私の時間」、アルバム『BEGINNING』でデビュー。山下達郎と結婚以降は活動を一時休止するも、数々のアーティストに作品を提供。84年に山下達郎プロデュース・アレンジによるアルバム『VARIETY』を発表。94年のベスト『IMPRESSIONS』は350万枚のセールスを記録。2000年には18年ぶりのライブを日本武道館と大阪城ホールで開催。山下率いるバンドに佐橋佳幸も参加し、ライブ・アルバム『SOUVENIR』発表。佐橋はアルバム『Bon Appetit !』(01)、『Denim』(07)、『TRAD』(14)、14年の全国ツアー「souvenir2014」にも参加した。

佐野元春
1956年生まれ。東京都出身。80年にシングル「アンジェリーナ」でデビュー。82年には大滝詠一、杉真理と『NIAGARA TRIANGLE Vol.2』、アルバム『SOMEDAY』を発表し、多くのファンを掴む。日本語によるラップに挑戦した84年『VISITORS』も話題となり、自身のバンド、THE HEARTLANDを率いて積極的にライブを行う。佐橋佳幸は96年の「INTERNATIONAL HOBO KING TOUR」から佐野の新バンドに

た「CITY-Last Time Around」をもって約3年の活動に終止符を打った。85年には『国際青年年記念 ALL TOGETHER NOW』に出演し、ライブ・アルバム『THE HAPPY END』発売。21年11月、松本隆作詞活動50周年記念コンサート『風街オデッセイ2021』にて、細野、松本、鈴木の3人が36年ぶりに、はっぴいえんど名義で演奏した。

が大ヒット。ソロと並行して、ウォッカコリンズでも活躍。また、荒井由実のデビュー・シングルのプロデュースを手がけ、「中央フリーウェイ」は、76年にテレビで共演した際にかまやつに贈られた曲だった。後年もKenKenらとのユニットLIFE IS GROOVEでフェスに出演するなど精力的に活動した。

イーグルス
1971年に結成され、72年にデビュー。カントリー・ロックを取り入れた『ならず者』、『オン・ザ・ボーダー』で人気を集めるが、74年にドン・フェルダーが加入し、エッジを利かせたロック・サウンドへ変化。バーニー・レドン脱退後、ジョー・ウォルシュが加入して発表された76年の『ホテル・カリフォルニア』が1千万枚を超えるセールスを記録。ウエストコースト・ロックを代表するバンドになるが、82年に解散。94年以降は断続的に再結成され、16年にはメンバーのグレン・フライが死去するが、フライの息子であるディーコン・フライ、ヴィンス・ギルを加えてライブ活動を再開し、『ライヴ・フロム・ザ・フォーラム2018』を発表した。

氷室京介
1960年生まれ。群馬県出身。82年に、ロックバンドBOOWYのヴォーカルとしてデビュー。解散後の88年にソロ活動をスタートし、「ANGEL」、「KISS ME」など数々のヒット曲を世に送り出し、93年のアルバム『Memories Of Blue』は160万枚を超えるセールスを記録。14年にはライブ活動を無期限で休止することを発表し、16年ドームツアーを最後にステージから引退した。佐橋佳幸は、氷室のソロ初期からギタリストとして多くの楽曲に参加。96年の『MISSING PIECE』では初めてプロデュースも手がけ、松本隆・作詞、佐橋・編曲によるシングル「魂を抱いてくれ」も大ヒットした。

PART6 さはしひろしと名盤 〜私的解説! アナログ・ナイト

はっぴいえんど
1969年、細野晴臣、松本隆、大瀧詠一、鈴木茂により、ヴァレンタイン・ブルーを結成。70年に、はっぴいえんどに改め、アルバム『はっぴいえんど』を発表。71年には『風街ろまん』で日本語ロックの礎を築く。72年にはロサンゼルスでレコーディングを行い、翌年『HAPPY END』をリリース。すでにバンドは解散していたが、73年9月に行われ

PART 7

さはしひろしとあの頃と
1961〜2001

1961年

1961年の小林亜星と植木等

さはし 僕は9月7日生まれなので、あと2ヵ月で還暦です。

ひろし えっ、佐橋くん、もう還暦?

さはし はい。そちらに行きます。業界用語的にはGからAに転調です（笑）。

ひろし 佐橋くんが生まれた1961年は、日本中大騒動の60年安保の1年後だから、ちょっと力が抜けた空白地帯だったんだよね。

さはし ここにある風俗史本でも見ながら、今日は61年をひも解いてみましょうか。

ひろし そうだね。まずはレナウンのCMソングで一世を風靡した「ワンサカ娘」。昨年亡くなられた**小林亜星***1さんの作詞・作曲。テレビドラマ**『寺内貫太郎一家』***2のお父さん役でも有名な亜星さんは、慶應の医学部だったんですよ。でも、音楽をやりたくて内緒で経済学部に転部して勘当されちゃった。

さはし 僕も最近知ったんですが、妹さんがレナウンに勤めていらしたんですね。亜星さんはまだ修行中だったけど、妹さんが会社の人に「兄に書かせてみます」と紹介して、つくったのが「ワンサカ娘」だった。

ひろし 亜星さんは都会人でさ。楽しい方向に自分の人生のベクトルを持っていった人だね。夕方からみんなで集まって食べて飲んで、朝まで飲んで〆はお寿司。それで88歳まで生きたんだよ。だからダイエットなんかしなくてもいいんだよ（笑）。

さはし そういうことですね（笑）。

ひろし アメリカでは、ジョン・F・ケネディが第35代大統領になりました。

さはし 浩さん、この年の大スターといえば、**植木等***3さんですよ！ 僕は一時期、アンケートで好きなギタリスト欄に、植木等さんの名前を書いていました。あの人はれっきとしたジャズ・ギタリストですから。実際に演

***1 小林亜星**
1932年生まれ。作曲家・作詞家・俳優。60年代から「ワンサカ娘」、「この木なんの木」など多くのCMソングやアニメ、テレビの主題歌などを作曲。76年には「北の宿から」で日本レコード大賞を受賞。人気テレビドラマ『寺内貫太郎一家』では主演の頑固オヤジを演じた。

***2『寺内貫太郎一家』**
1974年にTBS系列で放送され、高い視聴率を記録したテレビドラマ。向田邦子・脚本、久世光彦・プロデュース。

***3 植木等**
1926年生まれ。東洋大学在学中からバンドボーイのアルバイトを始め、ギタリストとしてフランキー堺とシティ・スリッカーズに加入。50年代半ばから、キューバン・キャッツから改名したハナ肇とクレージーキャッツのメンバーに。テレビ番組『シャボン玉ホリデー』、映画『無責任シリーズ』などで高度経済成長時代を代表するコメディアンとして一世を風靡。数々のコミックソングをヒットさせた。

奏を観た方が、「**バーニー・ケッセル**＊4・スタイルだった」と証言されています。

ひろし　植木さんはお寺の住職の息子さんだから、真面目に練習していたんだろうね。

さはし　でも、歌ったら、あの「スーダラ節」キャラに豹変しちゃう（笑）。

「スーダラ節」/ ハナ肇とクレージーキャッツ

M　スーダラ節／ハナ肇とクレージーキャッツ

高度成長期のエンターテインメント

ひろし　戦後の高度成長期を象徴する曲だよね。希望しか見えない。

さはし　そうですね。後ろを振り返る気なんて一切ない（笑）。僕、『**シャボン玉ホリデー**』＊5はなんとなく覚えているんですよ。『シャボン玉～』はコント＋歌番組でしたね。

ひろし　その頃はテレビ業界も右肩上がりで、欧米のエンターテインメントに負けないようなテレビショーをやろうという気概であふれていたんだ。

さはし　たしか石鹸の会社（牛乳石鹸）がスポンサーだったんですよね。テレビはこれからのメディアということで、企業も参戦してきたんですかね？

ひろし　広告文化も花盛りだったからね。電通文化もあった。東銀座に丹下健三さんが建てた「未来の東京はこうあるべし」という旧電通ビルがあって、**杉山垣太郎**＊6さんに聞

＊4 バーニー・ケッセル　1923年生まれ。チャーリー・パーカー、オスカー・ピーターソン・コンボで活躍したジャズ・ギタリスト。

＊5『シャボン玉ホリデー』　1961年から72年まで日本テレビで放送されていた音楽バラエティ番組（76年に第二期も放送）。双子の女性デュオ、ザ・ピーナッツ、ハナ肇とクレージーキャッツを中心に、毎回ゲストを交え、コント、歌、トークを披露し、お茶の間に浸透した。

＊6 杉山垣太郎　1948年生まれ。電通を経て、ライトパブリシティ代表取締役社長就任。カンヌ国際広告祭ゴールドほか、国内外の受賞多数。

＊7 コニー・フランシス　1938年生まれ。50年代から60年代前半にかけて「ヴァケイション」、「ボーイ・ハント」などのヒット曲を連発した女性ポップ・シンガー。漣健児の日本語詞で多くの日本の女性歌手がカヴァーした。

いたんだけど、「未来」と言うわりには、エレベーターが遅かったんだって（笑）。汐留の新社屋に移ったとき、エレベーターが速すぎてクラクラしたそうです（笑）。

さはし　この頃、日本ではアメリカン・ポップスが流行っていたんですよね。**コニー・フランシス**＊7のこの曲は僕も知っていました。

ひろし　松本隆さんは「僕にとってのコニーは松田聖子だ」と仰っていますね。

M Where The Boys Are／Connie Francis

ひろし　コニーも清純派だったけど、アメリカの青年はまだアイビーっぽくて健康的だった。1961年はベトナム戦争前だから、青春時代を謳歌できたんだろうね。

さはし　文学では『砂の器』がこの年だ。

ひろし　松本清張さんの社会派推理小説は、謎解きの面白さだけでなく、世の中の暗部を描いて、次々ベストセラーになった。

さはし　洋画だと『**荒野の七人**』＊8。

ひろし　『荒野の七人』は黒澤明さんへのオマージュだよね。

さはし　元ネタは『**七人の侍**』＊9ですね。加山雄三さんの映画『若大将シリーズ』も61年から始まったんだ。

ひろし　若大将の同級生、青大将の役を演じたのは**田中邦衛**＊10さんでした。

さはし　どこの現場に行っても、必ず1人は田中邦衛さんのモノマネする人がいますよね。たいして似てなくても（笑）。

ひろし　いるいる（笑）。最初は青大将の役はなかったんだけど、「毒がなくてつまらないから、ヘビみたいな男を連れてこい」と、田中邦衛さんが起用されたらしいよ。

さはし　なるほどねー。ホント、浩さんは1球投げたら100個飛んできますね（笑）。

M Hit The Road Jack／Ray Charles

＊8 『荒野の七人』
黒澤明監督の映画『七人の侍』の舞台を西部開拓時代のメキシコに移して描いた1960年のアメリカ映画。

＊9 『七人の侍』
監督・黒澤明、主演・三船敏郎。ダイナミックなアクションで、旧来の時代劇にはないリアリズムを確立し、国内外の映画監督や作品に大きな影響を与えた。1954年に公開。

＊10 田中邦衛
1932年生まれ。映画「若大将シリーズ」や、『仁義なき戦い』シリーズ、テレビドラマ『北の国から』など多数の映画やドラマに出演。21年に他界。

＊11 「Hit The Road Jack」
1961年にレイ・チャールズが「我が心のジョージア」に続いて2度目の全米チャート1位を獲得した曲。

「旅立てジャック」は誤訳だった？

さはし　レイ・チャールズの61年のヒット曲「Hit The Road Jack」*11の邦題は「旅立てジャック」ですが……？

ひろし　村上春樹さんに教えていただきましたが、「旅立てジャック」は、女がぐうたら男に「出ていけ！」って言っているのだそう。

さはし　そうなんだ（笑）。小田和正さんは、初めて買った洋楽のレコードが「Hit The Road Jack」だったそうです。アフリカ系アメリカ人の声を聴いたのはこれが初めてで、「いままで聴いてきた歌と声の感じが違ったから買った」と。意外でしょう？

ひろし　意外だね。60年代に入ると、ソウル・ミュージックがだんだん市民権を得てメジャーになってきたからね。

さはし　**ベン・E・キング***12の「スタンド・バイ・ミー」もこの年のヒットですね。ちなみに第3回日本レコード大賞の受賞者は、**フランク永井***13さんの「君恋し」。歌唱賞は**アイ・ジョージ***14さんの「硝子のジョニー」。

ひろし　アイ・ジョージさんはナイトクラブで活躍していたラテン系歌手。村井邦彦さんによると、昔は、「ニューラテンクォーター」や「ミカド」のような生のバンドが入る赤坂のナイトクラブやキャバレーにセレブが集っていたんだって。

さはし　実際に海外アーティストの来日公演も行われていたそうですね。

ひろし　そう。赤坂が海外の音楽を知る場所だった。だから村井さんは赤坂にレコード店「ドレミ商会」を開いたんだよ。赤坂は日本武道館ができるまで洋楽の聖地だったんだ。

1971年
時代は「モーレツからビューティフルへ」

さはし　僕が生まれて10年後の1971年は

＊12 ベン・E・キング　1938年生まれ。50年代にドリフターズのリードシンガーとして「ラストダンスは私に」などのヒットを放ち、ソロに転向。「スタンド・バイ・ミー」は、ジョン・レノンなど多くの歌手にカヴァーされている。

＊13 フランク永井　1932年生まれ。進駐軍のクラブ歌手をして活動の後、ジャズから歌謡曲に転向し、「有楽町で逢いましょう」、松尾和子とのデュエット「東京ナイトクラブ」などが大ヒット。61年には昭和初期の流行歌をジャズ風にアレンジした「君恋し」で日本レコード大賞を受賞。

＊14 アイ・ジョージ　1933年生まれ。50年代からナイトクラブの歌手として活動。59年にトリオ・ロス・パンチョスの日本公演の前座を務め、アイ・ジョージとしてデビュー。外国曲を中心に歌っていたが、61年に自作曲「硝子のジョニー」がヒット。60年代のドドンパ・ブームにも一役買った。

どんな年だったんですかね。

ひろし　この年は来日公演ラッシュ。**ブラッド・スウェット＆ティアーズ**＊15、レッド・ツェッペリン、**ピンク・フロイド**＊16が出演した野外フェス**「箱根アフロディーテ」**＊17。

さはし　いいなー。観たいのばっかり。

ひろし　その頃ヒッピーだった村上龍さんはお金がなくて、箱根の山を登って、裏口にいたニッポン放送の**亀渕昭信**＊18さんにこっそり入れてもらったんだって（笑）。面識もないのに。

さはし　のどかな時代ですね（笑）。今回の山弦の『TOKYO MUNCH』で写真を撮っていただいた巨匠・**三浦憲治**＊19さんも、「箱根アフロディーテ」で撮影していたらしいですよ。

ひろし　横田基地のアメリカ人の表情がベトナム戦争の激化で変わっていったのを覚えている。忌野清志郎さんも同じようなことを言っていたね。

さはし　僕は駒場東大近くの通学路に機動隊がいたり、ヘリコプターの音がうるさかった子供時代を思い出します。

ひろし　「明日を夢見てがんばろう」という時代が過ぎて、70年代に入るとだんだん世の中が暗く、重くなっていくんだよね。その一方でラブ＆ピースもあった。加藤和彦さんが出演した「モーレツからビューティフルへ」というCMが印象的だった。

さはし　銀座に日本初のマクドナルドが開店。カップヌードルもその年だ。ということはファストフード元年でもあるわけだ。

ひろし　カップヌードルはあさま山荘事件の機動隊員が非常食として食べているのがニュースで流れて、爆発的に売れるようになった。**若松孝二**＊20監督は『実録・連合赤軍あさま山荘への道程』のとき、役者さんに「連合赤軍のヤツらは1ヵ月風呂入ってなかったんだから、オマエらも風呂に入らず、匂いで演技しろ！」って（笑）。

＊15 ブラッド・スウェット＆ティアーズ
アル・クーパー、スティーヴ・カッツらを中心に1967年に結成。ロック・バンドにホーン・アンサンブルを加えた編成は"ブラス・ロック"と呼ばれ、『子供は人類の父である』、『血と汗と涙』を残す。71年に初来日。日本武道館で公演を行った。

＊16 ピンク・フロイド
プログレッシブ・ロックの先駆者として知られるイングランドのバンド。60年代から幻想的なサウンドと、大掛かりなライブで成功を収め、『原子心母』、『狂気』、『ザ・ウォール』などが驚異的なロング・セールスとなる。「箱根アフロディーテ」の新発見映像を収録した『原子心母（箱根アフロディーテ50周年記念盤）』が21年に発売された。

＊17 「箱根アフロディーテ」
1971年8月6日、7日に箱根芦ノ湖畔で開催された日本初の野外ロック・フェスティヴァル。海外からは1910フルーツガム・カンパニー、バフィー・セントメリーも出演し、ヘッド

さはし　ムチャだなぁ（笑）。そんな最中、ラジオでよくかかっていた洋楽というと、男らしい歌声が印象的だった**クリーデンス・クリアウォーター・リバイバル***21でした。

M Have You Ever Seen The Rain?／Creedence Clearwater Revival

「イマジン」と『風街ろまん』を生んだ1971年

さはし　邦題「雨を見たかい」は、ロック雑誌やラジオの情報だと、この雨はベトナム戦争のナパーム弾にかけていたという説がありましたね。

ひろし　そう。雨を降らせるようにナパーム弾を投下しているアメリカ軍を揶揄した反戦歌だと受けとめられてヒットした。

さはし　浩さんの中学生時代も気になるな。

ひろし　あの頃は先生たちも闘争していたから授業が休みになることもあって、僕はもっぱら吉祥寺に映画を観に行ってた。当時は反戦映画や社会派の映画もあったけど、『小さな恋のメロディ』のような牧歌的な恋愛映画もけっこうあったんだよ。**フランシス・レイ***22の映画音楽も人気があったし。

さはし　**『ある愛の詩』***23でしたっけ？

ひろし　そう。ヒロインが白血病で亡くなるという少女マンガ的なストーリー。女の子もみんな映画を観ていたね。洋画専門の雑誌『スクリーン』から好きな映画スターの写真を切り抜いてノートに貼ったりして。

さはし　**『スター誕生！』***24というオーディション番組が始まったのも71年ですね。森昌子さん、桜田淳子さん、山口百恵さんも「スター誕生！」出身ですね。

ひろし　俺は**「戦争を知らない子供たち」***25が印象に残っている。〈戦争が終わって僕等は生まれた〉がリアルだったんだ。作詞はきたやまおさむ（**北山修**）*26さんでした。

ライナーはピンク・フロイド。日本側からハプニングス・フォー、モップス、赤い鳥、渡辺貞夫グループらが出演した。

＊18 亀渕昭信
1942年生まれ。64年にニッポン放送に入社。若者向け番組の制作に携わりながら、『オールナイトニッポン』のパーソナリティを務めた。『箱根アフロディーテ』のAステージでは進行を担当した。

＊19 三浦憲治
1949生まれ。広島県出身。写真家。東京写真短期大学卒業後、長濱治に師事。YMO、松任谷由実、ユニコーンなど国内外のアーティストのジャケットやライブを撮影。

＊20 若松孝二
1936年生まれ。宮城県出身。63年にピンク映画『甘い罠』で映画監督としてデビュー。65年若松プロダクションを創設。代表作は、『処女ゲバゲバ』、『水のないプール』、『天使の恍惚』など。海外での評価も高い。

さはし　洋楽も邦楽もベトナム戦争絡みの曲というのが、当然あったわけですね。

ひろし　そう。マーヴィン・ゲイの**「ホワッツ・ゴーイン・オン」**＊27もこの年だね。

『ホワッツ・ゴーイン・オン』/
マーヴィン・ゲイ

M What's Going On／Marvin Gaye

さはし　モータウンの文献で知ったんですが、創業者のベリー・ゴーディー・ジュニアは、「ホワッツ・ゴーイン・オン」のリリースを止めたかったみたいですね。「こんな政治的な曲を出すわけにはいかん」と。でも、マーヴィンが強引にぶっちぎって、大ヒット。

ひろし　ジョン・レノンの「パワー・トゥ・ザ・ピープル」もそうだけど、意識的なミュージシャンは時代に残る名曲を残しているね。もう何年も前だけど、日本で民主党政権が生まれたときの報道特番のタイトルに「パワー～」を使ったなあ。

さはし　わっ、**「イマジン」**＊28も71年じゃないですか！　考えたら、音楽的にもけっこう重要な年かもしれない。

ひろし　『風街ろまん』も、吉田拓郎さんの**『人間なんて』**＊29もそうだね。

さはし　いまだにシリーズが続いている『仮面ライダー』、アニメの『天才バカボン』、『ふしぎなメルモ』、『ルパン三世』（第1シリーズ）もこの年から始まったんですって。

ひろし　71年はいろんな元年の年だったのかもしれない。

＊21 クリーデンス・クリアウォーター・リバイバル
1968年のデビューから72年の解散までに、「スージーQ」、「プラウド・メアリー」、「雨を見たかい」など多くのヒットを残したカリフォルニア州出身のバンド。メンバーのジョン・フォガティはその後、ソロとしても大きな成功を収める。

＊22 フランシス・レイ
1932年生まれ。クロード・ルルーシュ監督の映画『男と女』、『白い恋人たち』などの音楽で、日本でも幅広い支持を獲得したフランスの作曲家。

＊23 『ある愛の詩』
アーサー・ヒラー監督、ライアン・オニール、アリ・マッグロー主演の1970年の恋愛映画。フランシス・レイは同作で、アカデミー賞作曲賞を受賞。

＊24 『スター誕生！』
1971年から83年まで日本テレビで放送された視聴者参加型のオーディション番組。番組からは、森昌子、桜田淳子、山口百恵、岩崎宏美、中森明菜、小

天に召された3人のロック・スター

さはし　この年はジャニス・ジョプリンが最後のアルバム『パール』をリリースしました。

ひろし　ジャニス、ジミ・ヘンドリックス、ジム・モリソン、みんな27歳で亡くなっちゃった。オーバードーズ（薬物過剰摂取）で。

さはし　脂の乗りきったピークで亡くなっちゃったのが惜しまれますね。

ひろし　佐橋くんは、和製ジャニスとは仕事したことあるの？

さはし　浩さんが言うのは「日本のジャニス」と呼ばれていた**金子マリ***30さんのことですね。僕が金子マリさんとレコーディングで初めてお仕事をしたとき、下北沢に実家のあるおふくろに伝えたら、「まぁ、金子さんの娘さんと仕事できるようになったの！」って喜んでね。下北沢の金子葬儀店といったら地元では有名ですから。

ひろし　その娘さんがジャニスの再来なんてすごくファンキーだね（笑）。

さはし　では、僕の大好きな**オーリアンズ***31のギタリスト、ジョン・ホールがつくり、金子マリさんも歌っているジャニスの「Half Moon」を聴きましょう。

M Half Moon／Janis Joplin

さはし　日本では、「**シラケ**」*32という言葉が流行ったんですよね？

ひろし　「シラケ」っていうのは大人が当時の若者を称してつくった言葉で、あんまりリアリティはなかったね。

さはし　音楽的にはすごく豊作の年ですね。だって、ジェームス・テイラーは『マッド・スライド・スリム』、キャロル・キングは『タペストリー』（邦題『つづれおり』）ですよ。

ひろし　50年前の曲が今でも歌い継がれ、聴き継がれているってことだね。

泉今日子など多くのアイドル、シンガーがデビューした。

＊25「戦争を知らない子供たち」　1970年に全日本アマチュア・フォーク・シンガーズ名義で発売され、71年にジローズの歌唱によるシングルがヒット。作曲は京都のフォーク・シーンで活動していた杉田二郎。

＊26 北山修　1946年生まれ。大学時代に加藤和彦と結成したザ・フォーク・クルセダーズで、「帰って来たヨッパライ」が異例の大ヒットを記録。作詞家として「あの素晴しい愛をもう一度」、ベッツィ&クリス「白い色は恋人の色」、堺正章の「さらば恋人」などがヒット。精神科医としても多くの著作を刊行している。

＊27「ホワッツ・ゴーイン・オン」　マーヴィン・ゲイが1971年にアルバムに先駆けて発表。反戦のメッセージが共感を呼び、全米で大ヒット。アメリカの社会問題に言及したアルバムと共に後世に大きな影響を与えた。

1981年
「ルビーの指環」と『なんとなくクリスタル』

さはし　今日は、僕が二十歳のとき、1981年で盛り上がりましょうよ。僕は高校を卒業して、UGUISSというバンドでデビューすべく、知り合いからいただいたライブのサポートの仕事をやったり、バイトとバンドの練習に明け暮れていた頃ですね。

ひろし　まだプロになる前だ。

さはし　正式にデビューするのは83年まで待たなきゃいけないので。

ひろし　81年で覚えているのは、雑誌『JJ』*33だね。友だちの女の子たちがファッション・スナップでよく誌面を飾っていた。

さはし　『JJ』は女性誌だけど、男子も見ていましたよね。女の子チェックで（笑）。70年代終わりのサーファー・ブームがまだ残っていたんですね。

ひろし　佐橋くんも俺も陸サーファーだったからね（笑）。

さはし　この頃からポップスも多様化してきて、お洒落なものも出てきました。そのとどめが、寺尾聰*34さんの「ルビーの指環」。演奏は、井上鑑さんを中心としたパラシュート*35に近い人たちで、スタジオ・ミュージシャンとして最高峰のメンバーです。

ひろし　寺尾聰さんのお父さんは俳優の宇野重吉さん。寺尾さんはザ・サベージ*36というGSのベーシストでした。この前、佐藤浩市さんの「ブルーノート東京」のライブに飛

『Reflections』/ 寺尾聰

＊28「イマジン」
1971年に発表されたジョン・レノンの楽曲とアルバム。オノ・ヨーコのアートブック『グレープフルーツ』から着想を得たことから、17年にヨーコとの共作と認定された。同年にはシングル「パワー・トゥ・ザ・ピープル」もリリースされた。

＊29『人間なんて』
1971年の吉田拓郎のセカンド・アルバム。インディーズのエレックからリリースされ、ディレクターに加藤和彦、木田高介、アレンジャーやミュージシャンに遠藤賢司、松任谷正隆、林立夫などが参加している。

＊30 金子マリ
70年代からCharとのスモーキー・メディスンや難波弘之と金子マリ&バックスバニーで活動。1983年からはソロ活動を開始し、『MARI FIRST』などのアルバムを発表。東京・下北沢出身であることから〝下北のジャニス〟と呼ばれる。息子は、RIZEのドラマー金子ノブアキとベーシストのKenKen。

び入りで出演して、ベースを弾いていたな。

M ルビーの指環／寺尾聰

さはし　僕の友だちの**亀田誠治**くんが、松本隆作詞活動50周年トリビュートアルバム『風街に連れてって！』をプロデュースして、先日、それを再現するテレビ番組で「ルビーの指環」を一緒に演奏したんです。歌は**クレイジーケンバンド***37の横山剣さん。ビシーッとキメて、すごくカッコよかった！

ひろし　剣さん、ぴったりだね！

さはし　田中康夫さんの『**なんとなくクリスタル**』*38も話題になりました。

ひろし　「なんクリ」は、文芸評論家の江藤淳さんが激賞した。

さはし　僕も友だちから回ってきて読みました。当時、通いつめていた青山のレコード屋さん、「パイド・パイパー・ハウス」や、けっこうマニアックなレコードの話が文中に出てきて、そういうところは面白かった。

ひろし　この頃は、お台場に移転する前のフジテレビが元気だったね。河田町のCXは今の150倍くらいのパワーがあった。

さはし　なんといっても、『**オレたちひょうきん族**』*39ですよね！

ひろし　土曜日の夜8時といえば『**8時だヨ！全員集合**』*40だったのが、「ひょうきん族」がそのお株とっちゃったからね。

さはし　そういえば、山下達郎さんも、EPOさんも、『ひょうきん族』の音楽に関わっていましたが、70年代にはサブカルだった音楽家たちが、メジャーの舞台にどんどん進出してきたのもこの時期でしたね。

『ベストヒットUSA』とMTVの時代

さはし　1981年は、**ダリル・ホール&ジョン・オーツ***41が大ヒットを連発。

ひろし　「キッス・オン・マイ・リスト」は、佐橋くんは自分の曲だと思ったんでしょ

＊31 オーリアンズ
1972年にニューヨーク州ウッドストックで結成。アサイラム・レコード移籍後に『歌こそすべて』から「ダンス・ウィズ・ミー」がヒット。ギタリストのジョン・ホールは、カレン・ダルトン、ボニー・レイットのアルバムに参加。その後、下院議員を2期務める政治家となった。

＊32 「シラケ」
学生運動が沈静化した後の政治的に無関心な1950年代後半から60年代前半に生まれた世代を指す場合が多い。

＊33 『JJ』
1975年に光文社の『女性自身』別冊として創刊され、素人の女子大学生をモデルとして起用し、ニュートラやサーファー・ファッションの火付け役となった。20年に月刊発行を終了。

＊34 寺尾聰
1947年生まれ。66年にザ・サベージでデビュー。68年からは俳優としても活動を始め、テレビドラマ『大都会』、『西部警察』、黒澤明監督の映画『乱』

（笑）。

さはし　「あれ？　ギター、俺が弾いてたっけ？」って（笑）。ホール＆オーツがチャートを席巻していた81年、洋楽好きの僕らにぴったりの番組が始まりました。

ひろし　**『ベストヒットUSA』**＊42だね。小林克也さんは、80歳になられました。

さはし　克也さんが来日アーティストにインタビューして、マニアックなことを聞いてくださるのも楽しみでした。この頃がプロモーション・ビデオ全盛時代の始まりでしたね。

ひろし　佐橋くんのお気に入りのプロモーション・ビデオは？

さはし　いちばんインパクトあったのは、**オリビア・ニュートン＝ジョン**＊43の「フィジカル」。だって、あのオリビアがレオタード着て踊っているんですよ！（笑）。

ひろし　オリビア・ニュートン＝ジョンって清純派じゃなかったっけ？

さはし　そうですよ。エアロビクスが大ブームになって流行った曲ですけど、曲調からルックスまでイメチェンして。でも、「フィジカル」のTOTOのスティーヴ・ルカサーのギターソロは、ポップ・ソングとしてはなかなか秀逸です。ドラムはもう亡くなってしまいましたが、僕のソロ・アルバムでも叩いてくれた**カルロス・ヴェガ**＊44でした。

M Physical／Olivia Newton-John

ひろし　佐橋くん、**「愛のコリーダ」**＊45って覚えてる？

さはし　阿部定事件を題材にした映画の『愛のコリーダ』のことですか？　あっ、**クインシー・ジョーンズ**＊46の「愛のコリーダ」が大ヒットしたのも81年だ！

ひろし　タイトルもあの大島渚監督のあの映画から採られたみたいだね。

さはし　クインシー・ジョーンズってジャズ出身ですが、常に新しモノ好きで臭覚が鋭い

などで活躍しながら、81年には、松本隆・作詞の「ルビーの指環」が10週間にわたり1位を獲得する大ヒットとなった。

＊35 パラシュート
井上鑑、今剛、松原正樹、林立夫、斉藤ノヴらが在籍したフュージョン系グループ。寺尾聰の「ルビーの指環」、アルバム『Reflections』に参加。アレンジを手がけた井上鑑は、第23回日本レコード大賞の編曲賞を受賞した。

＊36 ザ・サベージ
テレビ番組『勝ち抜きエレキ合戦』で優勝し、1966年に「いつまでもいつまでも」でデビュー。寺尾聰はベース、ヴォーカルを担当した。

＊37 クレイジーケンバンド
1997年に横山剣を中心に結成され、98年にデビュー。「東洋一のサウンドマシーン」として幅広い支持を集める。21年のカヴァー・アルバム『好きなんだよ』では、「ルビーの指環」、「モンロー・ウォーク」、「DOWN TOWN」などを収録。

んですよね。だって、この翌年が、マイケル・ジャクソンの『スリラー』ですもん！

ひろし　80年代のクインシーとマイケルは最強だったね。

M　Ai No Corrida／Quincy Jones

さはし　松田聖子さんも、この年からヒット連発ですが、それと入れ替わるようにピンク・レディーが解散。時代は変わっていきます。アメリカではレーガン大統領が就任。

ひろし　**レーガノミクス***47だ。

さはし　ロン・ヤス会談だ（笑）。**向田邦子***48さんが台湾の飛行機事故で亡くなられたのはショックだったな。

ひろし　「ただいま出かけております」という少し高くて早口の声が留守番電話に残っていたのが切なかったね。没後40年にスパイラルガーデンで開催された展覧会に行ったら、展示されていた洋服のお洒落なこと。

さはし　佐橋家的には、テレビアニメ『**Dr.スランプ　アラレちゃん**』*49が始まったのは事件でした。「Dr.スランプ」に出てくる山吹先生の声は僕の叔母がやっていたんです。

ひろし　えっ！　初めて聞いたよ。

さはし　もう亡くなりましたが**向井真理子***50という声優で、マリリン・モンローの日本語吹き替えやっていた人なんです。だから、色っぽい山吹先生の声はぴったりだった。

大滝詠一が「ロンバケ」でブレイク！

ひろし　1981年といえば、大滝詠一さんの『A LONG VACATION』を忘れちゃいけない。「君は天然色」の歌詞は松本隆さんが妹さんを亡くされたときの心象風景なんだよね。そのとき、賑やかな街が真っ白に見えて、〈思い出はモノクローム　色をつけてくれ〉という歌詞が生まれた。

さはし　そういうことだったのか。

ひろし　細野さんはYMO、松本さんは作詞

***38**『**なんとなくクリスタル**』一橋大学在学中の田中康夫が発表し、1981年に第84回芥川賞の候補になった小説。80年当時の裕福な若者の風俗や流行を描き、100万部を超えるベストセラーとなった。

***39**『**オレたちひょうきん族**』1981年から89年までフジテレビ系列で毎週土曜日に放送されていたお笑いバラエティ番組。EPOの「DOWN TOWN」、「土曜の夜はパラダイス」、山下達郎の「土曜日の恋人」、松任谷由実の「土曜日は大キライ」などがエンディング・テーマに使用された。

***40**『**8時だョ！全員集合**』1969年から85年までTBS系列で毎週土曜日に放送されていたザ・ドリフターズの公開生放送による番組。驚異的な視聴率を誇っていたが、『オレたちひょうきん族』の台頭により、85年に終了した。

***41 ダリル・ホール&ジョン・オーツ**　1972年にデビュー。ブルー・

家として絶好調だったけど、大滝さんのアルバムはそれまでセールス的にはあまりふるわなかった。そこで、かつての仲間である松本さんに作詞を依頼した。松本さんは妹さんが亡くなってつらい時期だったから、やっぱり書けないと断ったんだけど、大滝さんはアルバムの発売を延ばしても松本さんの作詞でいきたいと。それが累計300万枚！

さはし　「ロンバケ」は周年ごとに記念盤がリリースされて、どんピシャ世代から、当時を知らない世代まで買いますからね。81年は、YMOは『BGM』、ユーミンさんは『昨晩お会いしましょう』をリリース。

ひろし　『昨晩〜』のジャケットは、ピンク・フロイドのアルバムで有名なイギリスのデザイン集団、**ヒプノシス**＊51がデザインしたんだよね。松任谷正隆さんのセンスに脱帽！

さはし　ロック界は商業ロックと揶揄されるものがガンガン出てきた頃ですね。そんななか、僕がさすがだなと思ったのが、81年のローリング・ストーンズの『**スタート・ミー・アップ**』＊52。

ひろし　キース・リチャーズは時代に流されない強さがあるよね。

さはし　キースは古いブルースや初期のR&Bをよく知っていて温故知新の気持ちがあるから、流行に左右されないし、強いんですよ。それを時代とともに上手に更新していく天才です。

1991年
バブルの頃のさはしひろし

ひろし　1991年。我々の黄金の30代だよ。でも、30代になったとき、ちょっと「えっ？」と思ったでしょ。

さはし　ちょっとショックでしたね。「俺、もう30か……」と思いました。

ひろし　吉田拓郎さんが「パックインミュージック」で、「俺、30になっちゃった……」

アイド・ソウル・デュオとして、「シーズ・ゴーン」などのヒットを放ち、80年代前半には「キッス・オン・マイ・リスト」、「プライベート・アイズ」「、マンイーター」などが連続してヒット。全米トップ10入りした楽曲は16曲に上る。

＊42『ベストヒット USA』
1981年からテレビ朝日ほかで放送された洋楽の音楽番組。小林克也が司会を務め、アメリカの最新ヒットチャートをプロモーション・ビデオを交えて紹介。深夜の時間帯にもかかわらず人気を博した。03年からはBS朝日ほかで放送を再開した。

＊43 オリビア・ニュートン＝ジョン
1948年生まれ。70年代から80年代半ばにかけて、「そよ風の誘惑」、映画『グリース』や『ザナドゥ』からのヒット曲を生み、世界的な人気を博したポップ・シンガー。81年の「フィジカル」は年間チャート1位という爆発的ヒットを記録。

と落ち込んでいたのを覚えている。

さはし　「ドント・トラスト・オーバー・サーティ」神話がまだ残っていたんですかね。30過ぎのオヤジの言ってることは信頼できないと。

ひろし　体制側になったり、守りに入ったり、お腹が出てきたり、サラリーマンとしては管理職に手が届いたくらいかな。

さはし　まだこの業界はバブル後期でしたね。僕自身も20代のガキとしては、たぶん、イヤな感じだったと思います。

ひろし　俺も毎晩のように寿司食って、夜中まで遊んでいた。タクシーが全然つかまらなかったから。

さはし　そうそう。僕、ごはん食べに行っても自分で払ったことはなかったですもん。テレビ局の歌番組の仕事に行っても、まだ電車は動いてる時間なのに、タクシーチケットくれましたから。

ひろし　その頃によく行った芝浦のクラブ「GOLD」*53には、「YOSHIWARA」っていうジャグジー風呂を備えた会員制ラウンジがあった。まさに〝バブル〟(笑)。俺、そこで時計なくした。お風呂に落として(笑)。

湾岸戦争で生まれたGPS

さはし　この年は、湾岸戦争が勃発です。音楽学校で教鞭を執っている先輩のミュージシャンに聞いたんですけど、生徒に音楽の歴史の説明をするとき、「さきの戦争の影響が……」と話したら、「先生、それって湾岸戦争のことですか?」って(笑)。

ひろし　「さきの戦争」といえば第二次世界大戦の我々世代とは違うね。

さはし　湾岸戦争で生まれたもので、いま、僕たちの生活で一番役に立っているのはGPSだと言われていますね。

ひろし　でも、テクノロジーが発達すると、人間は退化していく可能性があると人類学者の山極壽一先生も仰っていましたよ。メモをとることも記憶の外部化になるんだって。

***44 カルロス・ヴェガ**　1956年、キューバ生まれ。セッション・ドラマーとして、ジェームス・テイラーのアルバムやライブに欠かせないドラマーだったが、98年に死去。「ネヴァー・ダイ・ヤング」はカルロスに捧げられた曲。

***45 「愛のコリーダ」**　『愛のコリーダ』は、1976年公開の大島渚監督の映画。81年にクインシー・ジョーンズによってヒットした「愛のコリーダ」も同映画のタイトルから採用された。オリジナルは、イアン・デューリー&ザ・ブロックヘッズのチャス・ジャンケル。

***46 クインシー・ジョーンズ**　1933年生まれ。50年代から第一線で活躍を続けるジャズ・ミュージシャン、プロデューサー、作曲家、編曲家。マイケル・ジャクソンの『オフ・ザ・ウォール』、『スリラー』、『バッド』、著名なアーティストが「USAフォー・アフリカ」として集結した「ウィ・アー・ザ・ワールド」をプロデュースした。

さはし　僕もいいフレーズを思いつくとメモしておくことがあるんですが、あとから聴くとなんかつまらないんですよね。

ひろし　松本隆さんは歌詞が浮かんでも、絶対にメモはとらないんだって。メモしなくても残るものが大切だから。

「ラブ・ストーリーは突然に」のイントロ誕生秘話

さはし　1991年の年間シングル・チャート1位を獲得したのは**小田和正**さんの「**ラブ・ストーリーは突然に**」*54。自分でいうのもなんですが、ギターを弾いているのは僕です！

「ラブ・ストーリーは突然に」／小田和正

M ラブ・ストーリーは突然に／小田和正

ひろし　ここは、ぜひ「ラブ・ストーリーは突然に」のエピソードを聞きたいな。

さはし　小田和正さんはソロになられて、海外のミュージシャンたちとやっていたんですけど、日本のミュージシャンともやってみようと思ったとき、なぜか僕に白羽の矢が立ってお仕事をするようになったんです。アルバムはほとんどコンピュータでき上がっていて、ギターとコーラスだけ生の人間でやるというスタイルで、僕がギターを弾くことが多かったんです。合宿レコーディングだったので、4、5日ずっと一緒でした。

ひろし　寝食を共にしていたわけだね。

さはし　そう。レコーディングのことは今で

＊47 レーガノミクス
80年代にロナルド・レーガン大統領がとった経済政策の総称。1983年には中曽根康弘首相とレーガン大統領の首脳会談が行われ、「ロン・ヤス」と呼び合う関係を築いた。

＊48 向田邦子
1929年生まれ。『時間ですよ』、『寺内貫太郎一家』、『阿修羅のごとく』などのテレビドラマの脚本家、小説家、エッセイスト。代表作は『思い出トランプ』、『父の詫び状』など。81年に航空機の墜落事故にて死去。

＊49 『Dr.スランプ　アラレちゃん』
鳥山明による漫画『Dr.スランプ』を原作に、1981年から86年までフジテレビ系列で放送されたテレビアニメ。

＊50 向井真理子
60年代から数多くのアニメの声優を務め、映画ではマリリン・モンローの日本語吹き替えを担当。07年に第1回声優アワード功労賞を受賞。

も鮮明に覚えています。まだちゃんとしたタイトルは決定してなくて、仮タイトルは「CX」だったかな（笑）。その日は、作業を終えて、電源を落として、みんなでごはんを食べていたんですよ。小田さんが、「さっきの曲、イントロがイマイチ気に入ってないんだよ。もしかしたらイントロだけもう1回弾き直してもらうかもしれないけどいい？」と言うから、「大丈夫ですよ」と答えて、僕はそのまま飲んでいたんです。そしたら、ふとイントロが閃いて、「ちょっとスタジオに戻ってもいいですか。さっきの曲のイントロを思いついちゃったんです」って、赤ら顔のままスタジオに戻りました（笑）。

ひろし　ごはん食べているときに思いついちゃったの？

さはし　はい（笑）。「さっきのテイクは残しておいてもらって、別のチャンネルで1個やらせてください。カウントをダブルカウントにしてもらっていいですか。イントロの前にギターを入れたいので」と言って、チャカチャーンと弾いて、あのイントロができた。

ひろし　まさに、「降りてきた」ってやつだ。

さはし　降りてきました（笑）。ちょっとコード進行を間違えちゃったけど、小田さんが、「佐橋くんが弾いたコードでいいから」って、オケまで全部直してもらって。

ひろし　やっぱり音楽ってノリなんだね。小田さんは、そういうフィジカルな交流を大事にする方だし。

さはし　そうですね。合宿レコーディングがよかったんですよ。思いついたことがあったらすぐスタジオに戻れるし、同じ釜の飯を食ってる感もあるから、アイデアの交換がなごやかにできたのも大きかったと思いますね。

「あなたに会えてよかった」に参加

さはし　「ラブ・ストーリーは突然に」のオケを聴いて、「ここにギターを入れてくれ」と言われたとき、自分がイメージしたのは、マ

＊51 ヒプノシス
ピンク・フロイドの『原子心母』、レッド・ツェッペリンの『聖なる館』など、70年代から80年代に数々のアーティストのアルバム・ジャケットを創作したイギリスのデザイン・グループ。

＊52 『スタート・ミー・アップ』
『刺青の男』の先行シングルとして1981年に発表されたローリング・ストーンズの曲。

＊53 「GOLD」
1989年に港区の芝浦にオープンした倉庫を改装した7階建ての大型クラブ。ハウスなどのクラブ・ミュージックの隆盛に呼応したサウンド・システムを導入。95年に閉店。

＊54 「ラブ・ストーリーは突然に」
「Oh! Yeah!」と両A面シングルとして1991年に発売された小田和正の楽曲。同年放送されたフジテレビ系の月9ドラマ『東京ラブストーリー』の主題歌として起用され、91年の年間シングルチャート第1位を獲得。

イケル・ジャクソンの『**オフ・ザ・ウォール**』*55。あのアルバムは、ギターのアイデアがいっぱい詰まっていて、僕のギターのボキャブラリーを育んでくれたんです。

ひろし　あの名フレーズの陰に『オフ・ザ・ウォール』ありなんだ。

さはし　曲に合ったフレーズやパターンをその場で弾いて、小田さんに聞いてもらい、「1回目が俺のイメージだったかな」というやり取りをしながらつくっていきましたね。

ひろし　それが国民的なヒット・ナンバーになったんだね。

さはし　だから、91年は僕にとっては思い出深い年なんです。同じ年に大ヒットした**小泉今日子**さんの「**あなたに会えてよかった**」*56は、**小林武史**さんが大プロデューサーになるきっかけになった曲ですが、この曲も僕がギターを弾いています。

M あなたに会えてよかった／小泉今日子

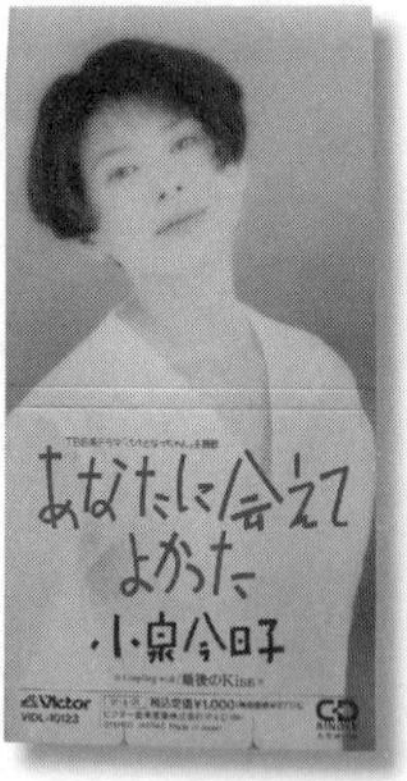

「あなたに会えてよかった」/小泉今日子

さはし　この曲のヒットを受けて、次の年に、作詞は小泉さんで、僕が作曲・編曲を手がけた「**1992年、夏**」*57というビールのCMの曲を書かせてもらったんです。

ひろし　キョンキョンはTOKYO FMで『**KOIZUMI IN MOTION**』*58という番組を持っていて、亡くなられた編集者の**川勝正幸***59さんが構成作家でした。

さはし　小泉さんはアーティスティックなアイドルのはしりじゃないですか。実際、とても聡明な方だし、いろいろなカルチャーに明るくて、人脈もいわゆる芸能界の人とは一線を画していた。

＊55『オフ・ザ・ウォール』 クインシー・ジョーンズをプロデューサーに迎えて制作された1979年のマイケル・ジャクソンのアルバム。クインシー招集のミュージシャンが演奏し、ギターはワーワー・ワトソン、ラリー・カールトンらが参加。

＊56「あなたに会えてよかった」 1991年リリースの小泉今日子のシングルで、自身最大のヒット曲となった。第33回日本レコード大賞で、小泉今日子は作詞賞、作曲・編曲の小林武史は編曲賞を受賞。

＊57「1992年、夏」 両A面シングル「自分を見つめて／1992年、夏」として発売された小泉今日子の1992年のシングル。作曲・編曲は、佐橋佳幸。

＊58『KOIZUMI IN MOTION』 1989年から91年にかけて、TOKYO FMで放送されていた小泉今日子のラジオ番組。藤原ヒロシやいとうせいこうが選曲に関わり、公開ライブ・イベント「Club Koizumi」も開催した。

ひろし　趣味嗜好がサブカル的だったね。TOKYO FMで番組を持っていたときはエレベーターを使わずに局の階段をゆっくり降りていたな。黒装束のボブヘアーで。
さはし　そういえば、「あなたに会えてよかった」もドラマ『パパとなっちゃん』の主題歌でした。小田さんの曲も『東京ラブストーリー』の主題歌でしたが、この時代はドラマから生まれるヒット曲がすごく多かった。
ひろし　ドラマのプロデューサーに力があったんだね。そりゃ、テレビ局、タッ券（タクシーチケット）バンバン切れるわけだ（笑）。

90年代の飛躍的なCDセールス

さはし　「お立ち台」で名を馳せた「**ジュリアナ東京**」*60がオープンしたのも91年。
ひろし　ジュリアナはユーロビートだよね。あれは音楽的にはどんなものなの？
さはし　ディスコの発展系というか、いわゆる打ち込みといわれる音楽の技術が飛躍的に発展したので生まれたジャンルですね。
ひろし　そこには**小室哲哉**さんも入るの？
さはし　小室さんは新しモノ好きで、常に最新の楽器や機材をいち早く取り入れていましたね。小室さんに呼ばれてレコーディングに行くと、必ず、「えっ、もうこの新製品持ってるの？」という感じで、「佐橋くん、こんなことができるんだよ」って見せてくれました。
ひろし　そうなんだ。
さはし　あとは**サンプリング***61ですね。演奏した音をサンプリングして、それを自由にコンピュータで操れるようになったので、それを利用した新しいサウンドも生まれた。
ひろし　最近はどうなってるの？
さはし　今はそれがスマホでできる時代！
ひろし　でも、音楽的なダイナミズムはなくなっちゃうんじゃない？
さはし　音楽が持っている温かさやダイナミズムは、たしかに失われていますね。というか、ヴァーチャルになっている。現在主流になっ

＊59 川勝正幸
1956年生まれ。福岡県出身。80年代から音楽や映画関係のライター・編集者として活動する一方、ラジオやテレビの番組の構成も手がけ、『KOIZUMI IN MOTION』では放送作家として関わった。12年に他界。

＊60 「ジュリアナ東京」
1991年から94年まで、バブル期にウォーターフロントと呼ばれた東京・芝浦に所在したディスコ。通称「お立ち台」で踊る女性たちの様子は、のちに「バブルを象徴する光景」として紹介されることも多い。

＊61 サンプリング
過去の音源の一部を流用し、再構築して楽曲を製作する製作技法。または、楽器の音をサンプラーで録音して曲の中に組み入れる手法。80年代以降、ヒップホップの発展とともに認知されたが、著作権の侵害がたびたび問題となった。

ている機材は、91年からは信じられないくらい簡単な方法で扱えるようになっています。
ひろし　ついこの前のように思えて、91年からもう30年経つんだもんね。
さはし　この時代を思い出すと、ＨＭＶやヴァージン・メガストアのような外資系のレコード屋さんが街にいっぱいできましたよね。
ひろし　要するに、ＣＤが売れていたっていうことだよね。今では信じられないくらいミリオンが量産されていた。
さはし　80年代に新しいエンターテインメントを確立したマイケル・ジャクソンも90年代に入ると変わっていきます。彼の最後の大ヒット曲と言っても過言ではない**「ブラック・オア・ホワイト」***62にはその頃大人気だった**ガンズ・アンド・ローゼズ***63のギタリストのスラッシュがレコーディングに参加しています。この曲、大好きだったなぁ。

M Black Or White／Michael Jackson

2001年 9・11で変わった世界

ひろし　いよいよ世紀をまたいで、**スタンリー・キューブリック***64（笑）。
さはし　はい。『２００１年、宇宙の旅』ですね（笑）。僕はこの年に40歳になりましたが、けっこうきましたね。
ひろし　くるよね。不惑の年だから。
さはし　ですよね。20世紀から21世紀になって、盛り上がっていた気もしますが、この年は９・11という不幸な事件が起きました。
ひろし　あの日は、ディズニーシーがオープンする前のマスコミの取材日だったんだけど、局の車でスタッフと帰る途中に報道からの電話で知った。
さはし　僕は録音スタジオにいて、ロビーが大騒ぎになっていた。９・11は世界中に決定的なダメージを与えましたね。
ひろし　この頃からアメリカの権威がどんど

***62 「ブラック・オア・ホワイト」**　1991年にリリースされたマイケル・ジャクソンの『デンジャラス』からの先行シングル。

***63 ガンズ・アンド・ローゼズ**　80年代後期から多くのヒットを生み、世界で1億枚以上のアルバム・セールスを記録したロック・バンド。ギタリストのスラッシュは、マイケル・ジャクソンやレニー・クラヴィッツにも参加した。

***64 スタンリー・キューブリック**　1928年生まれのアメリカの映画監督。60年代以降はイギリスに活動の場を移し、『2001年宇宙の旅』、『時計じかけのオレンジ』、『シャイニング』などの傑作を製作した。

***65 ビル・ウィザース**　1938年生まれ。71年にデビューし、「エイント・ノー・サンシャイン」、「リーン・オン・ミー」、「ラブリー・デイ」などのヒットで知られるシンガーソ

ん失墜して、分断化が進んでいった。

さはし　でも、イチロー選手がメジャーで活躍を始めたのも、この年からだったんですね。

ひろし　イチロー選手がレーザービームのような完璧な送球で刺したじゃない。あれを見て、村上龍さんは泣いたって言ってたな。

さはし　日本の選手がメジャーリーグに進出することが当たり前のようになりましたけど、イチローさんはちょっと別格でしたね。

ひろし　ヤンキースの松井秀喜選手とマリナーズのイチロー選手が出たゲーム、俺は地下鉄に乗ってブロンクスのヤンキー・スタジアムまで観に行ったよ。松井とイチローが闘っている。まさに『フィールド・オブ・ドリームス』でした。

夢がかなった細野さんからのメール

さはし　2001年は、ティン・パン・アレーではなく、Tin Pan 名義で細野晴臣さん、鈴木茂さん、林立夫さんというメンバーで再結成。アルバム『Tin Pan』をリリースして、その全国ツアーのサポート・メンバーに僕が参加した年でもありました。

ひろし　それは貴重な経験だったね。

さはし　その Tin Pan のツアーに、ゲスト・ヴォーカルとして**小坂忠**さんが参加されたんです。忠さんはキリスト教の牧師さんになられて、ゴスペル・シンガーとしても活動されていますが、細野さんのプロデュースで新作をつくることになり、細野さんから、「佐橋くんも1曲書いてみない？」というメールが来たんです。中学生の自分に教えてあげたい夢のような出来事でした。今もあのメール、とってありますよ。

ひろし　それは、捨てられないよね。

さはし　そのメールに、「ジェームス・テイラー・ミーツ・**ビル・ウィザース**＊65みたいな楽曲がいいなあ」って書いてあったんです。

ひろし　そういうミッションだったんだ。

さはし　そう。ジェームス・テイラーをやれ

ングライター。20年に他界。

＊66『People』
小坂忠が、『HORO／ほうろう』以来25年ぶりに細野晴臣のプロデュースにより、2001年に発表したアルバム。

＊67 浜口茂外也
1951年生まれ。東京出身。70年代から、バンブー、ティン・パン・アレーのツアーなどに参加。パーカッショニスト、フルート奏者として、数多くのレコーディングで活躍。

＊68 浜口庫之助
1917年生まれ。50年代にラテン・バンド、浜口庫之助とアフロ・クバーノで活躍し、作詞家・作曲家に転向。59年の「黄色いさくらんぼ」以降、「涙くんさよなら」、「バラが咲いた」、「夜霧よ今夜も有難う」、「人生いろいろ」などで稀代のヒット・メーカーとなる。愛称はハマクラ。

「夢を聞かせて」/ 小坂忠

ばいいというもんじゃないぞ、ということですよね。ソウルの感じも少しほしいと。忠さんの『People』*66というアルバムで1曲を書かせていただいたこの曲は、いまでも忠さんは好んで歌ってくださっています。

M 夢を聞かせて／小坂忠

さはし　この曲は、パーカッションの**浜口茂外也***67さんが、椅子をブラシで叩いて参加しています。

ひろし　昭和のヒットメイカー、**浜口庫之助***68さんの息子さんですね。２００１年は、あんまり良い出来事がないと思っていたけど、佐橋くんにはこんなステキなエピソードがあったんだね。

さはし　はい。中学時代の夢がかないました。

回文を『Bon Appetit!』？

さはし　エンターテインメントの世界では、『ハリー・ポッター』シリーズの映画化が始まり、本もベストセラーになりました。そういえば、「としまえん」の跡地が、ハリー・ポッターのテーマパークになるそうですね。

ひろし　「としまえん」といえば、山下達郎さん（笑）。「としまえん」は城北地区の人たちにとってオアシスだったからね。

さはし　達郎さんの話が出たところで、この年は竹内まりやさんが、『Bon Appetit!』*69というアルバムをリリースされて、朝のテレビの情報番組に「毎日がスペシャル」が流れてヒットしました。この曲は、自分で言うの

***69『Bon Appetit!』** ２００１年にリリースされた竹内まりやの通算9枚目のアルバム。「毎日がスペシャル」は、フジテレビ系の朝の情報番組『めざましテレビ』のテーマソング。

***70 キング・カーティス** １９３４年生まれ。サクソフォーン奏者。71年のアレサ・フランクリンのコンサートに自身のバンド、キングピンズで参加。公演の模様は『アレサ・ライヴ・アット・フィルモア・ウェスト』と、カーティス名義の『ライヴ・アット・フィルモア・ウェスト』に収録。キングピンズは、バーナード・パーディ、コーネル・デュプリー、チャック・レイニーなどのミュージシャンを輩出。

***71 カーティス・メイフィールド** １９４２年生まれ。シカゴ出身。ジェリー・バトラーらとインプレッションズを結成し、65年の「ピープル・ゲット・レディ」は、公民権運動を背景に大ヒット。70年からはソロ・アーティスト

もなんですが、フィーチャリング佐橋くんで、僕、弾きまくっています（笑）。

M 毎日がスペシャル／竹内まりや

ひろし　まりやさんは、普段はどういう方なの？

さはし　すごく面白い人ですよ。僕、まりやさんには、回文をたくさん教えてさしあげましたよ（笑）。「肉の多い大乃国」とか。

ひろし　なにそれ？（笑）。まりやさん、回文が好きなの？

さはし　「佐橋くん、回文に詳しいんだってね。メモるから言って」って（笑）。音楽ものの回文はウケましたよ。ドラマーに多い「右手バテ気味」とか、「ジャニスにヤジ」とか、「お菓子が好きスガシカオ」とか（笑）。

ひろし　いいね（笑）。どんどん出てくる。

さはし　「カーティスいてーか」は、**キング・カーティス**[*70]と**カーティス・メイフィールド**[*71]は「痛い目」にあっているとかけて、つくりました（笑）。そんなおしゃべりをしていると、リハが中断して、達郎さんに「いい加減にしろ！」と怒られちゃう、というのがいつものパターンです（笑）。

ひろし　まりやさんの音楽を聴いていると、2001年の音楽はちゃんと今につながってるね。暗いときも、厳しいときも、人生に寄り添ってくれたんだなって感じる。

山弦＆大貫妙子のコラボレーション

さはし　僕が学生時代から大ファンだった方々が、今も元気に新しい作品を出されているのはうれしいかぎりです。先日、山弦の17年ぶりのニューアルバム**『TOKYO MUNCH』**[*72]が発売されましたが、山弦のファースト・アルバム**『JOY RIDE』**[*73]に「祇園の恋」というインストの曲があって、大貫妙子さんが歌詞をつけてくださったんですよ。それが**「あなたを思うと」**[*74]という曲になり、大貫

として活動し、マーヴィン・ゲイ、ダニー・ハサウェイ、らと並んで〝ニュー・ソウル〟シーンに多大な影響を残した。

＊72『TOKYO MUNCH』 2021年にリリースされた山弦の17年ぶりのアルバム。コロナ禍の最中にオーディオファイルのやり取りをしながら録音。キース・ジャレット、マドンナ、「花はどこへ行った」など多彩なカヴァーを収録。

＊73『JOY RIDE』 山弦の1998年のデビュー・アルバム。技巧を駆使しつつ、歌心溢れるオリジナル・ギター・インストゥルメンタル集。

＊74「あなたを思うと」 山弦の『JOY RIDE』に収録された「祇園の恋（GION）」に大貫妙子が歌詞をつけて歌い、大貫妙子&山弦として2001年にリリース。大貫のアルバム『note』にも収録された。

妙子&山弦としてリリースされたのも2001年でした。

ひろし　ター坊には僕もいろんなことを教えていただきましたよ。

さはし　浩さんは大貫さんと仲良しですもんね。僕らも、「大貫妙子さんが俺たちの曲に歌詞つけてくれるなんて夢のようだね」って。今日は僕のそんな夢のような話ばかり（笑）。

M あなたを思うと／大貫妙子&山弦

ひろし　ター坊とは井の頭公園からガラパゴスまで一緒に行きましたよ。あの方と話していると頭のなかがすーっと整理されるんです。本当の都会人だから。

さはし　あと、すごく男気がありますよね。昨年のコロナ禍でいろんな予定が飛んじゃったとき、最初に声をかけてくれたのも大貫さんでした。「客席は半分でもコンサートやるわよ！」って、八ヶ岳音楽堂で大貫妙子さんと山弦の3人でアコースティック・ライブが実現したんです。それがきっかけで、山弦の復活につながっていったんですよ。

ひろし　『音響ハウス Melody-Go-Round』の主題歌でも歌詞を書いてもらっていたよね。

さはし　あのときもお世話になりました。大貫さんは無理難題をお願いしても、「えっー、そんなこと私は無理よ！」と言いながら、絶対やってくれるんですよね（笑）。仕事人としてもすごく頼りになる方です。

ひろし　俺なんか何度怒られたかわからないよ（笑）。

さはし　俺も、です（笑）。

PART
8

さはしひろしと夏の名曲と

夏になると聴きたくなるJ・ウォルシュ

『ロスからの蒼い風』/ジョー・ウォルシュ

さはし　Tシャツにビーサンで過ごせる季節になってきましたね。今日は海辺で波の音をバックに聴きたくなるような音楽を聴きましょうよ。

ひろし　金持ちの友だちの別荘で聴きたくなるようなのを佐橋くん、頼むよ。

さはし　はい（笑）。昔は夏に旅先に持って行くテープをつくったりしましたけど、僕が夏になると必ず聴いちゃうのは、**ジョー・ウォルシュ**＊1。

ひろし　おっと、イーグルス！

さはし　彼は元々ジェイムス・ギャングというバンドにいて、その後はソロでも活躍して、イーグルスに加入するんですが、そのジョー・ウォルシュが78年に発表したアルバムが『But Seriously, Folks…』、邦題がなぜか**『ロスからの蒼い風』**＊2。

ひろし　英語のタイトルと見事に関係ない邦題だね（笑）。でも、まぁ、ジャケットを見るとわからなくもない。

さはし　アルバムのムードは表していますよね。このアルバムにもイーグルス人脈が参加していて、プロデューサーも『ホテル・カリフォルニア』と同じ**ビル・シムジク**＊3。

ひろし　「ホテル・カリフォルニア」のライブ映像で観た、頭にバンダナ巻いたジョー・ウォルシュはカッコよかったな。今日は佐橋くんもイーグルスのTシャツじゃない。

さはし　『Their Greatest Hits 1971-1975』のTシャツ着てきちゃいました。沖縄の北谷に

＊1 ジョー・ウォルシュ
1947年生まれ。69年に、ハードロック・バンド、ジェイムス・ギャングでデビュー。72年からはソロとして活躍していたが、75年に以前から交流のあったイーグルスに加入。「ホテル・カリフォルニア」でのドン・フェルダーとのギター・ソロの掛け合いは、ロック・ギター史に残る名演と言われている。

＊2 『ロスからの蒼い風』
ジョー・ウォルシュが1978年に発表した5作目のソロ・アルバム。イーグルスのメンバーも参加。

＊3 ビル・シムジク
1943年生まれ。イーグルスの「オン・ザ・ボーダー」以降のアルバムを手がけたプロデューサー／エンジニア。

＊4 ドアーズ
ロサンゼルスのUCLA映画科の学生だったジム・モリソンとレイ・マンザレクを中心に結成され、1967年にデビュー。「ハートに火をつけて」「ハロー・アイ・ラヴ・ユー」など

レアもののTシャツ売っている店があって、ツアー先で買ったんですよ。そしたら、翌日、僕のUGUISS時代からの仲間でキーボードの柴田俊文さんもまったく同じものを着ていて、ちょっと恥ずかしかった（笑）。

M Over And Over／Joe Walsh

ひろし　これ、プール・ジャケだね。ジョー・ウォルシュはプカプカしてるけど（笑）。

さはし　そう。プール・ジャケといえば、オリビア・ニュートン＝ジョン（『水のなかの妖精』）！　プールに行くと、よくあのジャケの真似してたなぁ（笑）。

ひろし　オリビア・ニュートン＝ジョンごっこしてたんだ！（笑）。

さはし　バカですよねー（笑）。でも、このアルバムは、ギターを弾く人は絶対聴いたほうがいいですよ。ギターのアイデアの宝庫！

ひろし　佐橋くんの選曲は抜群だね。夏の歌というテーマでこんな曲、他ではかからないよ。いま、聴いても十分カッコイイね。

二人の作家が夢中になったドアーズ

さはし　浩さんは、夏に聴きたいロックってあります？

ひろし　兄貴分の村上龍さんや村上春樹さんの影響もあるんだけど、**ドアーズ**＊4かな。あの人たちの青春時代はベトナム戦争もあったりして、必ずしも明るくはない。60年代のクレイジーでぶっ飛んだ雰囲気がとんでもなくて、それを体現していたのが**ジム・モリソン**＊5率いるドアーズだった。

さはし　村上龍さんの『限りなく透明に近いブルー』にもドアーズは出てきましたよね。

ひろし　うん。村上春樹さんも大学がロックアウトされた憂鬱な夏、ラジオから流れてきたのが、ドアーズの**「ムーンライト・ドライブ」**＊6だったんだって。恋人と一緒に月が照らす夜の海を泳ぐ幻想的な歌詞なんだよ。

の大ヒットを生み、文学的で難解な歌詞とサイケデリックなサウンドはセンセーションを引き起こした。5年間で6作のアルバムを発表。71年のジム・モリソンの死後も人気は衰えず、伝説のバンドとして語り継がれている。

＊5 ジム・モリソン
1943年生まれ。ドアーズのヴォーカリスト、詩人。アルチュール・ランボーやニーチェなどの詩や哲学に影響を受けた詩作でドアーズの世界観を決定づける一方、不道徳とされたステージ・パフォーマンスや言動、ドラッグの依存などで度々問題を起こし、71年にパリで死亡。ジャニス・ジョプリン、ジミ・ヘンドリックスに続くロックスターの悲劇と言われた。

＊6「ムーンライト・ドライブ」
ドアーズの1967年のセカンド・アルバム『まぼろしの世界』に収録。ジム・モリソンが初めてレイ・マンザレクに聞かせ、バンド結成のきっかけになった曲とも言われている。

さはし　じゃ、これもプカプカだ（笑）。聴いちゃいます？　**西岡恭蔵**＊7さん。
ひろし　あっちは煙草の「プカプカ」（笑）。「ムーンライト・ドライブ」には春樹さんと龍さんによる訳詞がある。

月まで泳いでいこう。
uh huh huh
潮を遡《さかのぼ》っていくんだ。
都市《まち》が身を隠して眠っている
夜を突き抜けよう。
（『村上ソングス』村上春樹　和田誠より）

潮風も季節も時も越えて
紫の夕暮れの中
都市が眠りにつく頃
夜と海が混じり合う
俺達だけの月へと泳いで行こう
（『水晶の扉（ドア）の向こうへ―ロック・オリジナル訳詞集1』村上龍・訳より）

さはし　やっぱり、自分のなかにあるイメージを言葉にできる人は違いますね。
ひろし　ジム・モリソンはそれだけの才能の持ち主だったってことだね。27歳で亡くなって、パリのペール・ラシェーズ墓地に埋葬されている。
さはし　時代のアイコンであり、セックス・シンボルでもありましたね。
ひろし　UCLA（カリフォルニア大学ロサンゼルス校）の映画学科で**フランシス・フォード・コッポラ**＊8と同級生だった。それで**『地獄の黙示録』**＊9にドアーズの**「ジ・エンド」**＊10が使われる流れになるんだ。
さはし　なるほど。LAを代表するバンドはドアーズだろ、というロックファンも実はけっこういますからね。
ひろし　そのジム・モリソンが亡くなって50年。今でも若い世代に聴き継がれている。ロックは永遠だよ。

＊7 西岡恭蔵
1948年生まれ。シンガー・ソングライター。代表作「プカプカ（赤い屋根の女の子に）」は、ジャズ・シンガーの安田南に捧げられた曲と言われている。

＊8 フランシス・フォード・コッポラ
1939年生まれ。映画監督、プロデューサー、脚本家。代表作は『ゴッドファーザー』、『ゴッドファーザー PART Ⅱ』、『地獄の黙示録』など。ジム・モリソンと同じく、カリフォルニア大学ロサンゼルス校（UCLA）出身。

＊9 『地獄の黙示録』
1979年公開。ジョゼフ・コンラッドの小説『闇の奥』を原作に、泥沼化するベトナム戦争を描いたフランシス・フォード・コッポラ監督の大作。

＊10 「ジ・エンド」
1967年のドアーズのデビュー作『ハートに火をつけて』に収録された10分に及ぶ大作。ギリシャ神話のエディプス王の逸話を元にした歌詞は様々な議

さはし　ドアーズのメンバーにはベースがいないんですよ。キーボードのレイ・マンザレクが、左手でローズ・ピアノベースを弾いているんです。ギターのロビー・クリーガーも元々スパニッシュ・ギターをやっていた人で、そんなちょっと変わったアプローチがバンドの特色になって独自のサウンドをクリエイトしていましたね。

ひろし　ジム・モリソンは詩人でもあったから、歌詞の世界も奥が深いんだよね。**ウィリアム・S・バロウズ**＊11やジャック・ケルアックの影響もあって、詩集も出している。

さはし　ドアーズというバンド名も『**知覚の扉**』＊12という本に由来しているんですよね。あれ？　俺、意外ともの知り？

ひろし　佐橋くん、山下達郎さんの「サンソン」に対抗意識を燃やしてる？（笑）。

さはし　やめてくださいよ（笑）。あちらは今年で29周年ですよ。僕らなんてひよっこですって！

『まぼろしの世界』／ドアーズ

カセットテープが伸びてしまった夏

さはし　僕の大好きなジェームス・テイラーにも「Summer's Here」というちょっとボサノヴァっぽい曲があるんですよ。この曲が収録されている『**ダディーズ・スマイル**』＊13は、**J．D．サウザー**＊14とのデュエットで「Her Town Too」がヒットしました。

ひろし　はい。邦題「憶い出の町」。

さはし　そう。このあと、JTはブラジルの

論を呼び、映画『地獄の黙示録』で使用された。

＊11 ウィリアム・S・バロウズ
1914年生まれ。ビート・ジェネレーションを代表する作家の一人。代表作は『裸のランチ』。文章をバラバラに刻んでランダムに繋げる「カットアップ」という実験的な手法を生んだ。

＊12『知覚の扉』
1954年発行の小説家・思想家オルダス・ハクスレーの幻覚剤によるサイケデリック体験の手記。

＊13『ダディーズ・スマイル』
1981年のジェームス・テイラーのアルバム。「憶い出の町」は、JT、J．D．サウザーとギタリストのワディ・ワクテルとの共作。

＊14 J．D．サウザー
1945年生まれ。デトロイト出身。70年代からシンガー・ソングライターとして活躍し、イーグルスと「我が愛の至上」、「ニュー・キッド・イン・タウン」などを共作。リンダ・ロンシュ

アーティストと接近していくんですが、その萌芽が見える曲なんですよ。

M Summer's Here／James Taylor

ひろし　細野晴臣さんはこのJTの声色が好きだったらしいね。

さはし　自分の低い声が歌には向いてないと細野さん自身は感じていたらしいですが、JTが登場して、これでいいんだと思ったって小耳に挟みました。

ひろし　なるほどね。夏はやっぱりこういう曲がいいね。

さはし　思えば、その昔は、夏に聴きたい音楽をカセットに録音して、ラジカセかついでビーチにくりだしていたんですよね。

ひろし　クルマにたくさんカセット積んでね。ビーチ行くのに荷物が大変だったよ。暑さでテープが伸びちゃったりしてさ。

さはし　そうそう（笑）。あの頃は、スマホも、USBも、Bluetoothもなかったから。

「ブルー・ライト・ヨコハマ」の影響力

さはし　アメリカ産の夏の名曲を聴きましたが、浩さんは日本の夏っぽい曲で聴きたくなるものってあります？

ひろし　夏休みは童心にかえりたいから、小学生の頃を思い出す曲がいいかな。歌謡曲なんだけど、小林麻美さんの評伝『**小林麻美　第二幕**』＊15のインタビューで印象に残っている、いしだあゆみさんの「ブルー・ライト・ヨコハマ」が聴きたいね。

さはし　筒美京平先生の初期の大ヒット曲。

ひろし　作詞の橋本淳さんによれば、横浜の港の見える丘公園からの眺めがカンヌに似ていたそうだよ。今ではすっかりご当地ソングになり、横浜といえば「**赤い靴**」＊16じゃなくて、「ブルー・ライト・ヨコハマ」だって。

さはし　でしょうね。浩さん、そういえば、東横線に乗って横浜に近づいていくと、なん

タットにも多くの曲を提供。79年には「ユア・オンリー・ロンリー」が日米で大ヒットした。

＊15『小林麻美　第二幕』　女優・歌手として活躍し、時代のミューズとなりながら、91年に引退した小林麻美の評伝。『AERA』に掲載された「第二幕—小林麻美とその時代」に本人のインタビューを重ね、大幅加筆して書籍化。著者は延江浩。朝日新聞出版・刊。

＊16「赤い靴」　1922年に、野口雨情・作詞、本居長世・作曲で発表された童謡。横浜・山下公園に『赤い靴はいてた女の子の像』がある。

となく女の子が可愛くなっていくような気がしたことありません？

ひろし　ある（笑）。でも、それってリゾート地の恋みたいなものかな？　いつもと違う異空間で会うと輝いて見える的な？（笑）。

M ブルー・ライト・ヨコハマ／いしだあゆみ

さはし　この曲が流行ったのは僕が小学校2年生のときだ。この色っぽい歌に合わせて小学生低学年が歌っていたんですね（笑）。

ひろし　当時で150万枚はとんでもない大ヒットだからね。筒美京平さん、スゴいよ。

シュガー・ベイブと同期だった愛奴

さはし　僕は邦楽で思い出深い夏の歌といえば、**愛奴**＊17ですよ。

ひろし　愛奴！　**浜田省吾**＊18さんがいたというバンドだよね？

さはし　そうです。ラジオで吉田拓郎さんのバックバンドがデビューすると紹介されて、僕が初めて聴いた曲が愛奴のデビュー曲**「二人の夏」**＊19だったんです。これがビーチ・ボーイズみたいで驚いちゃって。

ひろし　これは何年のリリースなの？

さはし　1975年ですから、シュガー・ベイブと同期なんです。どちらも洋楽テイストの強いポップ・ミュージックと目されて、当時は比べられたこともあったそうですよ。山下達郎さんもこの曲が大好きで、ライブでもカヴァーされています。

ひろし　はいはい。あの曲ね。

さはし　1998年に福岡で山下達郎さん、浜田省吾さん、スターダストレビューが出演するイベントがあったんです。たしか福岡の有名なラジオのディレクターの還暦祝いのイベントでした。そのとき、「二人の夏」も披露されたんですが、浜田さんは愛奴ではドラムと歌だったんですよ。なので、そのライブでは浜田さんと、達郎さんのバンドの当時の

＊17 愛奴
広島出身のメンバーにより、1972年に結成され、吉田拓郎のバックバンドを務めた後、75年にシングル「二人の夏」、アルバム『愛奴』でデビュー。ドラムとヴォーカルの浜田省吾は75年に脱退。76年に解散。

＊18 浜田省吾
1952年生まれ。広島県出身。愛奴のメンバーとしてデビューの後、76年にソロ・アーティストとしてデビュー。86年、デビュー10年目にして『J.BOY』が初のアルバム・チャート第1位となり、92年にはテレビドラマ『愛という名のもとに』の主題歌「悲しみは雪のように」が大ヒットした。十代の時は岩国基地のFENでビーチ・ボーイズやヤング・ラスカルズなどを好んで聴いていた。

＊19 「二人の夏」
1975年に発売された愛奴のデビュー・シングル。作詞・作曲は浜田省吾。浜田自身も87年にセルフカヴァーし、『CLUB SURFBOUND』に収録。山下達郎のカヴァー「二人の夏（'94

ドラマーの**青山純**さんとツイン・ドラムで演奏したんです。

ひろし　それは観たかったな。

さはし　その後、浜田さんはソロ・デビューされて、愛奴の元メンバーの町支寛二さんは浜田さんのバンドのリーダーに、高橋信彦さんは浜田さんの事務所の社長にと、いまだに仲良く一緒にお仕事されています。

M 二人の夏／愛奴

ひろし　これはファルセットで歌っているのがいいね。

さはし　そこもシュガー・ベイブと共通していたんですよ。当時は男性歌手が裏声で歌うなんてと、ちょっとバカにされていたって達郎さんもよく言っていますよね。この「二人の夏」には元ネタがあるんです。間奏がビーチ・ボーイズの「Summer Means New Love」*20の完璧なオマージュになっていて、達郎さんは聴いた瞬間にわかって、「これは確信犯だ！」とシンパシーを持ったみたいです。

ひろし　ルーツが似ていたってことだね。

さはし　そう。だからこの曲を達郎さんのライブで演奏するときは、元ネタのビーチ・ボーイズの完コピを弾かされております（笑）。達郎さんによると「それが浜田省吾さんへのリスペクトになるんだ」ってことで。

湘南カルチャーが生んだミュージシャン

ひろし　俺は日本の夏ソングっていうと、**加山雄三**＊21さんを思い出す。桑田佳祐さんが監督した『**稲村ジェーン**』＊22が30周年でBlu-ray化されたので、その雰囲気を味わいたくて久しぶりに観たんだよ。物語の舞台設定が1965年だし、父の同僚が茅ヶ崎で、夏休みを何日もそこで過ごしたりして。桑田さんと同じ茅ヶ崎出身の加山雄三さんは、エレキ・ブームのパイオニアでもあり、その頃

Live Version)」は、『Ray Of Hope』初回限定盤のボーナスCD『Joy 1.5』に収録。

＊20 「Summer Means New Love」 ビーチ・ボーイズの1965年のアルバム『サマー・デイズ』収録されたインストゥルメンタル・ナンバー。

＊21 加山雄三 1937年生まれ。神奈川県茅ヶ崎市出身。60年の映画デビュー以降、現在まで活躍する俳優、シンガー・ソングライター。

＊22 『稲村ジェーン』 1965年の鎌倉市稲村ヶ崎を舞台に、サーファーの若者のひと夏の経験を描いた桑田佳祐の監督・音楽による90年公開の映画。主題歌は、サザンオールスターズの「真夏の果実」。

の若者文化の真ん中にいた人だと思う。

さはし　お二人とも湘南シーン、カルチャーの立役者ですもんね。

ひろし　その前の50年代には、この前亡くなった石原慎太郎さんの小説『**太陽の季節**』*23から生まれた「太陽族」とか、湘南からは独自の夏の風俗が生まれた。

さはし　そこにはアメリカ文化への強い憧れがあったんでしょうね。

ひろし　50年代から60年代半ばくらいまでは、ビーチ、女の子、バミューダみたいなビーチ・ボーイズ的な夏の風俗が湘南にもあったんだよね。俺も先輩たちの真似をしてヨットに乗ったなぁ。

さはし　第一次サーフィン・ブームともリンクしていたんですよね？

ひろし　そう。ロングボードの時代。『**若大将シリーズ**』*24とか、政治的なメッセージとか一切ないんだけど、健康的で楽観的な当時の雰囲気がよくわかるんだ。

さはし　ここで、手前味噌ですが、山弦の「MUNCH」シリーズというカヴァー集で、はっぴいえんどの「夏なんです」を取りあげているんで、聴いてもらえませんか？「この頃のはっぴいえんどは、CS&NやCSN&Yの影響もあったよね」とオグちゃんと盛り上がって、最終的には「歌のないCSN&Y」になりました。このカヴァーは細野さんも気に入ってくださって、トリビュート・アルバム（『細野晴臣 STRANGE SONG BOOK-Tribute to Haruomi Hosono 2-』）にも収録されています。

M 夏なんです／山弦

AORに先駆けたニック・デカロの名盤

ひろし　潮風に吹かれて、俺たち、元・陸サーファーが聴きたい洋楽といえば、やっぱりA

＊23『太陽の季節』
1955年に発表され、芥川賞を受賞した石原慎太郎のベストセラー小説。56年には映画化され、慎太郎の実弟の石原裕次郎がデビュー。夏の海辺で遊興する若者は「太陽族」と呼ばれた。

＊24『若大将シリーズ』
1961年から71年まで東宝が製作した加山雄三主演の映画シリーズ。『エレキの若大将』の挿入歌「君といつまでも」は大ヒットとなり、エレキ・ブームと加山雄三ブームを生みだした。

ORじゃないの？　アダルト・オリエンテッド・ロック。

さはし　アダルト・オリエンテッド・ロックっていう言い方は日本のレコード会社が付けたみたいですね。アメリカでは、AORはアルバム・オリエンテッド・ロック。要するに音楽性をシングルで判断するのではなく、アルバムで聴いてくれ、というスタイルの音楽をそう呼んだみたいです。

ひろし　今のサブスクとは逆だね。

さはし　たしかに。パソコンにダウンロードすると、曲順がおかしなことになったりするじゃないですか。あれ、困りますよね。

ひろし　アルバム文化というものが変質してしまうよね。細野晴臣さんは、アルバムにカヴァーが入っていると、その人のルーツがわかるのがいいって言っていたね。そういう意味でもアルバムは大事だよ。

さはし　そうですね。僕もシングルはあくまでも入口という世代なので。今夜は**ニック・デカロ***25からいきましょう。アレンジャーとして60年代から活躍している人で、大プロデューサーの**トミー・リピューマ***26とクリーヴランドで同郷なんです。名前からしてイタロ・アメリカン系ですね。彼は数々の名曲のオーケストラ・アレンジでも有名ですが、実は素晴らしいアコーディオン弾きでもある。ほら、オリーブオイルの匂いがしてきたでしょ？（笑）。

ひろし　ましてや、この口ひげ（笑）。

さはし　そのニックさんが自分でヴォーカルをとったソロ・アルバムが、その名も『**イタリアン・グラフィティ**』*27。

ひろし　『アメリカン・グラフィティ』じゃなくて？

さはし　イタリアンなんですよ（笑）。これはAORの元祖とも言われているアルバムですね。では、**スティーヴン・ビショップ***28の曲が初めて公で取りあげられたんじゃないかという「Under The Jamaican Moon」を。

***25 ニック・デカロ**　1938年生まれ。オハイオ州クリーヴランド出身。60年代からプロデューサーのトミー・リピューマ、レニー・ワロンカーと組んで、ハーパース・ビザール、ロジャー・ニコルズ&ザ・スモール・サークル・オブ・フレンズ、マイケル・フランクスなどのアルバムに主にアレンジャーとして参加。

***26 トミー・リピューマ**　1936年生まれ。60年代からA&M、ブルー・サム、ワーナー・ブラザーズでプロデューサーとして活躍。ジャズ、ロック、ソウルと幅広いジャンルで多くのアルバムを手がけた。エンジニアのアル・シュミット、アレンジャーのニック・デカロとの仕事も多い。

***27『イタリアン・グラフィティ』**　ニック・デカロが1974年に発表したソロ・アルバム。盟友トミー・リピューマが設立したブルー・サムからリリースされ、AORに先駆けた名盤として名高い。

M Under The Jamaican Moon／Nick DeCaro

『イタリアン・グラフィティ』／ニック・デカロ

「弘法筆を選ばず」のギタリスト

さはし　この曲でギターを弾いているのは、**デヴィッド・T・ウォーカー**＊29なんですよ。このアルバムは、「デヴィッド・Tのギターがふんだんに聴けるアルバム」だと教えてもらって買ったんです。僕も随分コピーしました。

ひろし　おっと、置きギターが出てきたね。

さはし　（ギターを弾きつつ）こういうオブリガートを入れていくスタイルを確立したのがデヴィッド・T・ウォーカーですね。何年か前に「ビルボードライブ東京」でライブを観たんですが、ニコニコしながらステージに登場して、ギターのシールドをアンプにバシッと挿すだけ。余計な機材いっさいナシ！

ひろし　弘法筆を選ばず、だ。

さはし　それです！

ひろし　「Under The Jamaican Moon」っていうタイトルもイイオンナが出てきそうな気配があるね。

さはし　これはブルー・サム・レコードから出たアルバムで、ジャズ／フュージョン系の名手が参加しているので、すごく洗練されているんですよ。ニック・デカロはのちに山下達郎さんの曲をカヴァーしたアルバム『**ラブ・ストーム**』＊30も出していますね。

ひろし　こういうクルマの中で夏の夜に聴きたくなるような曲、もっとない？

さはし　では、この曲の歌詞を書いたラス・カンケルの元奥さん、**リア・カンケル**＊31の

＊28 スティーヴン・ビショップ
1951年生まれ。カリフォルニア州出身のシンガー・ソングライター。76年『Careless』でデビュー。ソングライターとしてもアート・ガーファンクルのアルバムや映画の主題歌などで活躍。

＊29 デヴィッド・T・ウォーカー
1941年生まれ。ジャクソン5、マーヴィン・ゲイ、スティーヴィー・ワンダーなどのモータウン勢、キャロル・キング、マリーナ・ショウ、クルセイダーズなどアーティストのバッキングで知られるギタリスト。90年代からはDREAMS COME TRUEとのセッションや単独ライブなどで度々来日。

＊30『ラブ・ストーム』
ニック・デカロが1990年にリリースしたソロ・アルバム。9曲中7曲が山下達郎のカヴァーで構成され、デヴィッド・T・ウォーカーも参加。

ヴァージョンと聴きくらべてみませんか？

M Under The Jamaican Moon／Leah Kunkel

さはし　同じ曲でも女性ヴォーカルだと色っぽくなりますね。こちらは歌を際立たせるシンプルなアレンジ。僕はこういう曲を聴くと、**大橋純子**＊32さんを思い出しますね。あの頃のお洒落なポップスを彷彿させる。

ひろし　大橋純子さんといえば、美乃家セントラル・ステイション。筒美京平さんのトリビュート・コンサートにも大橋さんは出演されていましたが、いまだに歌唱力は圧倒的でした。

熱帯夜に聴くジャニスの「サマータイム」

さはし　浩さんは、夏に聴きたい洋楽ってどんな感じですか？

ひろし　俺はドアーズに続いて、**ジャニス・ジョプリン**＊33。ジム・モリソンと同じく27歳の若さで亡くなったけど、彼女の魂から絞り出すような「サマータイム」の熱唱を熱帯夜に聴きたいね。

さはし　僕はジャニスはアルバムより先に、フィルム・コンサートでライブ映像を観たんですよ。ジャニスの歌に二の句が継げないというか、圧倒されちゃって……。

ひろし　「びっくりしたなぁ、もう」？（笑）。

さはし　出ました、昭和ギャグ（笑）。

ひろし　ジャニスはビッグ・ブラザー&ザ・ホールディング・カンパニーにいたんだけど、ザ・ホールディング・カンパニーというバンド名は持株会社を連想させて、人間性のない大きなシステムに対するヒッピー世代の反骨精神を象徴しているんじゃないかと思う。

さはし　「サマータイム」は**『チープ・スリル』**＊34の収録曲で、**ガーシュイン**＊35作ですね。ジャニスはブルースやフォークに影響されて、テキサスからサイケデリックの聖地・サンフランシスコに出て来た。

＊31 リア・カンケル
1948年生まれ。79年のソロ『Leah Kunkel』は、当時の夫、ラス・カンケルがプロデュースし、セクションのメンバーが参加。キャス・エリオットの妹でもある。

＊32 大橋純子
「シンプル・ラブ」、「たそがれマイ・ラブ」、「シルエット・ロマンス」の大ヒットと抜群の歌唱力で70年代から活躍するシンガー。バックバンドとして結成された美乃家セントラル・ステイションには、後に一風堂を結成する土屋昌巳が在籍した。

＊33 ジャニス・ジョプリン
1943年生まれ。テキサス州出身。67年にビッグ・ブラザー&ザ・ホールディング・カンパニーでデビュー。モントレー・ポップ・フェスティバルで注目され、『チープ・スリル』以降、ロック・シンガーとして評価が高まるが、薬物やアルコールの問題を抱え、70年に他界。

ひろし　彼女は少女時代からイジメや容姿のコンプレックスで疎外感と孤独にさいなまれていた。その孤独感からドラッグと酒に溺れていくんだけど。

さはし　**ビリー・ホリデイ**＊36と生き方が重なりますよね。

ひろし　ジャニスの遺作になってしまった『**パール**』＊37は、彼女の愛称から付けられたんだよね。佐橋くん、ジャニス、聴こうよ。

M Summertime／Big Brother & The Holding Company

『チープ・スリル』／ジャニス・ジョプリン

若い世代に継承される「ジャニスの祈り」

ひろし　ずっと前、ラジオドラマでこの曲を使ったことがあるけど、ジャニスの歌に引き込まれて、役者のセリフが飛んじゃった。

さはし　それくらい強烈な歌ですよね。それにこの止まりそうな遅いテンポって難しいんですよ。僕がデビューしたUGUISSは、女性ヴォーカルのバンドだったので、どんな風にやったら女性ヴォーカルのロックが成立するのか、ジャニスの研究はしましたね。

ひろし　日本の女性ロック・シンガーも金子マリさんだけでなく、ジャニスは避けて通れなかったんじゃない？

さはし　世界中にいたはずですよ。「英国のジャニス」と言われた**マギー・ベル**＊38とかフォロワーもたくさんいた。ジャニスをモデ

＊34 **『チープ・スリル』** ビッグ・ブラザー&ザ・ホールディング・カンパニー名義で発表された1968年のアルバム。元々予定されていたタイトルは、『SEX,DOPE & CHEAP THRILLS』だった。

＊35 **ガーシュイン** ジョージ・ガーシュウイン。1898年生まれのアメリカの作曲家。「サマータイム」はガーシュウインが35年にオペラ『ポーギーとベス』のために作曲。ビリー・ホリデイが歌って以来、ジャズのスタンダード・ナンバーとしても知られている。

＊36 **ビリー・ホリデイ** 1915年生まれのジャズ・ヴォーカリスト。アメリカ南部の人種差別の惨状を歌った「奇妙な果実」で知られる。薬物、アルコール依存症と闘い続け、ジャニス・ジョプリンなど多くのミュージシャンに影響を与えた。

ルにした映画『ローズ』＊39も再評価につながりましたね。

ひろし　最近だと、GLIM SPANKY＊40の松尾レミさんの声もジャニスっぽくない？

さはし　クルマのCMで流れた、彼女が歌った「Move Over」（「ジャニスの祈り」）のカヴァーはびっくりしましたよ。僕も共演したことがありますが、とっても真面目で、とっても素直にクラシック・ロックを愛している二人です。

ひろし　あの若さ、年代では珍しいよね。でも、こうして若い世代に継承されていくのはうれしいね。

さはしひろしの妄想〝JIJI ROCK FES〟

さはし　浩さん、この時期は、例年なら夏フェスですよ。今年も厳しい状況になっちゃいましたけど。

ひろし　早くコロナが明けて夏フェスに行きたいもんだね。

さはし　北海道・石狩で毎年開催されている「RISING SUN ROCK FESTIVAL」は、主催者のホスピタリティが素晴らしいことで僕たちミュージシャンにも人気で、そのバックステージにあるジンギスカンのBBQが最高！　もちろん食べ放題、飲み放題で、出番前からできあがってるヤツもいて（笑）。

ひろし　夏フェスは非日常で音楽を楽しむのが醍醐味だからね。ロックフェスがないのは寂しいよ。若い子も、俺たちジジイも。

さはし　こうなったら、妄想で疑似ロックフェスやっちゃいます？　ジジロックでもいいですけど（笑）。

ひろし　いいね！　〝JIJI ROCK FES〟（笑）。

さはし　「フジロック」や「サマーソニック」は海外からのアーティストを招聘して、ニール・ヤングのようなビッグネームも来たじゃないですか？　でも、実は一度も来日したことがないミュージシャンってけっこういるんですよね。

＊37『パール』
ジャニス・ジョプリンの死後、1971年に発表。「生きながらブルースに葬られ」はインスト、「ベンツが欲しい」はアカペラの仮録音のまま収録された。

＊38 マギー・ベル
1945年生まれ。「英国のジャニス」の異名を持つヴォーカリスト。70年にストーン・ザ・クロウズでデビュー。74年にスティーヴ・ガッド、コーネル・デュプリーらが参加したソロ・アルバム『クイーン・オブ・ザ・ナイト』を発表。

＊39『ローズ』
ジャニス・ジョプリンがモデルとなった1979年のアメリカ映画。主演はベット・ミドラー。

＊40 GLIM SPANKY
90年代生まれのヴォーカルの松尾レミと、ギターの亀本寛貴からなるロック・ユニット。2014年のデビュー以降、60〜70年代のロックやブルースを基調に活躍を続けている。

ひろし　前にここで1971年が来日ラッシュだったって話で盛り上がったよね。日本の景気に比例するように来日するミュージシャンは増えた気がするけど。

さはし　でも、たとえば**ヴァン・モリソン***41。北アイルランド出身で、ゼムでデビューしたあとはルーツに根差した素晴らしいソロ・アルバムを発表していて、いまだに現役ですが、一度も来日していない。

ひろし　そうだっけ？　でも、なんで？

さはし　都市伝説かもしれないんですけど、家族に第二次世界大戦で日本に痛い目に遭った人がいるという噂があって、なおかつ大の飛行機嫌い。それで来日がかなわないらしい。

ひろし　彼こそ、アルバム・アーティストでしょ。

さはし　まさしくそうですね。僕が好きなアルバムは『ムーンダンス』。**ジェシ・エド・デイヴィス***42など数多くのアーティストにカヴァーされた名バラード「クレイジー・ラヴ」を聴きましょうよ。

ひろし　**リタ・クーリッジ***43も歌っているよね。彼女の「クレイジー・ラヴ」も芳醇な赤ワインのような味わいがあった。

M Crazy Love／Van Morrison

大物メンバーに関わったジェフ・リン

さはし　あんなに盛り上がったのに、なんで来日してくれなかったのかなと僕が思うのが、**トラヴェリング・ウィルベリーズ***44。覆面バンドという設定でしたけど、メンバーが、ボブ・ディラン、**ロイ・オービソン***45、ジョージ・ハリスン、トム・ペティ、**ジェフ・リン***46ですよ！　これは観たいでしょ？

ひろし　僕はメンバーが豪華すぎるのと、企画性が強すぎるような気がして……。

さはし　このスーパーなメンバーの作品に関わっていたのがジェフ・リンでした。

＊41 ヴァン・モリソン　1945年生まれ。北アイルランド出身。64年にゼムを結成し、「グロリア」がヒット。ソロに転じて以降は、『アストラル・ウィークス』、『ムーンダンス』、『テュペロ・ハニー』などのアルバムを精力的にリリース。ソウル、ジャズ、フォーク、ケルト音楽を取り入れた音楽性とソウルフルな歌唱で長年にわたり、活動。コロナ禍の20年には反ロックダウンのチャリティ・シングルを発表した。

＊42 ジェシ・エド・デイヴィス　1944年生まれ。ネイティヴ・アメリカンのギタリスト、シンガー。70年代に「クレイジー・ラヴ」が収録された『ジェシ・デイヴィスの世界』、Dr.ジョンらが参加した『ウルル』を発表。ギタリストとしてもレオン・ラッセル、ジョン・レノンなど多くの作品に参加し、71年の『バングラデシュ・コンサート』にも出演した。

＊43 リタ・クーリッジ　1945年生まれ。69年にデラニー＆ボニーのツアーに帯同。

ひろし　ジェフ・リンってさ、なんか風貌からして胡散臭くない？（笑）。

さはし　それ、**エレクトリック・ライト・オーケストラ**＊47時代のスペイシーな頃のイメージじゃないですか？（笑）。

ひろし　ジョージ・ハリソンの追悼コンサート**「コンサート・フォー・ジョージ」**＊48のジェフ・リンが俺にはなんかそう見えちゃったんだよね（笑）。

さはし　わからなくもないけど、ドラムは名手**ジム・ケルトナー**＊49だし、僕はこのスーパー・グループのライブは観てみたかった。

M Handle With Care／Traveling Wilburys

さはし　いい演奏だなぁ。ロイ・オービソンのファルセットが夏のＢＢＱなんかで聴くにはぴったりじゃないですか。

ひろし　ＢＢＱはいいんだけど、魚卵には気をつけなきゃ。一度、痛風になっちゃってさ。心臓の鼓動が響くのでさえ痛かったよ。

さはし　ギョラン・ギョランですか？（笑）。

ひろし　俺たち、「ハングリー・ライク・ザ・ウルフ」？（笑）。

来日がかなわなかったソウルの女王

さはし　もう一人、来日したことがない大物といえば、**アレサ・フランクリン**＊50。

ひろし　〝クイーン・オブ・ソウル〟！

さはし　『アメイジング・グレイス／アレサ・フランクリン』は、ライブ・ドキュメンタリーとしても圧巻でした。

ひろし　アレサはゴスペルがルーツにあるんだよね。

さはし　お父さんが牧師さん、お母さんがゴスペル・シンガーですからね。アレサも飛行機嫌いで、一度も来日しなかった。あと、海外では大スターだけど、日本ではそうでもないという人は、ギャラの釣り合いがとれないから呼べないという場合もありますね。

ジョー・コッカーのツアーで歌ったレオン・ラッセル作の「スーパースター」で注目され、71年にデビュー。70年代後半以降は、ボズ・スキャッグスのカヴァー「ウィ・アー・オール・アローン」などのヒットを放ち、AOR系シンガーとして活躍。

＊44 トラヴェリング・ウィルベリーズ
実名を伏せ、「ウィルベリー姓の兄弟」という設定の覆面バンドとして1988年に結成。『トラヴェリング・ウィルベリーズ Vol.1』はトリプル・プラチナ・アルバムとなる。ロイ・オービソンの急死により、Vol.2は未発表に終わり、90年にVol.3を発表した。

＊45 ロイ・オービソン
1936年生まれ。伸びやかなファルセットの歌声で、60年代前半から中盤にかけて「ブルー・バイユー」「オンリー・ザ・ロンリー」など多くのヒットを放つ。64年の「オー・プリティ・ウーマン」は、全米・全英チャートで1位を獲得し、82年にヴァン・ヘイレンのカヴァーもヒットした。

ひろし　イベンターも赤字は出せないもんね。

さはし　大スターに「すみません、今日の打ち上げは居酒屋で」というわけにはいかないでしょうし（笑）。

ひろし　飲み放題っていってもね（笑）。

さはし　そうそう（笑）。じゃ、僕がブッたまげた名盤**『アレサ・ライヴ・アット・フィルモア・ウェスト』**＊51からあの名曲を。

M Respect (Live)／Aretha Franklin

夏フェスがつなぐミュージシャンの縁

さはし　僕が山弦で「フジロック」に出たとき、**トミー・ゲレロ**＊52というシンガー・ソングライターも出演していたんです。彼が急にギター・アンプ用のエコー・ユニットを調達してほしいとスタッフに言って、こんな山の中で困ったなと思っていたら、「あっ、今日は山弦で佐橋さんが来てる！」と思い出して、僕の機材を彼に貸してあげましたよ。

ひろし　「フジロック」の舞台裏は大変。あれだけたくさんの出演者がいるから分刻みだって、倉若さんていうSMASHの舞台監督が言っていた。これは友だちから聞いた話だけど、「フジロックをどうしても観たい！　でも、金がない」という学生が、山を越えて会場にこっそり侵入した。それを知ったボスの日高さんは、見咎めずに、「オマエら、エライ！」って入れてあげた。

さはし　あと、夏フェスの楽しみは、普段はなかなか会えないミュージシャンの友だちと一緒に飲んだり、バックステージでいろんな人と出会うことですね。

ひろし　夏フェスが縁で仲良くなった人とかいる？

さはし　**OKAMOTO'S**はそうですね。彼らの評判を聞いて、早めに会場に行ってライブを観て話をしたら、そのあとプロデュースすることになったり。夏フェスは、そんな出会

＊46 ジェフ・リン
1947年生まれ。イングランド出身。70年代から、エレクトリック・ライト・オーケストラで数多くのヒットを生み、80年代以降は、プロデューサーとしてジョージ・ハリスン『クラウド・ナイン』、トム・ペティ『フル・ムーン・フィーヴァー』、ロイ・オービソン『ミステリー・ガール』などを手がけた。

＊47 エレクトリック・ライト・オーケストラ
60年代に活躍したザ・ムーブを母体に、ロイ・ウッド、ジェフ・リンらで結成。70年代中期からはポップスの要素を強め、ロックバンドとオーケストラを融合させたアレンジで「イーヴィル・ウーマン」、「テレフォン・ライン」、映画『ザナドゥ』のサウンドトラックなど数々のビッグヒットを飛ばした。

＊48 「コンサート・フォー・ジョージ」
ジョージ・ハリスンの一周忌2002年にロイヤル・アルバート・ホールで開催された追悼コンサート。ジョージの妻オ

いの場でもある。観客としては、この時間帯はどのステージを観ようかなと迷うのも楽しいですよね。
ひろし でもさ、「フジロック」は天候が荒れるとドロドロで、ベトコン相手に呆然と立ちすくむアメリカ兵みたい気分になる（笑）。
さはし でも、そういうアクシデントさえ、面白がれちゃうところがありますよね。
ひろし そう。回数を重ねると、みんなちゃんと山対応の装備をしてくるようになって、お客さんも成長していったよね。
さはし 浩さん、〝JIJI ROCK FES〟がリアルに実現したら、CANDLE JUNE呼びましょうよ（笑）。
ひろし いいね。フィールド・オブ・ジジイ・ヘブン（笑）。

リビアと息子ダーニによって企画され、エリック・クラプトンが主催。生前のジョージが大ファンだったモンティ・パイソンも登場した。

＊49 ジム・ケルトナー
1942年生まれ。デラニー&ボニーへの参加を経て、70年代は元ビートルズたちのソロ・アルバムに参加。エリック・クラプトン、ボブ・ディラン、ライ・クーダー、トム・ペティ、エルヴィス・コステロなど共演したアーティストは枚挙に暇がないセッション・ドラマー。

＊50 アレサ・フランクリン
1942年生まれ。ゴスペル・ベースの力強い歌声から、〝クイーン・オブ・ソウル〟や〝レディ・ソウル〟の異名を持つ。アトランティック・レコード移籍後、67年、オーティス・レディングのカヴァー「リスペクト」で全米1位を獲得。数々の名曲・名演を残した。

＊51『アレサ・ライヴ・アット・フィルモア・ウェスト』
サンフランシスコのフィルモア・ウェストで1971年に行われたアレサ・フランクリンのライブ・アルバム。バンドはコーネル・デュプリー、ジェリー・ジェモット、バーナード・パーディらを擁するキング・カーティス&ザ・キングピンズ。

＊52 トミー・ゲレロ
1966年生まれ。サンフランシスコ出身。十代からプロ・スケートボーダーとして活躍し、その後、音楽活動を開始。97年にソロ・アルバム・デビュー。以降もマイペースに活動を継続。

PART 9

Happy 60th Party
～おめでとう！ さはしさん

2021年の還暦仲間

ひろし　佐橋くん、ちょっと早いけど、60歳のお誕生日、おめでとう！

さはし　ありがとうございます。

ひろし　佐橋くんが還暦を迎えるなんて信じられないいね。

さはし　自分でもびっくりですよ。僕の誕生日は9月7日なんですが、実は**東京スカパラダイスオーケストラ**のトロンボーン奏者、**北原雅彦**＊1さんと生年月日がまったく同じ！

ひろし　あのドレッドヘアの北原さんと？

さはし　そう。90年代の終わりに、佐野元春さんのツアーでスカパラ・ホーンズと一緒にまわったことがあるんですが、初日にツアー・パンフで出演者のプロフィールを見たら誕生日が一緒だと判明して。

ひろし　俺も調べてきたよ。佐橋くんと同じく2021年に還暦を迎える人たちといえば、コマネチ！（笑）。

さはし　懐かしい（笑）。

ひろし　**三谷幸喜**＊2さん、**中井貴一**＊3さんも今年、還暦です。

さはし　三谷幸喜さんといえばちょっと面白い話がありまして。うちの奥さんの**松たか子**さんのコンサート・ツアーの音楽監督を務めたとき、最終日のオーチャードホールで会場乾杯があったんです。そこに三谷さんがいらして、なぜかサックスの**山本拓夫**さんに一目散に駆け寄っていったんですよ。「山本くん、三谷だよ！　三谷！」って、松さんを通り越して（笑）。実は三谷さんと山本さんは中学の同級生だったんです。

ひろし　主役の松さんを無視？（笑）。山本拓夫さんは昆虫博士なんだよね。

さはし　よくご存じですね（笑）。とんねるずの二人も同学年で、この前、**木梨憲武**＊4さんのレコーディングに呼ばれたんですよ。

ひろし　おっと、「木梨サイクル」！

さはし　そう。木梨さんはソロ・アーティス

＊1 北原雅彦
1961年9月7日生まれ。神奈川県出身。東京スカパラダイスオーケストラのトロンボーン奏者。スカパラの最年長にしてホーン・セクションのリーダー。

＊2 三谷幸喜
1961年7月8日生まれ。東京都出身。劇作家、脚本家、演出家、映画監督。劇団「東京サンシャインボーイズ」主宰。

＊3 中井貴一
1961年9月18日生まれ。東京都出身。俳優。21年に、『木梨ミュージック コネクション3』収録の「ジグソーパズル feat. 中井さんと木梨くん。」で同学年の木梨憲武と共演した。

＊4 木梨憲武
1962年3月9日生まれ。東京都出身。とんねるずで数々のバラエティー番組で活躍。19年に自社レーベルからソロ・デビュー。自らの人脈を活かしたコラボレーション・シリーズ『木梨ミュージック コネクション』では宇崎竜童、藤井フミヤ、ももいろクローバーZらが参加。

トとして音楽活動を始めて、新作のために**阿木燿子**[*5]さんと**宇崎竜童**[*6]さんに書き下ろしの曲を依頼して、同い年の中井貴一さんとデュエットしたんです。さらに同い年の僕がギターで参加して、「ジグソーパズル feat. 中井さんと木梨くん。」という曲になりました。

ひろし　同級生同士で楽しそうなことをやっているね。今日は還暦前祝いということで、佐橋くんの交遊録を聞いてみたいね。

さはし　じゃ、僕の友だちのスカパラの曲を聴きながら。北原さんもおめでとう。

M **Paradise Has No Border feat. さかなクン／東京スカパラダイスオーケストラ**

さはし　もう6年前になりますが、Ｃｈａｒさんの還暦のときのアニヴァーサリー・アルバム『ＲＯＣＫ十』[*7]に僕も1曲プロデュースさせていただいたことがありました。

ひろし　佐橋くんの城南の先輩ね。

さはし　はい。Ｃｈａｒさんいわく、「還暦祝いに十二支にちなんで12人のアーティストにプロデュースしてもらって、俺、そこに乗っかるから」と。僕はＣｈａｒさんに抱いているイメージを「Still Standing」という曲にして、スカパラ・ホーンズにも参加してもらったんです。ドラムは僕と同学年の**屋敷豪太**さん。これが手前味噌ながら、カッコイイんですよ。

ひろし　そもそもＣｈａｒさんと佐橋くんはどういう繋がりなの？

さはし　僕がUGUISSでデビューする前、よく通っていた蒲田の練習スタジオにJohnny, Louis & Charもよく来ていて、そこでお会いしたのが最初ですから、もう40年ですね。コロナ渦にも配信のアコースティック・ライブにゲストで呼んでくださったり、竹中先輩とは楽しくお付き合いさせていただいております。

＊5 阿木燿子
1945年生まれ。夫である宇崎竜童とのコンビで、山口百恵の「横須賀ストーリー」、「プレイバックPart2」や、筒美京平・作曲のジュディ・オング「魅せられて」など数々のヒット曲を手がけた作詞家。

＊6 宇崎竜童
1946年生まれ。73年に結成したダウン・タウン・ブギウギ・バンドで、「港のヨーコ・ヨコハマ・ヨコスカ」などのヒットを生み、作曲家としても阿木燿子と共に多数のアーティストへ楽曲を提供。映画・舞台の音楽や俳優等で幅広く活動。

＊7『ROCK十』
Charが還暦を迎えた2015年に発表したアルバム。泉谷しげる、佐橋佳幸、布袋寅泰、かまやつひろし、石田長生、奥田民生、松任谷由実、佐藤タイジ、JESSE、福山雅治、宮藤官九郎、山崎まさよしが、書き下ろしたオリジナルを提供。

コロナの2年はカウントしない？

ひろし　あと3日で還暦になる今の気持ちはどんな感じ？

さはし　実感はまったくないですね。50代はあっという間に過ぎていくと先輩方にも聞いていましたけど、その通りでした。

ひろし　それだけ濃密な時間を過ごしたってことだね。

さはし　そうなんですけど、世界中がパンデミックに覆われてしまったこの2年間はカウントしないっていうのはどうですか？　だから、僕、まだ58歳じゃダメ？（笑）。

ひろし　その気持ちはわかる。カタギの人たちは還暦を厳粛に受けとめるみたいだけど、俺たちみたいに短パンとビーサンで仕事しているような人間は実感がないんだよね。

さはし　地元の同級生との新年会では、みんな定年後の話をしていたな。「オマエは定年がないからいいな」なんて言われて。

ひろし　突然、クラス会の通知とかくるようになるんだよ。行ったところで誰が誰だかわかんないんだけどさ。で、いまだに女子から「延江くん」と呼ばれる（笑）。

さはし　歳の取り方が違うんですかね。いいか悪いかは別として。

ひろし　普通はみんな自分史とか書き始めるんだよ（笑）。そこいくと、佐橋くんは音楽やアルバムで自分の記録がちゃんと残せるからいいね。

さはし　そうですね。歳をとると、固有名詞とか人の名前が出てこなくなったりするじゃないですか？　あれは忘れたんじゃなくて、ハードディスクの容量がデカくなりすぎて、そこまでたどり着かないからだって。

ひろし　メモも禁物だよね。メモをとるから覚えない、忘れちゃうんだって。

さはし　こんな話をしていることが年寄りく

さいのかもしれませんけどね（笑）。

ティン・パン・ジュニアの役割

ひろし　佐橋くんは先輩ミュージシャンの姿を間近で見ているから、まだまだ先は長いと感じるんじゃない？

さはし　そうなんですよ。先日も矢野顕子さんのニューアルバム『**音楽はおくりもの**』＊8のレコ発のライブが「ブルーノート東京」でありましたけど、バンドで「佐橋くん」は一番年下ですから、いろんな準備も率先してやらせていただいております（笑）。

『音楽はおくりもの』/ 矢野顕子

ひろし　そっか。でも、それはしょうがないよね（笑）。

さはし　そういう役割を担うようになったのは、Tin Panのコンサートに参加した頃からですね。リハーサルで細野晴臣さんがボソっと、「これ、誰が譜面書いてくるのかな？」って言うと、「あっ、これは俺の役目だな」って。

ひろし　ティン・パン・ジュニアは大変だ。

さはし　でね。僕が「**北京ダック**」＊9の譜面書いていったら、細野さん、「俺、こんなの弾いてないよ」って言うんですよ。でも音源を聴いたら、「あっ、ホントだ」って（笑）。その『Tin Pan』をきっかけに小坂忠さんが細野さんプロデュースで『People』というアルバムを出しまして。

ひろし　佐橋くんが細野さんに曲を頼まれたっていうアルバムだよね。

さはし　そうです。今は亡き**佐藤博**＊10さんも

＊8『音楽はおくりもの』
矢野顕子がデビュー45周年の2021年にリリースしたアルバム。佐橋佳幸、林立夫、小原礼が参加。

＊9「北京ダック」
細野晴臣の1975年の『トロピカル・ダンディー』に収録。76年にアルバムとは異なるヴァージョンでシングルを発売し、横浜・中華街の「同發新館」にて、ライブ「ハリー細野&TIN PAN ALLEY IN CHINATOWN」を開催した。

＊10 佐藤博
1947年生まれ。70年代からピアニスト、キーボーディストとして関西で活動を始め、鈴木茂&ハックルバック、ティン・パン・アレーに参加。76年からはソロ・アルバムを発表。渡米後はアルファ・アメリカのアーティスト兼プロデューサーとなり、82年に、一人多重録音による『awakening（featuring WENDY MATTHEWS）』を発表。12年他界。

参加されていて、佐藤さんの鍵盤を聴いていると、行ったことないけど、ニューオーリンズの景色が見えてくる。山下達郎さんのアルバムでも数々の名演を残しています。

ひろし　僕は、佐藤博さんは『awakening』というアルバムが好きだったな。

さはし　衝撃でしたよね。その忠さんの『People』のなかに「Birthday」という曲があって僕がギターを弾いているので、誕生日記念に聴かせてもらえますか。

M Birthday／小坂忠

ひろし　佐橋くんのブルー・アイド・ソウル系のリズム・ギターがいいね。

さはし　僕は40年間、ずっとギター弾いてきましたけど、ほとんどがリズム・ギターですから。僕の人生はほとんどリズムを切っているんです。僕に限らずスタジオ・ミュージシャンのギタリストはそうだと思いますが。

ひろし　なるほど。リズム・ギター人生か。

さはし　そして、いざ、ソロを弾けって言われたときに、自分の判子を押して帰る。

ひろし　佐橋くんのロックとリズム・ギター人生にあらためて乾杯！

“新人類”と呼ばれた世代

ひろし　夏も終わり、佐橋くんは還暦になるわけだけど、この夏は巣ごもり続きで、俺、もう飽きちゃったよ。

さはし　でもね。同学年の屋敷豪太さんは、この巣ごもり期間に地元にスタジオをつくっちゃった！　自分でトンカントンカンして。

ひろし　ＤＩＹで？　そりゃスゴいね。

さはし　屋敷さんはドラマーにもかかわらず、コンピュータ関係にすごく強い。初めて一緒にお仕事したのは、藤井フミヤさんのレコーディングでしたが、ドラムセットの横にＰＣが置いてあって驚きましたよ。で、リズム・パターンが足りないときは、自分のサンプリング音源のライブラリーからその場でループをつくっちゃう。**〝新人類〟**＊11のドラマーだと思いましたね。

ひろし　僕らの世代、1950年代後半から1960年代前半生まれは、団塊の世代、シラケ世代に続く、ネアカな80年代に青春をすごした〝新人類〟だそうですよ！

さはし　なんか耳が痛いな（笑）。

ひろし　四畳半フォークとか苦手だし。

さはし　好きじゃなかったですね（笑）。まぁ、同世代を見渡すと、たしかに調子ブッこいてるヤツらは多い気がする。

ひろし　俺、村上龍さんに「おまえは明るいのだけが取り柄だから、笑ってな」って言われたことがあるもん（笑）。

さはし　同世代の**ザ・ルースターズ**＊12やオリジナル・ラブのベーシスト、**井上富雄**さんやサックスの山本拓夫さんとは佐野元春さんのバンドで一緒だったんですが、佐野さんはその辺の世代を上手に束ねてくれましたね。

ひろし　佐野さんは兄貴分の役割だよね？

さはし　僕らのなかでは頭領と呼ばれていました。ちょっとしたところで江戸っ子気質が出て、頼れる兄貴という感じでしたね。

M 月夜を往け／佐野元春 & The Hobo King Band

『THE SUN』／佐野元春

＊11 〝新人類〟
従来とは異なる感性や価値観、行動規範の若者を指し、『朝日ジャーナル』の筑紫哲也の連載「新人類の旗手たち」で一般化され、1986年の新語・流行語大賞に選出された。

＊12 ザ・ルースターズ
1979年に結成、80年に「ロージー／恋をしようよ」でデビュー。ブルース、R&Bを基調としたパンキッシュな音楽性で人気を集める。04年に解散。

「千歳烏山のジャコパス」と呼ばれた同級生

さはし　「月夜を往け」は、アルバム『THE SUN』の収録曲で、メンバーはDr.kyOn、山本拓夫さん、井上富雄さん、このときはTHE HEARTLANDのドラマーの**古田たかし**＊13さんが戻ってきた頃でした。

ひろし　たくさんのメンバーをレコーディングで束ねていくのは大変だろうね。

さはし　レコーディングはリズム・セクションから録る場合が多くて、その後に管楽器やストリングスを入れていくんです。ただ、佐野さんの音楽にサックス・プレイヤーはとても重要で、サックスがイントロや間奏のメロディーを奏でることも多いので、拓夫さんはベーシック録りから呼ばれていますね。それは珍しい。

ひろし　拓夫さんは還暦仲間で、昔からの仲間でもあるんだよね。

さはし　拓夫さんは、僕と高校時代にバンドをやっていたときはベースだったんですよ。「千歳烏山の**ジャコ・パストリアス**＊14」と呼ばれていて、「ジャコパスを完コピしているヤツがいる!」という噂を聞いて、隣の学校まで会いに行って仲良くなった。ところが、高校卒業後は、土岐英史さんに弟子入りして、サックスに転向したという経歴なんです。だからリズム隊のココロがわかる。

ロッテンハッツをプロデュースした90年代

ひろし　あら? ここに**GREAT3**＊15のアルバムがあるよ。彼らにも「Birthday」という曲があるんだね。俺、大好きだった。

さはし　久しく会ってないけど、元気かな? **片寄明人**＊16さんは佐野元春さんとの交流も深くて、素晴らしいソングライターでもあり、**高桑圭**＊17さんは現在、佐野さんの**THE COYOTE BAND**＊18のベーシストでもありま

＊13 古田たかし
1958年生まれ。73年に15歳で参加したカルメン・マキ&OZを起点に、Char、佐野元春、奥田民生、PUFFYなどのライブ、作品に参加してきたドラマー。愛称はシータカ。13年には活動歴40周年を記念したイベント「しーたか40」を開催。バンドに佐橋佳幸、Dr.kyOn、斎藤有太、井上富雄が参加した。

＊14 ジャコ・パストリアス
1951年生まれ。70年代半ばから、革新的なテクニックで一世を風靡したエレクトリック・ベース・プレイヤー。75年にパット・メセニーの初リーダー作に参加し、76年にソロ・アルバム『ジャコ・パストリアスの肖像』を発表すると共にウェザー・リポートに加入。ジャズ路線に転じた70年代後半のジョニ・ミッチェルとの活動でも知られている。87年、35歳で没。

＊15 GREAT3
ロッテンハッツ解散後、片寄明人、高桑圭、白根賢一の3人により結成。1995年にデビュー。『Richmond High』、『METAL LUNCHBOX』などの意欲作を発表。活動停止を経て、12年にベーシストとしてjanを迎え、活動を再開した。

すが、彼らがGREAT3の前にやっていたバンドが**ロッテンハッツ**。彼らは**ネオGS**＊19や**渋谷系**＊20などのムーブメントのなかにいたんですが、メジャーで発表した2枚のアルバムは僕がプロデュースをしているんです。

ひろし　それはいつ頃の話なの？

さはし　90年代の前半ですね。ロッテンハッツは解散後、GREAT3と**ヒックスヴィル**＊21に分かれたんです。2ndアルバムのレコーディングの頃はもう分裂気味で、合宿レコーディングのとき、「キミたち、仲良くやろうよ！」って、学校の引率の先生みたいになっちゃった（笑）。

ひろし　なんか青春だね。バンドって、そういう場面もけっこうあるの？

さはし　大なり小なりありますね。GREAT3はもっとモダンなロック指向に、ヒックスヴィルはルーツ系のジャグバンド・スタイルにと音楽性が違ってきたのでしょうがないんですけどね。でも、すごくいいグループだったんですよ。**木暮晋也**＊22さんはオリジナル・ラブの田島貴男さんと同郷で、渋谷の中古レコード店でバイトしていたし、みんなとにかく音楽に詳しくて、マニアック。彼らとそんなオタクな話をするのも楽しかった。

ひろし　今までは先輩のエピソードだったけど、佐橋くんが初めて後輩の話をしたね。そうやって音楽の継承が続いているんだ。

さはし　そうだといいですね。では、彼らの2nd『Smile』から、片寄さんのAORとA&M指向がよく出ている「No Regrets」を。

M　No Regrets／ロッテンハッツ

さはし　〝渋谷系〟界隈の人たちって今はどうしちゃったのかな、という人もいますけど、ロッテンハッツのメンバーはしぶとかった。コーラスで引っ張りだこの**真城めぐみ**＊23さんも含め、全員見事に生き残っていますからね。やっぱり、彼らには秀でたものがあった

＊16　片寄明人
1968年生まれ。東京都出身。高校生の頃からネオGSシーンに関わり、92年にロッテンハッツでデビュー。90年代後半はGREAT3のフロントマンとして活躍。以降は、Chocolat & Akitoとしての活動や、フジファブリック、daokoのプロデュースなどを手がける。

＊17　高桑圭
1967年生まれ。80年代後半からワウワウ・ヒッピーズで活動を始め、90年代はロッテンハッツ、GREAT3に在籍。ベーシストとして、佐野元春のTHE COYOTE BANDなど数々のミュージシャンのライブや作品に参加しながら、ソロ・ユニットCurly Giraffeとしても7枚のアルバムを発表している。

＊18　THE COYOTE BAND
佐野元春が2005年から率いるバンド。メンバーは、小松シゲル、高桑圭、深沼元昭、後に渡辺シュンスケ、藤田顕が参加。

『Sunshine』、『Smile』/ ロッテンハッツ

んだと思います。

ひろし　音楽に詳しくて、聴き込んでいたという蓄積も大きいんじゃないかな？

さはし　そう。幅広い音楽を知っていて、引き出しが多かったことや、彼らがヒップホップやクラブ系など新しいムーブメントと繋がっていたことも重要でしたね。アメリカの70年代の音楽にもすごく詳しいけど、そのとき旬の音楽にもコミットしていたことは大きい。

ひろし　長い年月はいろんなことが証明されていくよね。

BO GUMBOSからDarjeelingへ

ひろし　ロッテンハッツのプロデュースをしていた頃に、佐橋くんが他に気になっていたバンドやアーティストっている？

さはし　90年代の前半は僕もまだ30代で若かったし、その時代に起きていた新しい音楽の動きに敏感だったので、「同じ時代に彼らがいてよかった！」と思ったバンドが2組いて、ひとつが東京スカパラダイスオーケストラ。彼らが登場したときもカッコイイと思ったんですが、もうひとつが、**BO GUMBOS**＊24。いつかこの人たちと一緒に音楽がやりたいと夢みていたら、のちに僕はDr.kyOnと**Darjeeling**というユニットを結成することになるんですから、人生はわからない。

ひろし　この人たち、京都大学なんでしょ？

さはし　どんと＊25さんとDr.kyOnは京大で

＊19 ネオGS
60年代ルーツのグループ・サウンズやガレージ・サウンドを80年代に甦らせたムーブメント。ロッテンハッツのメンバーは、ワウワウ・ヒッピーズに在籍。

＊20 渋谷系
東京・渋谷の外資系CDショップを発信地に、90年代にブームとなった洋楽志向の強い邦楽ポップ、ロック。インディーズのレーベルからの作品も多い。

＊21 ヒックスヴィル
ロッテンハッツ解散後、木暮晋也、中森泰弘、真城めぐみにより結成され、1996年にメジャー・デビュー。『TODAY』、『マイレージ』などを発表。メンバーは様々なアーティストの作品やライブに参加しながら、マイペースに活動を継続中。

＊22 木暮晋也
1966年生まれ。86年にワウワウ・ヒッピーズを結成し、ネオGSシーンで注目を集める。ロッテンハッツを経て、ヒックスヴィルで活動しながら、90年代からサポート・ギタリストと

すね。だから、「**魚ごっこ**」*26みたいな歌詞も、どこかインテリジェンスとアーティスティックな匂いがするのかな。

ひろし　京大には昔から一筋縄ではいかない人たちが集まってくるんだよ。ゴリラ研究の第一人者で、底なしの酒飲みの山極壽一先生が総長だったんだから（笑）。ノーベル賞受賞者が多いのも絶対関係している。

さはし　そうなんですか？　じゃ、本格的なニューオーリンズ・スタイルのピアノがごきげんな「魚ごっこ」を聴きましょうよ。

Darjeeling（Dr.kyOn&佐橋佳幸）

M 魚ごっこ／BO GUMBOS

伝説の〝リハビリ・セッション〟

さはし　この前は90年代前半の僕の話で盛り上がりましたが、90年代の後半、大滝詠一さんが〝**ナイアガラ・リハビリ・セッション**〟*27をしていたのを思い出したんですよ。

ひろし　リハビリ・セッションって？

さはし　大滝さんは、1984年の『**EACH TIME**』*28からアルバムをリリースしていなかったし、レコーディングの現場から離れていたじゃないですか。それで、歌手活動再開にあたって、それを「リハビリ」と呼んだんです。そのセッションからはシングル「**幸せな結末**」*29が生まれたんですが、その長らく続いた〝リハビリ・セッション〟に、僕、呼んでいただいたことがあるんですよ。

して小沢健二、オリジナル・ラブ、フィッシュマンズ、初恋の嵐などで活躍中。

＊23　真城めぐみ
1989年にロッテンハッツに参加。95年からはヒックスヴィルのヴォーカリストとして活動しながら、コーラスで小沢健二、オリジナル・ラブ、キリンジ、NONA REEVES のライブやアルバムに参加。15年にはザ・クロマニヨンズの真島昌利と「ましまろ」を結成した。

＊24　BO GUMBOS
1987年、元ローザ・ルクセンブルグのどんと、永井利充、京大の先輩のKyon（Dr.kyOn）、吾妻光良 & The Swinging Boppers の岡地明が結成。89年にデビュー。ニューオーリンズの名物料理「ガンボ」のような様々なルーツ・ミュージックが溶け込んだ音楽を標榜し、バンド・ブームの中、カリスマ的人気を博す。95年に解散。

＊25　どんと
1962年生まれ。岐阜県出身。京都大学在学中から音楽活動を

『佐橋佳幸の仕事(1983-2015)〜Time Passes On〜』

ひろし　それは興味深い。

さはし　セッションは夜の19時スタートだったんです。なぜかというと、〝ナイアガラ・セッション〟は大人数でやるから、スタジオの駐車場がいっぱいになっちゃう。

ひろし　昼間だと他の人がスタジオを使っていて駐車場も混んでいるからってこと？

さはし　そう。で、僕が19時に入ったら、すでに僕以外のミュージシャンは全員スタジオに揃っていて、「いまどきの若いミュージシャンは、19時スタートだと19時に来るんだ」って、とある先輩ミュージシャンにイヤミを言われちゃいました。

ひろし　いきなり、喰らったねー（笑）。映画関係のロケバスも約束の時間の1時間前に来るんだってね。

さはし　エンタメ業界にはそういうしきたりがいろいろありますよね。

ひろし　久世光彦＊30さんの奥さまの久世朋子さんに聞いたんだけど、昔の業界人はせっかちだったんだって。つまり、俺たち、〝新人類〟の常識は通用しないんだよ（笑）。

先輩から受け継いだ業界用語

さはし　僕も還暦になり、先輩から受け継いだ文化を遺していこうかなと思うようになってきまして。

ひろし　たとえば？

さはし　浩さんもよく使う業界用語（笑）。この仕事を始めた頃は、「キミ、ターギの子？」、「ターギ？　ああ、ギターか」と、この業界

始め、86年にローザ・ルクセンブルグのヴォーカル・ギターとしてデビュー。87年から95年まではBO GUMBOSで活躍。その後はソロで活動するが、2000年に死去。享年37。

＊26「魚ごっこ」
BO GUMBOSの1989年のデビュー・アルバム『BO & GUMBO』収録

＊27〝ナイアガラ・リハビリ・セッション〟
1997年のシングル「幸せな結末」に先駆け、極秘裏に行われた大滝詠一のセッション。「陽気に行こうぜ〜恋にしびれて（2015村松2世登場！version）」は、15年の『佐橋佳幸の仕事（1983-2015）〜Time Passes On〜』のボーナス・トラックとして初CD化され、16年に発表された大滝詠一の『DEBUT AGAIN』に収録。「村松2世」は、このセッションで初めて大滝作品に参加し、リード・ギターを担当した佐橋佳幸。「村松」とは元シュガー・ベイブの村松邦男。

独特の逆さま言葉に戸惑いましたが、これは面白いから、遺してもいいんじゃないかと。

ひろし　「シーメ」、「シース」、「ションマン」（笑）。演劇の世界も使うのかな？

さはし　僕らがよく使っている「ゲネプロ」は演劇界から来ているらしいですよ。語源はドイツ語の「ゲネラールプローベ」らしい。

ひろし　あ、そう。知らなかった。

さはし　あと、「ひきぞう」って知ってます？　80年代に先輩ミュージシャンが、コンサート制作のスタッフに「ここ、〝ひきぞう〟にしてくれる？」と交渉していて、何のことだろうと思ったら、ツアーの交通費や宿泊費などの経費を現金でもらうことだったんです。

ひろし　それも芸能界や演劇界からきた業界用語なんだ？

さはし　そうみたいです。かつては僕もギャラを茶封筒に入った現金でもらっていましたからね。仕事から帰ると、泉屋のクッキー缶に茶封筒のまま突っ込んでました（笑）。

ひろし　佐橋くんもそういうところは旧人類だね（笑）。

達郎さんが〝発見〟した高校時代からの仲間

さはし　僕の高校時代からの仲間でUGUISSのキーボード奏者**柴田俊文**さんも7月に還暦になって、「お先に」というメールが来ましたが、ここで柴田さんの話を少し。

ひろし　はい。還暦のお祝いに。

さはし　僕が山下達郎さんのツアーに参加することになったのは1998年からですが、難波弘之さんと共にキーボードを担当していた**重実徹**＊31さんがバンドを卒業することになり、新しい人を探していたようなんです。あるとき、達郎さんが家族で**吉井和哉**＊32さんのコンサートを観に行って、「おっ、このキーボードは誰だ？」と思って調べたら、それが柴田さんだったんです。それで、「いろんなところで活躍している方に申し訳ないいん

＊28 **『EACH TIME』**　1984年にリリースされた大滝詠一のアルバム。『EACH TIME-30th Anniversary Edition-』は、曲順もあらたに大滝本人による13年のリマスター音源を使用。初公開となる純カラオケ・バージョンを収録したボーナス・ディスクを加えた2枚組で発売。大滝の没後、14年3月21日に発売された。

＊29 **「幸せな結末」**　1997年に発売された大滝詠一の12年ぶりのシングル。フジテレビ系月9ドラマ『ラブジェネレーション』の主題歌。作詞・多幸福、作曲・大瀧詠一、編曲・井上鑑。

＊30 **久世光彦**　1935年生まれ。演出家、プロデューサーとして脚本家の向田邦子とのコンビで、70年代に『時間ですよ』、『寺内貫太郎一家』を手がけた。80年代後半からは作家活動を開始。小説・評論・エッセイなど幅広く執筆活動を行った。妻の久世朋子は、久世の没後にエッセイ『テコちゃんの時間－久世光彦との

だけど、一応オーディションさせてもらいたい」と連絡して、見事に合格。達郎さんのキーボードは千手観音みたいにいろんなことをやらなきゃいけないんですが、柴田さんはそういうのが大の得意ですからね。

ひろし　へぇー。そうだったんだ。

さはし　で、僕のところに達郎さんから連絡があったんです。「いいキーボードがやっと見つかったよ。佐橋くん、柴田俊文くんって知ってる?」(笑)。

ひろし　達郎さんは知らなかったの?

さはし　そうなんですよ。僕が与り知らないところで達郎さんが〝発見〟したのが、僕が15から知っている柴田さんだった。

ひろし　面白いね、その遠回りの偶然(笑)。

さはし　以来、みんなに「柴田さんは、佐橋さんの紹介なんでしょ?」って言われるたびに、この説明を繰り返しています(笑)。

ひろし　じゃあ、ここで達郎さんのお祝いムードの曲を聴こうよ。

さはし　では、KinKi Kidsに書き下ろして、『**RARITIES**』*33に収録されている達郎さんヴァージョンのこの曲を。

M HAPPY HAPPY GREETING (ORIGINAL DEMO VERSION)／山下達郎

ひろし　達郎さんは、夏より秋冬の方が好きなんだって?

さはし　ウーン……。そういえば、沖縄公演の打ち上げのあと、ホテルの達郎さんの部屋で飲むことになって、みんなで行ったら、リゾートホテルのオーシャンビューの部屋に目張りがしてありました(笑)。

ひろし　えっ!**「愛を描いて - LET'S KISS THE SUN -」***34じゃないの!?(笑)。

さはし　「沖縄だ、ワーイ!」ってすぐ海に飛び込みたくなるような僕らとは違うんですよ(笑)。

ひろし　面白いなぁ、達郎さん。

日々』を出版した。

＊31 重実徹
1959年生まれ。大学在学中よりキーボード・プレイヤーとして活動を開始し、ファンク／R&B系バンド、Chaosを経て、86年から01年まで山下達郎のサポートで活躍。01年からMISIAのツアーのアレンジャー兼キーボーディストを担い、ソロ・アルバムも発表している。

＊32 吉井和哉
1966年生まれ。92年にTHE YELLOW MONKEYのヴォーカリスト、ギタリストとしてデビュー。「太陽が燃えている」などのヒットで大きな成功を収める。03年にYOSHII LOVINSON名義でソロ活動を開始し、06年以降は吉井和哉に改めた。16年にはTHE YELLOW MONKEY再集結に参加。

＊33 『RARITIES』
2002年に発売された山下達郎のベスト・アルバム。シングル、既発シングルのカップリン

土岐英史さんを偲んで

さはし　2021年6月、僕が達郎さんのバンドで大変お世話になったサックス奏者の土岐英史さんがお亡くなりになりました。僕が土岐さんを知ったのは『IT'S A POPPIN' TIME』でしたが、ジャズ出身でありながら達郎さんや**チキンシャック**＊35などの活動でジャズの枠からはみ出した人だったとのちに知ったんです。黒人音楽全般のなかでのサックスのあり方を探求されていた方でした。

ひろし　土岐さんもなかなかクセのある面白い方だったんだよね。

さはし　前にも話しましたけど、達郎さんのバンドに入った新メンバーは必ず土岐さんの〝かわいがり〟が待ち受けていましたからね（笑）。そこだけは、昔のジャズマン気質で。でも、僕は新人類ですから、周囲の心配をよそに仲良くなっちゃって、最初のツアーの地方公演の初日から二人飲みしました。以来、打ち上げのあとは、たいてい土岐さんと二人で飲みに行くようになって。

ひろし　サシで飲めるっていうのは相当仲がよくないとできないよね。

さはし　土岐さんには**土岐麻子**＊36さんというよくできた一人娘さんがいますが、今、思うと、当時は僕がいちばん年下だったので、生意気な息子に接するように可愛がっていただいた気がします。

ひろし　それはわかるような気がするな。

さはし　土岐さんのステージでの立ち位置は、ちょうど僕の後ろなので、僕は特等席で土岐さんのアドリブのソロを聴くことができたんです。「おっ、今日は知らないスケールだ！」と思ったら、すかさず質問したりして。この前、音楽学校で教えていた土岐さんからもらった、教材が出てきて、さすがに一人泣きしました。

ひろし　2019年に**大西順子**＊37さんに音楽監督をお願いした第1回の**「村上JAM」**＊38にも土岐さんは出演していただいたんだけ

グ曲、未発表セルフ・カヴァー、未発表洋楽カヴァーに「スプリンクラー」のロング・ヴァージョンも収録。

＊34 「愛を描いて - LET'S KISS THE SUN -」
1979年に発売された山下達郎の初のタイアップ・シングル。JAL沖縄キャンペーン'79のイメージ・ソング。後にアルバム『MOONGLOW』に収録。

＊35 チキンシャック
サックスの土岐英史、ギターの山岸潤史、キーボードの続木徹を中心に結成され、1986年に『CHICKENSHACK I』でデビュー。10枚のアルバムを発表。ベースにルーファスのボビー・ワトソンが加入した時期もある。

＊36 土岐麻子
東京都生まれ。1999年にCymbalsのヴォーカルとしてデビュー。04年には実父 土岐英史氏を共同プロデュースに、『STANDARDS～土岐麻子ジャズを歌う～』を発表。ソロでは「How Beautiful」などのCMソ

ど、ライブの前半を終えたところで体調を崩され、後半は欠席されて……。

さはし　僕も最後にお会いしたのは２０１９年でした。では、シティ・ポップ・ブームで世界中でバズっている竹内まりやさんの**「PLASTIC LOVE」***39の土岐のオヤジの名演を聴いて、献杯しましょう。

M PLASTIC LOVE (Live／Souvenir)／竹内まりや

慶應の音楽サークルに集った才能

さはし　この前、8月に閉館した福岡天神の「イムズホールで行われた「イムズ音楽祭FINAL!」に、**スターダスト☆レビュー***40の根本要さんと、**杉真理***41さんと一緒にトーク&ライブをしてきたんです。杉さんは、70年代後半に**Mari & Red Stripes***42というバンドでデビューして、そこにコーラスで参加していたのが、デビュー前の竹内まりやさんでした。

ひろし　まりやさんと杉さんは、慶應大学の軽音楽同好会**「リアルマッコイズ」***43で一緒だったんだよね。

さはし　そう。「プラスティック・ラブ」で強力なドラムを叩いていた青山純さんもMari & Red Stripesに参加していたんですよ。そのサークルには早稲田大学の**安部恭弘**さんも出入りしていて、杉さんによると、「洒落た曲を書く歌のうまいヤツがいる」と噂になっていたとか。これだけレベルの高い人たちが揃っていたことに驚きますが、当時は、「もし、安部くんとまりやさんが結婚したら、アベマリアになっちゃうね」なんて、のどかな青春をおくっていたみたいです（笑）。

ひろし　佐橋くんと安部さんの付き合いは？

さはし　清水信之さんがアレンジを手がけていたので僕も何曲かギターで参加したり、コーラスでもお世話になりました。安部さんが作曲した**「五線紙」***44は、まりやさんの

ングを歌い、コンスタントにアルバムをリリース。近年は文筆家としても活動中。

＊37 大西順子
１９６７年生まれ。ジャズ・ピアニスト。バークリー音楽大学を卒業後、ニューヨークを中心に活動を開始。93年にデビュー。『ビレッジ・バンガードの大西順子』などのアルバムや、小澤征爾率いるサイトウ・キネン・オーケストラとの共演、「村上ＪＡＭ」の音楽監督など多彩な活躍を続けている。

＊38 「村上ＪＡＭ」
２０１９年6月に、村上春樹の作家生活40周年を記念して公開収録で行われたライブ・イベント。大西順子率いる村上ＪＡＭバンドのアルトサックスとして土岐英史も出演。『村上ＲＡＤＩＯ』で、『村上ＪＡＭ Special Night』として放送された。

＊39 「PLASTIC LOVE」
１９８５年に発表された竹内まりやのシングル。『VARIETY』収録。竹内が作詞・作曲を手がけ、アレンジ・プロデュースは

ライブでは僕のギターと土岐さんのサックスで演奏していましたが、それを聴いた安部さんが「あんな感じで新録できないかな」と連絡があって、そこで生まれたのが安部さんのベスト盤に収録された「五線紙（2007 with Mariya)」。

ひろし　松本隆さんの歌詞もグッとくる。〈あの頃のぼくらは　美しく愚かに　愛とか平和を詞（うた）にすれば　それで世界が変わると信じてた〉。学生運動の思い出……。

さはし　そうですね。これ、歌もギターも一発録りなんです。

M 五線紙（2007 with Mariya）／安部恭弘

同い年のマエストロ

さはし　この前、思い出したんですが、今年還暦を迎える方に指揮者の**佐渡裕***45さんもいましたね。

ひろし　あら、クラシック界にも接点が？

さはし　矢野顕子さんと**森山良子***46さんが**「やもり」***47というユニットをされていたとき、僕もレコーディングをお手伝いした流れで『題名のない音楽会』に出演して、司会の佐渡さんに初めてお会いしたんです。

ひろし　『題名のない音楽会』は日本のテレビ界が誇る長寿番組だよね。

さはし　ですね。その収録で、「やもり」とママさんコーラスが共演するという企画があったんです。それで一緒にリハーサルをしていたら、客席で観ていた佐渡さんが突然、「この曲、僕の指揮でやらせてくれる？」ってステージに上がってきたんですよ。

ひろし　マエストロ、何かにピンときた？

さはし　「ちょっと譜面見せて」と、ママさんコーラスの指揮を佐渡さんがしたら、びっくりするほど素晴らしいコーラスになったんです！　同じ譜面でも、指揮者でこんなに変わるのかということをまざまざと見せつけられ

山下達郎。近年の海外の日本のシティ・ポップ再評価が追い風になり、YouTubeにて非公式にアップロードされた同曲の動画は驚異的再生回数を重ねた。21年には同曲のフルバージョンのMVが公式YouTubeチャンネルで公開された。

***40 スターダスト☆レビュー**
1981年にアルバム『STARDUST REVUE』でデビューした埼玉県出身の4人組ロック・バンド。これまでにアルバム44枚を発表。ライブ・バンドとして根強い人気を誇り、20周年ライブでは101曲を演奏。「24時間で最も多く演奏したバンド」としてギネスワールドレコーズに認定された。

***41 杉真理**
1954年生まれ。福岡県出身。慶應義塾大学の軽音楽同好会「リアルマッコイズ」で活動を始め、77年にMari & Red Stripesでデビュー。ソングライターとして竹内まりや、須藤薫などに楽曲を提供し、80年に『SONG WRITER』でソロ・デビュー。82年には大滝詠一、佐

た瞬間でしたね。あとで佐渡さんに聞いたら「実は出身がママさんコーラスの指揮だったんだよ」って。

「61年会」仲間との配信音楽バラエティ

さはし　声優・ナレーターの山寺宏一さんも同じ61年生まれの仲良しなんです。ドラマ『相棒』で伊丹刑事の役でおなじみの僕の義理の兄でもある川原和久さん、アナログ盤収集家で俳優の光石研さんも同い年で、「61年会」という飲み仲間なんです。

ひろし　佐橋くん、音楽界に限らず顔が広いねー。

さはし　コロナ禍のとき、山寺さんに無観客の配信ライブができないかと相談されたんです。「『今夜は最高!』みたいな音楽バラエティを配信でやりたい」と。そこで「山寺宏一 presents 〝VOICE BE AMBITIOUS LIVE〟」という山寺さんがホストになり、新旧・洋邦を取り交ぜたセッションを繰り広げる配信音楽バラエティ・ライブがスタートしたんです。

ひろし　佐橋くんは音楽のまとめ役?

さはし　そうですね。僕が中心になって、山寺さんとゲストとセッションするんですが、ゲストが戸田恵子さん、ミュージカル・スターの海宝直人さん、『新世紀エヴァンゲリオン』の綾波レイの声優の林原めぐみさんと豪華で、視聴数もけっこうよかったんです。

ひろし　声優さんも含め、エンターテインメント界はコロナ禍でいろんなチャレンジをして、盛り上げていこうとしていたんだね。

M Birthday／The Beatles

ひろし　ビートルズの「バースデイ」は、〝ホワイト・アルバム〟（『**ザ・ビートルズ**』*48）の曲だけど、通好みだよね。「オブ・ラ・ディ、オブ・ラ・ダ」みたいな脳天気な曲もあれば、美しい「ブラックバード」もある変化に富んだ

野元春と共に『ナイアガラ・トライアングル Vol.2』を発表。ソロ、松尾清憲とのBOX、作曲家として活動を続けている。

***42 Mari & Red Stripes**　杉真理が大学時代に活動していたバンド、ピープルを1977年のデビュー時に変更。『MARI & RED STRIPES』『SWINGY』の2作を残す。コーラスには竹内まりや、安部恭弘、ドラムに青山純らが参加。

***43 「リアルマッコイズ」**　1962年に結成された慶應義塾大学公認のオールジャンルの音楽サークル。72年に杉真理、73年には竹内まりやが加入。ピープルには竹内もキーボードとコーラスで参加した。

***44 「五線紙」**　竹内まりやの1980年のアルバム『LOVE SONGS』に収録。作詞・松本隆、作曲・安部恭弘。安部も94年の『PASSAGE』でセルフ・カヴァー。25周年記念のベスト盤では「五線紙（2007 with Mariya）」を収録。

構成だけど。

さはし　実はいい曲いっぱいありますよね。ただ、最近は誕生日にお店でかけてくれる曲は、ビートルズより、スティーヴィー・ワンダーの「ハッピー・バースデイ」になっちゃいましたね。あれはキング牧師の誕生日を祝日にするためにつくった歌だから、なんか違う気もするんだけど。

ひろし　佐橋くんの好きなキャロル・キングにもバースデイ・ソングがあるよ。

さはし　ああ、いいですね。聴きましょう。

M Birthday Song／Carole King

バディ・ホリーのストラトキャスター

ひろし　佐橋くんが誕生日に聴いてみたい曲があったら、ここで聴こうよ。

さはし　僕と誕生日が一緒の人を調べたら、9月7日生まれにはロックンロールのオリジネーターの一人、**バディ・ホリー***49がいました。

ひろし　黒縁のメガネをかけた人だよね？

さはし　そう。デビュー当時の**エルビス・コステロ***50のルックスのモデルになり、**リッチー・ヴァレンス***51と共に飛行機事故で亡くなった人です。彼の代表曲**「ザトル・ビー・ザ・デイ」***52は、リンダ・ロンシュタットのカヴァーで知りましたが、僕が縁を感じたのは彼が使用していたフェンダー社のストラトキャスター。

ひろし　エレキ・ギターの代表格だね。

さはし　ストラトは50年代に発売された革新的なエレキ・ギターなんですが、最初は使いにくいとあまり売れなかったそうです。でも、バディ・ホリーがトレードマークにしたら、一躍人気に火が点いて、その後はジミ・ヘンドリックス、ジェフ・ベック、エリック・クラプトンへと引き継がれ、ストラトで自分のサウンドをクリエイトしていく。

ひろし　そりゃ、バディ・ホリー様様だね。

さはし　彼はストラトのシングルコイルを上

***45 佐渡裕**　1961年5月13日生まれ。京都市立芸術大学卒業。指揮者。22年4月より新日本フィルハーモニー交響楽団ミュージック・アドバイザー、23年より音楽監督に就任が決定している。08年から『題名のない音楽会』の第5代目司会者を務めた。

***46 森山良子**　1967年に「この広い野原いっぱい」でデビュー。90年代には自身が作詞を手がけた「涙そうそう」や「さとうきび畑」がヒット。矢野顕子とのユニット「やもり」や、ジャズ、クラシックなど幅広いジャンルで活躍。長男は森山直太朗。

***47 「やもり」**　森山良子と矢野顕子によるユニット。矢野が森山に楽曲を提供したことから、互いのコンサートに出演。2010年に「やもり」名義で、アルバム『あなたと歌おう』を発表。サポート・メンバーに佐橋佳幸、パーカッションの三沢またろうが参加。

手に使って小気味よいサウンドを生み出した第一人者なんですよ。僕も長年ストラトキャスターをメイン・ギターにしています。

ひろし　ヴィンテージのストラトは今やとんでもない値段なんでしょ？

さはし　僕もヴィンテージのストラトを5本所有していますが、若い頃一生懸命仕事をして、楽器にお金をつぎ込んでホントによかったですよ。今や平気で3百万以上しますから。

ひろし　ひゃあー！

さはし　ワシントン条約で今は伐採できない木材を使用していたりするから高騰しちゃって、値が下がることはない。山下達郎さんの現場でも「佐橋くんはストラト以外は持ってこなくていい」って言われていますから。というわけで、僕の誕生日をお祝いしていただいた締めの曲は、バディ・ホリーに敬意を込めて、この曲を。

M That'll Be The Day／Buddy Holly

＊48『ザ・ビートルズ』
1968年に発売されたビートルズの10作目のアルバム。アルバム・ジャケットが白一色のため、"ホワイト・アルバム"と呼ばれることが多い。ビートルズ唯一の2枚組。

＊49 バディ・ホリー
1936年9月7日生まれ。自身のバンド、ザ・クリケッツを率い、軽快なギター・サウンドと裏声を効かせたヒーカップ唱法で57年に「ザトル・ビー・ザ・デイ」が全米No.1ヒット。自ら曲を書き、演奏して歌うスタイルと、少人数のバンド編成は、ビートルズを始め、後の多くのバンドに引き継がれた。59年、22歳で死去。

＊50 エルビス・コステロ
1954年生まれ。イングランド出身。77年、ニック・ロウのプロデュースによりデビュー。パンクとR&Rに共鳴した音楽性で人気を博す。89年にはポール・マッカートニーと共作した「ヴェロニカ」がヒット。その後もバート・バカラックやジャズやクラシックとの共演など、ロックの枠に収まらない活躍を続けている。

＊51 リッチー・ヴァレンス
メキシコ系アメリカ人として1941年に生まれ、58年にデビュー。メキシコ民謡をR&Rにリメイクした「ラ・バンバ」のヒットで人気上昇中の59年に飛行機事故で、同乗していたバディ・ホリーと共に死亡。87年の映画『ラ★バンバ』では、ロス・ロボスがカヴァーした同曲が全米1位を獲得した。

＊52「ザトル・ビー・ザ・デイ」
1957年に発売されたバディ・ホリー率いるザ・クリケッツの初の全米1位シングル。デッカで録音しながらお蔵入りとなっていた同曲を、レーベル移籍後に新たなアレンジとコーラスを加え録音。100万枚のミリオンセラーとなる。

PART 10

さはしひろしと文学と音楽と

奥田英朗編

さはし　この前、人生で初めて路上ライブを体験したんですよ。僕がプロデュースを手がけている**SETA**[*1]さんというシンガー・ソングライターの彼女と一緒に渋谷でギターを弾いてきました。

ひろし　路上と言えば、**ジャック・ケルアック**[*2]、『オン・ザ・ロード』。北アメリカ大陸を横断する旅の小説ね。

さはし　なるほど。『路上』はアメリカン・ニューシネマにギリギリ親しんできた世代としては抵抗なく入れた小説でした。

ひろし　ピアノの即興演奏のようにタイプライターを叩きまくった『路上』の文体にはジャズの影響があるし、俺は音楽家と小説家は似ているところがあると思っているんだ。

さはし　たしかに。文章にも音楽のようにグルーヴやハーモニーがありますもんね。今夜は読書の秋ということで、浩さんと本の話がしたいですね。

ひろし　いいね。

さはし　僕は映画**『大鹿村騒動記』**[*3]で、延江浩さんって本も書く人だったんだって知ったんですよ。

ひろし　佐橋くんだって、ツアー中はいつも本を読んでいるくらい読書好きなんでしょう。

さはし　２０１０年からは趣味で読書ノートもつけているんですよ。

ひろし　それは立派な読書家だ。

さはし　家に本が増えすぎて、読み終わった本は人にあげるか、定期的に売ることにしたんですけど、何を読んだか忘れることもあるんです。それを避けるために、読んだ本をちゃんとメモしておこうと思って。だいたいどの年も週1冊ペースでしたね。

ひろし　ジャンルは問わず?

さはし　ジャンルはメチャクチャです。２０１９年からは電子書籍でも本を読むように

＊1 SETA
岡山生まれ、千葉育ちのシンガー・ソングライター。２０２０年に佐橋佳幸のプロデュースでメジャー・デビュー。自身のnoteで小説やイラストを発表するなどマルチな才能を発揮している。

＊2 ジャック・ケルアック
１９２２年生まれ。アメリカのビートニク（ビート・ジェネレーション）を代表する小説家・詩人。自らのアメリカ大陸の放浪体験を基に書き上げた57年の代表作『路上』（『オン・ザ・ロード』）は、ヒッピーから熱狂的に支持され、カウンター・カルチャーに大きな影響を与えた。

＊3 『大鹿村騒動記』
長野県の大鹿村で３００年続く大鹿歌舞伎を題材にした２０１１年の阪本順治監督の映画。原案は、延江浩の著書『いつか晴れるかな～大鹿村騒動記』。主演を務めた原田芳雄の遺作となった。

＊4 『ウランバーナの森』
１９９７年、講談社。

なって、Kindleで読んだ本には、マルKという印をつけています（笑）。

『コロナと潜水服』に出てくる音楽

さはし　そうして、いろんな本を乱読しているうちに出会ったのが**奥田英朗**さんでした。『ウランバーナの森』*4というデビュー作を読んで面白かったので、直木賞を受賞して、一躍世間に知られることになった『**空中ブランコ**』*5を読みました。

ひろし　ヘンなお医者さんが出てくる話だ。

さはし　そう。伊良部という精神科医が独特なキャラで。奥田さんは自伝のような作品もいくつかあって、岐阜県の出身なんですよ。

ひろし　佐橋くんと同世代くらいだよね。

さはし　そうですね。奥田さんの小説には洋楽の話がよく出てくるんです。坊主頭の学生時代に岐阜から名古屋まで、外タレの来日コンサートを観に行ったエピソードとか。

ひろし　外タレは岐阜まで来ないもんね。

さはし　そんな岐阜で音楽オタクだった奥田さんの短編集『**コロナと潜水服**』*6にもいろんな洋楽の曲が登場するんです。僕が興奮したのが、『海の家』という話の中に出てくる**アンドリュー・ゴールド***7の「ロンリー・ボーイ」。主人公が海の近くの地元FM局の番組を聴いていて、そこでこの曲がかかる。

ひろし　湘南ビーチFMのようなコミュニティFMのイメージかな？

さはし　そう。アンドリュー・ゴールドは、70年代からリンダ・ロンシュタットのプロデュースやマルチプレイヤーとしても活躍した才能あふれる人で、80年代には**10cc***8のグレアム・グールドマンとWAXというグループを結成した僕の大好きなアーティストなんですよ。その彼の曲を小説で取り上げるなんて、奥田さん、タダ者ではないですよ。

M Lonely Boy／Andrew Gold

＊5『空中ブランコ』
2004年、文藝春秋。

＊6『コロナと潜水服』
2020年、光文社。

＊7 アンドリュー・ゴールド
1951年、カリフォルニア州バーバンク生まれ。ショウビズの両親の元に育ち、リンダ・ロンシュタットやウエストコースト系アーティストの作品でマルチプレイヤー、アレンジャーとして活躍。75年にソロ・デビューし、77年に「ロンリー・ボーイ」が全米トップ10ヒットとなる。83年には、元10ccのグレアム・グールドマンとWAXを結成。矢沢永吉のアルバム『E』のプロデュースも務めた。11年に他界。

＊8 10cc
1975年の「アイム・ノット・イン・ラヴ」の世界的ヒットで知られるイギリス出身のバンド。メンバーのグレアム・グールドマンは、60年代にホリーズの「バス・ストップ」を作曲。ロル・クリームとケヴィン・ゴドリーは、ゴドレイ&クレーム

さはし　「ロンリー・ボーイ」が収録されているアルバムの原題は『What's Wrong with This Picture?』（邦題『自画像』）。ジャケットを見るとわかるんですが、これ写真がまちがい探しになっているんですよ。この曲をラジオで聴いて、「高校生になったらバイトして、絶対このレコード買うぞ」と決めて、僕が初めてバイトして買ったアルバムだったんです。

ひろし　そんな思い出の曲が小説に出てくるのは懐かしいし、うれしいよね。

さはし　『コロナと潜水服』では、ローリング・ストーンズの曲も出てくる。それも『**レット・イット・ブリード**』*9の「ユー・ガット・ザ・シルバー」。ますます奥田さんが好きになっちゃいました。

ひろし　選曲が渋い。

さはし　他にも**ブライアン・イーノ***10や**ミルトン・ナシメント***11など奥田さんはジャンルも幅広いんです。チャーリー・ワッツが亡くなったこともあるし、追悼を込めて、ストーンズの曲を聴いちゃいますか。

M You Got The Silver／The Rolling Stones

アサイラム・レコードと ジャクソン・ブラウン

ひろし　音楽のテイストから小説の色合いが見えてくる。プレイリストがあれば小説を読みながら聴けていいのにね。

さはし　それがあるんですよ。巻末に小説に出てきた曲のSpotifyのプレイリストが載っています。『コロナと潜水服』は、まさに音が聴こえてくる小説なんです。

ひろし　いい紹介。『王様のブランチ』みたいだね（笑）。

さはし　先ほどのアンドリュー・ゴールドも所属していた**アサイラム・レコード***12は、ウエストコースト・ロックを極めたレーベルです

名義で80年代にポリス、デュラン・デュラン、ハービー・ハンコックの「ロック・イット」などのMVを数多く手がけた。

***9『レット・イット・ブリード』** 1969年のローリング・ストーンズのアルバム。本作の制作中にブライアン・ジョーンズが脱退。「ユー・ガット・ザ・シルヴァー」は、初めてキース・リチャーズがリード・ヴォーカルを担当した曲。

***10 ブライアン・イーノ** 1948年生まれ。イングランド出身の音楽家・プロデューサー。ロキシー・ミュージックで活躍後、70年代後半からはアンビエント・ミュージックの第一人者に。プロデューサーとしてもディーヴォ、トーキング・ヘッズ、U2などを手がける。

***11 ミルトン・ナシメント** 1942年生まれ。ボサノヴァ誕生以降のブラジルのポピュラー音楽MPB（ムージカ・ポプラール・ブラズィレイラ）を代表するシンガー・ソングライ

が、**『アサイラム・レコードとその時代』**＊13という書籍が出ていて、僕はアサイラムで活躍していたエンジニアやミュージシャンと一緒に仕事をしたことがあって、インタビューを受けたんです。バブルの頃は予算が潤沢にあったので、海外レコーディングに行って、すごいミュージシャン呼べたんです（笑）。

ひろし　バブルはそういう財産は残したね。負の遺産だけじゃない。

さはし　おかげで僕も勉強させてもらいました。自分のソロアルバムでは、どうしてもお願いしたかったオーケストラ・アレンジャーの**デヴィッド・キャンベル**＊14さんと仕事ができたし、彼と出会ってからアサイラムの人脈が広がったんです。そんなアサイラム・オタクの僕にとっても、**ジャクソン・ブラウン**＊15はまた別格なわけですよ！

ひろし　おっ！　アメリカ屈指の青春のソングライター。

さはし　奥田英朗さんも、本のなかでジャクソン・ブラウンの名盤『レイト・フォー・ザ・スカイ』も取り上げているんです。

M Late For The Sky／Jackson Browne

ひろし　俺は『プリテンダー』とか『ランニング・オン・エンプティ』あたりが琴線に触れたね。佐橋くんのギター・ワークにもすごく影響を与えたんでしょう。

さはし　そうなんです。ジャクソン・ブラウンで活躍した**デヴィッド・リンドレー**＊16がソロ公演で来日したとき、音楽雑誌で対談をさせてもらったんですが、あの人はマルチ弦楽器奏者でいろいろな楽器を弾くんですよ。対談のとき自分のスティール・ギターを持っていって、サインを頼んだら、「君のスティール・ギターは地味だから、模様を描いてあげる」って、頼んでもいないのに模様まで描かれちゃった（笑）。

ひろし　サイコーだね（笑）。

ター。

＊12 アサイラム・レコード
クロスビー、スティルス&ナッシュのマネージメントを務めていたデヴィッド・ゲフィンとエリオット・ロバーツにより、1971年に設立されたアメリカのレコード・レーベル。70年代にジャクソン・ブラウン、イーグルスなどの新人を送り出すと共に、リンダ・ロンシュタットやジョニ・ミッチェルを移籍させ、大成功を収める。レーベル初のリリースは、近年、再評価が著しいジュディ・シルだった。ゲフィンは80年にゲフィン・レコードを設立した。

＊13『アサイラム・レコードとその時代』
2006年、音楽出版社。

＊14 デヴィッド・キャンベル
1948年生まれ。カナダ出身のアレンジャー・作曲家・指揮者。70年代からキャロル・キング、ジャクソン・ブラウン、ジェームス・テイラーの作品で名を馳せ、現在もアデル、ジャスティン・ティンバーレイク、

さはし　当時のシンガー・ソングライターのアルバムは、いい演奏家がいいプレイをしていて、その素晴らしい演奏家を教えてくれた一人がジャクソン・ブラウンでした。その影響は僕の今の仕事にもつながっています。

ひろし　今はオンラインで話はできるけど、オンラインではサインはもらえないもんね。こういういい曲を聴くと、いいこと言いたくなっちゃう（笑）。

さはし　そうですよね。浩さん、意外といいこと言ってますよ。

ひろし　「意外と」はよけいだよ（笑）。

山田詠美編

盟友、山田詠美との出会い

ひろし　今日は僕にソウル・ミュージックの真髄を教えてくれたある女性について……。

さはし　あ、わかった。**山田詠美**さんですね。

ひろし　正解。ポンちゃんこと山田詠美さんとは幼なじみたいな感覚があるんだよね。彼女とは吉祥寺のジモティ的なおつきあいもあり、バンド活動をしたり、ジムに通ったり、レギュラー番組をもってもらったこともある。深夜のソウル・ミュージック・プログラム、その名も『Blue In Green』。マイルス・デイヴィスの曲名です。

さはし　ソウル・ミュージックは秋の夜にもぴったりですね。

ひろし　男と女のラブ・アフェアを描いた黒人の歌うラブソングって、なんであんなに深いのにサラリとしているんだろうね。

さはし　うまいこと言いますね。僕が詠美さんを知るきっかけになったのは、**『ソウル・ミュージック・ラバーズ・オンリー』**＊17でした。この作品で直木賞を受賞しましたね。

ひろし　そう。毎回読むたびに新しい発見がある傑作だね。切なさと色気があって、でもサラリとしている黒人の人の声や肌のようなテクスチャーがある。

ビヨンセなどのアレンジを手がけるなど第一線で活躍。実の息子であるベックのアルバムにも参加し、15年にはグラミー賞を獲得した。

＊15 ジャクソン・ブラウン　1948年生まれ。70年代の米西海岸を代表するシンガー・ソングライター。ブラウンの才能を見出したデヴィッド・ゲフィンが興したアサイラム・レコードから、72年にデビュー。『レイト・フォー・ザ・スカイ』、『プリテンダー』、『孤独なランナー』など数々のアルバムを発表し、日本でも人気を獲得。17年にはデビュー45周年を記念した来日公演を開催した。

＊16 デヴィッド・リンドレー　1944年生まれ。ギター、バイオリン、バンジョー、マンドリン、ワイゼンボーンなど様々な弦楽器を操るミュージシャン。自身のバンド、カレイドスコープでの活動後、ジャクソン・ブラウンのバンドにギタリストとして参加。80年代には、エル・ラーヨ・エキスを結成し、リーダー・アルバム『化けもの』を

さはし　こういうタイプの小説は、彼女がこの本を上梓するまでなかったですよね。

ひろし　そう。彼女は『**ベッドタイムアイズ**』*18で文藝賞を受賞してデビューしたんだけど、ボーイフレンドが黒人ということで、スキャンダラスなイメージがあったのね。でも、僕はなんとしても彼女に会いたくて、デンスケを持ってインタビューしに行ったんだ。

さはし　それが浩さんとの出会い？

ひろし　そう。初めて会ったのは河出書房新社の会議室。彼女はまたスキャンダラスなことを聞かれるかと思ったのか、薄暗い部屋の片隅にぽつんとポンちゃんがいて、「僕は山田さんの文章が大好きなんです」と言ったら打ち解けて、自分の作品についておおいに語っていただきました。それ以来の仲。

ブラック・ミュージックの短編集

ひろし　『ソウル・ミュージック・ラバーズ・オンリー』は、章立てがすべてブラック・ミュージックの短編集です。その本の初版本の著者あとがきがまたいいんだよ。

> ある時、街ですれ違った男の上着の中の匂いを嗅いで、私は昔の男を思い出して道の真ん中で泣きたくなる。ある時、バーで流れる黒人音楽は特定の男を思い出させて私を泣かせる。嗅覚があって良かった。聴覚があって良かった。五感が正常で良かったと、神様に感謝するのはこんな時。
>
> （『ソウル・ミュージック・ラバーズ・オンリー』／山田詠美　あとがきより）

さはし　この文章だけで温度や湿度が変わりますね。

ひろし　彼女は五感をすごく大切にしているし、観察眼も鋭いんだよ。僕の小説の先生でもあります。鉛筆で添削してくれた『**アタシはジュース**』*19で小説現代新人賞をもらったのもすべて詠美ちゃんのおかげです。

リリースした。

***17**『**ソウル・ミュージック・ラバーズ・オンリー**』
１９８７年、角川書店。

***18**『**ベッドタイムアイズ**』
１９８５年、河出書房新社。

***19**『**アタシはジュース**』
１９９５年、ＴＯＫＹＯ ＦＭ出版（のち集英社文庫）。小説現代新人賞受賞作。

さはし　へぇー、そんな思い出もあるんだ。
ひろし　彼女とディスコ・ミュージックをどこで知ったかという話になってね。彼女は赤坂の「MUGEN」*20、僕が六本木の「XANADU」*21って言ったらバカにされちゃって（笑）。
さはし　これは昭和のある世代の東京の人にしかわからない話ですね（笑）。僕が詠美さんで思い出すのは、ビリー・ポールの世界初の不倫ソング。
ひろし　はい。「ミー・アンド・ミセス・ジョーンズ」*22。この曲を題材に彼女が書いた短編は、17歳の童貞男子が初めて女を愛して捨てられちゃうお話でした。

M Me and Mrs. Jones／Billy Paul

ひろし　スーパーマーケットでバイトをしている17歳の男の子は、友だちのなかで唯一経験がなかった。彼が「あの女性が初体験の相手だったら最高だな」と思っていたのは、いわゆるビッチな〝ミセス・ジョーンズ〟ことマーサ。二人は情事を重ねていくんだけど、そのうち彼女は寂し気にタバコを吹かすようになり、最後はこう言われてフラれるんだ。

「男の体を求めるのは最初の半年でいいの。それから後は心が欲しい」

（「ME AND MRS. JONES」『ソウル・ミュージック・ラバーズ・オンリー』／山田詠美より）

ひろし　マーサとは人生の経験値が段違いだということがわかる言葉だよね。

マーヴィン・ゲイへのリスペクト

さはし　久しぶりにビリー・ポールを聴きましたが、この曲はホントによくできてるなぁ。
ひろし　この名曲1曲だけで知られている人だよね。

*20「MUGEN」
1968年にクリエイターの浜野安宏のプロデュースにより、赤坂にオープンしたディスコ。サイケデリックな空間演出と、アイク&ティナ・ターナー、サム&デイブなどのライブが評判となり、多くの著名人が集った。87年閉店。

*21「XANADU」
1979年に六本木にオープンし、陸サーファーに人気を集めたディスコながら1年半で閉店。

*22「ミー・アンド・ミセス・ジョーンズ」
フィラデルフィア・ソウルを代表するビリー・ポールの1972年の全米No.1シングル。作曲は、フィリー・ソウルの牽引役、ギャンブル&ハフ。

さはし　僕が初めて矢野顕子さんのツアーに参加したとき、ベースが名手、**アンソニー・ジャクソン**[*23]だったんです。僕は「アンちゃん」と呼んでいましたが（笑）、「アンちゃんが売れっ子になったきっかけは？」と聞いたら、なんとビリー・ポールだったんですよ。この曲が大ヒットしたおかげで、アンちゃんはメキメキ頭角を現したんです。

ひろし　詠美ちゃんは福生に住んでいたことがあって、横田基地にも連れてってくれたんだ。僕もブラザー&シスターのグループに入れてもらってよく一緒に遊んだけど、山田詠美の文体そのままの世界だった。

さはし　詠美さんと一緒に行く横田基地は楽しそうですね。

ひろし　彼女とは週に1度は待ち合わせて飲んでいた時期があったからね。西荻のジャズ・バーでポエトリー・リーディングのイベントを企画して、クボジャーこと**久保田利伸**[*24]さんにラップとポエトリー・リーディングやってもらったこともあった。彼女は国籍や人種に関係なく「いいものはいい」と言える本物を見る目がある人だから、久保田さんも、**ボビー・コールドウェル**[*25]も好きだった。

さはし　要するにブルー・アイド・ソウルと呼ばれるものでも、一時期すごく軽んじられていたディスコ・ミュージックでも、いいものならばOKということですね。

ひろし　そう。あと、**マーヴィン・ゲイ**[*26]にはリスペクトを持っていて、彼の曲をタイトルにした短編「黒い夜」も書いている。

さはし　マーヴィンはアイコンとしてちょっと別格なんでしょうね。

M Got To Give It Up (Part.1) ／Marvin Gaye

短編になった名曲「男が女を愛する時」

ひろし　「黒い夜」は、婚約者がいるのに、結

＊23 アンソニー・ジャクソン
1952年生まれ。ニューヨーク出身のエレクトリック・ベース奏者。77年のリー・リトナー『キャプテン・フィンガーズ』、アル・ディ・メオラ『エレガント・ジプシー』への参加で注目を集め、以降は、ロック、ポップ、ジャズとジャンルを横断して活躍。渡辺貞夫、日野皓正、上原ひろみなどの日本人アーティストとの共演も多数。00年代には矢野顕子の公演で定期的に来日した。

＊24 久保田利伸
80年代から作曲家として活動を始め、1986年にデビュー。ブラック・ミュージック色の濃い音楽性で人気を集める。02年のベスト『THE BADDEST ～Only for lovers in the mood』は、山田詠美の書き下ろし小説『ウォッカ・ニート』が同梱された。

＊25 ボビー・コールドウェル
1951年生まれ。78年「風のシルエット」のヒットやアルバム『イヴニング・スキャンダル』で

婚する前にいい男と遊んでおこうと夜な夜なボーイハントをしている女の子が主人公。彼女は背が高くて、まつ毛が長いカッコいい男の子に出会ってしまう。もうすぐ結婚するからあまり深入りしたくないんだけど……。

さはし　あらすじだけでドキドキしちゃいますね。しかもマーヴィンの曲を聴きながらだとなおさら。マーヴィンの音楽って反復しながらトランス状態に持っていかれるような曲が多いからスリルがあるんですよ。

ひろし　佐橋くんも、マーヴィン・ゲイは聴いていた?

さはし　「What's Going On」はリアルタイムではないけど、「セクシュアル・ヒーリング」は完全に世代でした。「ヒーリング」ってどういう意味なんだろうと思って辞書で引いた覚えがあります。山田詠美さんも音楽している作家さんですね。

ひろし　そうだね。歌詞もちゃんとひも解いて、その曲から物語の世界を作っちゃう。彼女の小説の中の会話は、現代日本文学において鮮烈な印象を残したと思う。名曲**「男が女を愛する時」***27も短編になっています。

さはし　サザン・ソウルのスタンダードであり、プロコル・ハルムの「青い影」との関連性もよく指摘されていますね。日本の音楽業界用語で「ハチロク」と言われている八分音符6個の拍子のビートで、ハチロクの名曲と言えば、このパーシー・スレッジの「男が女を愛する時」。

M When a Man Loves a Woman／Percy Sledge

ひろし　詠美ちゃんの『男が女を愛する時』の主人公は女性の画家で、素肌に白い麻のスーツを着た年下の男の子とフロリダで知り合うんだけど、彼は若いのにガッツいてこない。彼の態度は砂浜のようにサラリとしているんだよ。

日本では〝ミスターAOR〟と呼ばれるシンガー・コンポーザー。

＊26 マーヴィン・ゲイ
1939年生まれ。モータウン・レコードのベリー・ゴーディ・ジュニアに才能を見出され、61年にデビュー。60年代から「悲しいうわさ」やタミー・テレルとのデュエットでヒットを量産。ベトナム戦争や社会問題を歌った71年の「ホワッツ・ゴーイン・オン」と同アルバムは大きな反響を呼び、ダニー・ハサウェイ、カーティス・メイフィールドらと「ニュー・ソウル」ムーブメントを牽引。「レッツ・ゲット・イット・オン」、「アイ・ウォント・ユー」などを発表後、スランプに陥るが、82年に「セクシャル・ヒーリング」が大ヒット。84年に実父に射殺され、死去。享年44。

＊27 「男が女を愛する時」
全米チャートの1位を獲得した1966年のパーシー・スレッジのデビュー・シングル。マッスル・ショールズのフェイム・スタジオで録音され、アトラン

さはし　麻のスーツのように。

ひろし　そう。ある日、ニューヨークの自宅に帰った彼女のもとに、彼が訪ねて来る。でも、彼はなかなか迫ってこないから、彼女は彼のことをどんどん好きになっちゃう。

さはし　この名曲をタイトルにして、そんなストーリーを思い浮かべられるところはさすがですね。

ひろし　『男が女を愛する時』は、そんなストイシズムも愛の純度を高めるということを、教えてくれる気がしますね。『100分de名著』的に言うと（笑）。

村上龍編
村上龍に教わった人生の流儀

さはし　浩さんは**村上龍**さんとも親交が厚いんですよね？

ひろし　人生の流儀は、一から十まですべて龍さんから教わりましたよ。

さはし　その一から十を今日は知りたいなぁ（笑）。僕が最初に村上龍さんの小説と出会ったのは、芥川賞受賞作の『**限りなく透明に近いブルー**』[28]でしたね。本が出た1976年は、僕は中学3年生。学校でも話題になって、友だちから借りて読みました。

ひろし　はい。わたくし、サイン入りの初版本を持っております。

さはし　あっ、今日はそれを見せびらかしに来たな（笑）。この小説は15歳の少年にはかなり刺激が強かった。

ひろし　70年代初頭の福生の米軍ハウスで共同生活をしている若者たちを描いた小説として、当時はセンセーショナルな話題を呼んだからね。いわゆるセックス&ドラッグ&ロックンロールの刹那な生き方を、清潔な透明感のある文体で表現して絶賛された。

さはし　浩さんと村上龍さんのつながりも気になりますね。

ひろし　龍さんの『**昭和歌謡大全集**』[29]とい

ティック・レコードにとっては初のゴールド・ディスクとなった。

＊28『限りなく透明に近いブルー』　1976年、講談社。

う小説の解説を龍さんに頼まれたことがあったんです。その本の解説に、龍さんとのなれそめを書きました。

龍さんに初めて会ったのは僕がラジオ局に入って二年目のことだった。僕は駆け出しのディレクターで、龍さんの自宅近くまで上司が付き添った。待ち合わせた喫茶店はパパラギという名前で、入り口にカウベルが下げられ気難しそうなマスターのいる暗い店だった。緊張もあり僕はどんどん落ち込んでいった。（中略）大きなボルボが店の前に停まり、龍さんが降りてきた。起き抜けらしく、無精髭を生やし、ものすごく不機嫌そうだった。でも言葉遣いは丁寧で僕は胸を撫で下ろした。（中略）局に戻ると、龍さんから電話を貰った。「上司はいいから、今度からひとりで来い」。龍さんは僕の名前を覚えていた。それがとても嬉しかった。

（『昭和歌謡大全集』／村上龍　幻冬舎文庫版解説・延江浩より）

ひろし　こういう出会いでございました。

さはし　なるほど。浩さん、まるで担当編集者みたいですね。

ひろし　その頃のラジオには、文学や小説にも積極的にアプローチしていこうという姿勢があったんだよね。TOKYO FMには**『FM25時 きまぐれ飛行船～野性時代～』**[*30]という片岡義男さんがパーソナリティを務めた番組もあったし。

さはし　僕も聴いていました。ジャズ・シンガーの**安田南**[*31]さんも一緒に出演されていましたよね。

ひろし　そう。TOKYO FMにはそういうラインがあったんです。それで、村上龍さん、山田詠美さん、高橋三千綱さん、今は村上春樹さんにもお世話になっております。

『69 sixty nine』のロック感

さはし　村上龍さんも音楽にはかなり詳しい

＊29『昭和歌謡大全集』
1994年、集英社。

＊30『FM25時 きまぐれ飛行船～野性時代～』
1974年から88年まで、エフエム東京（現TOKYO FM）で放送されていたラジオ番組。角川書店の小説誌『野性時代』の創刊にあわせて放送が始まり、作家の片岡義男と安田南、温水ゆかりがパーソナリティを務めた。

＊31 安田南
70年代にカリスマ的人気を集めたジャズ・シンガー。1974年から77年まで4枚のアルバムを発表。自由劇場や黒テントなどの舞台、エッセイなどでも活躍した。

ですよね。

ひろし　龍さんは佐世保北高校時代にシーラカンスっていうバンドをやっていたからね。

さはし　『**69 sixty nine**』*32の世界だ（笑）。小説のなかにロックの名曲が出てきたのもうれしかったし、映画化もされましたね。では、村上龍さんが小説やエッセイで度々言及しているドアーズの「**水晶の舟**」*33を。

M The Crystal Ship／The Doors

ひろし　『69 sixty nine』の舞台は1969年の佐世保。エンタープライズという原子力空母が入港し、ベトナム戦争で揺れていた時代の高校生たちが主人公。反権力に燃えて、高校をバリケード封鎖するストーリーだから学生運動の小説かと思いきや、ただ女の子にモテたかったからという少年剣介を主人公にした自伝的青春小説だった。

さはし　この小説は実体験もかなり入っているんですか？

ひろし　ほとんど実話だそうです（笑）。映画のなかで、バリケード封鎖をして立てこもったものの校長室で緊張のあまりウンコした生徒役が、佐橋くんもよくご存じの音楽家で俳優の……？

さはし　えっ、星野源さん！

ひろし　そう（笑）。

さはし　そうだったのか（笑）。

ひろし　でも、芥川賞作家ともなると、普通は母校に招かれるものだけど、龍さんは一度もお声がかからないらしいよ（笑）。

さはし　出禁！（笑）。まぁ、あの小説が実話に近いとしたらしょうがないかも。

ひろし　ご本人はすごく楽しんで書いたみたいですよ。僕が面白いと思ったのは、主人公が「ファントムの爆音を毎日聞いている高校生は、弱々しいフォークソングなんか屁以下だと知っているのだ」というところ。

さはし　それは僕も同感です。でも、そのお

＊32『**69sixty nine**』
1987年、集英社。

＊33「**水晶の舟**」
1967年のドアーズのデビュー・アルバム『ハートに火をつけて』に収録。『限りなく透明に近いブルー』には同曲が登場する。『水晶の扉の向こうへ　ロック・オリジナル訳詞集』（思潮社）には村上龍の訳詞を所収。

かげでロックンロールや洋楽と出会えたところもあるので、この本に出てくるロックの名曲感はたまらない。

ひろし　FEN（現AFN）の存在も大きい。米軍基地には必ず極東放送があるから、そこからみんな音楽の情報を仕入れていたんだ。昔のFENはカントリー&ウエスタンなんかが主流のおっさん向きの放送だったんだけど、ベトナム戦争で若い兵士が増えて、彼らの好きなロックが流れるようになる。

さはし　反体制の象徴としてのロックンロールを、基地の米兵たちも聴いていたってことですよね。

ひろし　龍さんは基地からベトナムに旅立っていく米兵を間近で見ていたし、フェンスの向こうには行けないというもどかしさもあって、それが文学に向かうモチベーションになったんだと思う。

さはし　『69 sixty nine』には、ストーンズの**「レディ・ジェーン」**＊34も出てきます。僕は「レディ・ジェーン」というと、下北沢のバーを思い出しちゃいますけど（笑）。

M Lady Jane／The Rolling Stones

ダメ出しされた『昭和歌謡大全集』の解説

ひろし　『昭和歌謡大全集』は、昭和の歌謡曲をちりばめながら、イシハラとノブエという名前の若者たちがミドリ会というおばさん連合と闘いを始めるお話です。イシハラは当時、角川書店の編集者だった親友の石原正康くん、ノブエは俺。龍さんは、小説の登場人物に俺たちの名前をしばしば使ったんだよ（笑）。

さはし　敵がオバサンというのが面白かったですね。ミドリ会ってなんだっていう（笑）。

ひろし　そんな小説の解説をどうやって書けばいいんだよと（笑）。解説を書いて、龍さ

＊34 「レディ・ジェーン」
1966年に発表されたローリング・ストーンズの『アフターマス』収録曲。初めてジャガー／リチャーズのオリジナル曲のみで構成されたアルバムでもある。

んに2回ダメ出しされた理由は、「オマエ、カッコつけすぎだ」でした。

龍さんはノブエとイシハラを主人公にして週刊プレイボーイに連載を始めた。僕たち自身が戸惑うほど、登場人物がすごくバカに書いてあったが、全然頭にこなかった。（中略）

バカだった物語の僕とイシハラはかつてない集中力で燃料気化爆弾を製作し、それを空から落とす。そしておばさん達の「からだが家ごと燃え尽き」、「胸を搔きむしって自分の顔がグニャグニャに歪んでいくのを自覚しながら死んでいく羽目に」なる。

（『昭和歌謡大全集』／村上龍　幻冬舎文庫版解説・延江浩より）

ひろし　『昭和歌謡大全集』というタイトルからするとほんわかしたイメージもあるのに、中身はとんでもない話なんだよ（笑）。

さはし　映画の『昭和歌謡大全集』には**原田芳雄**[*35]さんも出演されていますが、どういう役でしたっけ？

ひろし　「オマエら、おばさんとケンカしてるのか。だったらこれやるよ」って、ピストルを渡す金物屋の主人の役（笑）。

さはし　あるパーティで原田芳雄さんと一度だけお会いしたことがあるんです。楽器が置いてあるお店で、初対面なのにいきなり伴奏させられました（笑）。浩さんは、芳雄さん主演の『大鹿村騒動記』の原案（『**いつか晴れるかな～大鹿村騒動記**』[*36]）を書いていますよね。

ひろし　原作の話は最初、冗談だと思っていたんだ。監督の**阪本順治**[*37]さんが原田芳雄さん主演で映画を撮りたいというところから始まって、1カ月で書き上げた。映画では、佐橋くんの奥さま松たか子さんにもお世話になりました。

さはし　長野県の大鹿村で300年続く村歌舞伎の話ですよね。

ひろし　そう。でも、原作を書くにあたって、

＊35　原田芳雄
1940年生まれ。60年代から個性豊かな存在感と演技力で数々のテレビドラマ、100本を超える映画に出演。シンガーとしても多くの作品を発表した。自身が、企画立案に関わった映画『大鹿村騒動記』で、没後、日本アカデミー賞最優秀主演男優賞を受賞。

＊36　『いつか晴れるかな～大鹿村騒動記』
延江浩・著。2011年、ポプラ社。

＊37　阪本順治
1958年生まれ。大阪府堺市出身の映画監督。89年、赤井英和主演の『どついたるねん』にて監督デビュー。以降、『新・仁義なき戦い』、『顔』、『北のカナリアたち』など話題作を発表。

阪本順治さんから渡された資料は1冊の写真集だけでした。

さはし　それを基にあの本を書いたんですか？　すごいなぁ、浩さん。

世相を反映していた歌謡曲

ひろし　『昭和歌謡大全集』で調布に燃料気化爆弾を落とすのも、**『コインロッカー・ベイビーズ』**＊38のキクとハシの復讐劇も、龍さんの小説は壮大なストーリーが展開されるものが多い。

さはし　これは小説じゃないとムリだろうと思ったけど、映画化もされて。

ひろし　**蜷川幸雄**＊39さんの演出で舞台化もされました。舞台では勝村政信さんがノブエ役。龍さんと観に行って、終演後、「これが本物のノブエです」って出演者に紹介してくれた。勝村さんとはそれ以来の仲（笑）。

さはし　『昭和歌謡大全集』は、タイトル通り、歌謡曲がいっぱい取り上げられています。

ひろし　**ピンキーとキラーズ**＊40＝略してピンキラの「恋の季節」に始まり、「チャンチキおけさ」、「錆びたナイフ」、「骨まで愛して」、「また逢う日まで」……。

さはし　僕はリアルタイムでは知りませんでしたが、のちに聴いてドキッとした曲が**「アカシアの雨がやむとき」**＊41。歌謡曲を超越した魅力がある曲ですよね。

ひろし　西田佐知子さんというとても色っぽい歌手の代表曲ですね。

M　アカシアの雨がやむとき／西田佐知子

さはし　物語に登場する曲は、村上龍さんにとっても印象に残った曲なんでしょうね。

ひろし　歌謡曲は世相を反映していたからね。そういえば、村上春樹さんは大学生の頃、上野のレコード屋でバイトしていて、演歌のカセットを買っていくのはたいてい東北に帰る人だったって。

＊38『コインロッカー・ベイビーズ』　1980年、講談社。

＊39 蜷川幸雄　1935年生まれ。日本を代表する演出家。ギリシャ悲劇、シェイクスピア、チェーホフなど海外の古典から現代劇まで手がけ、「世界のニナガワ」と呼ばれた。97年には、村上龍『昭和歌謡大全集』を劇化した脚本で演出した。

＊40 ピンキーとキラーズ　1968年のデビュー曲「恋の季節」（作詞・岩谷時子、作曲・いずみたく）がミリオンセラーを記録した男女混成のグループ。

＊41「アカシアの雨がやむとき」　1960年の西田佐知子のヒット・ナンバー。物憂げな歌声が、日米安保闘争後の世相と関連づけられた。夫は俳優・テレビ司会者の関口宏。

さはし　なるほど。昭和の頃は、季節労働で東京に働きに来ていた人たちも音楽で癒やされていたんですね。

村上春樹編
『村上RADIO』誕生のエピソード

さはし　テーマがあるとお酒も進みますね。

ひろし　酒と文学と猫というのははどう？

さはし　僕、猫アレルギーなんですよ。なでるとくしゃみが止まらなくなっちゃう。

ひろし　寒いときに猫3匹と寝ていたのは三鷹に住んでいたときの**村上春樹**さん。

さはし　おっと、ついにきましたね。

ひろし　春樹さんがDJを務める番組『**村上RADIO**』＊42をプロデュースさせていただいておりますので。

さはし　春樹さんとはどんなきっかけで出会ったんですか。

ひろし　何年か前に、ある編集者の方が局にいらして、「村上さんがラジオに興味をお持ちです。これはひょっとするとひょっとするかもしれません」と。春樹さんは賞を受賞したときのオフィシャルのスピーチがメディアに流されるくらいで、肉声を聞く機会はなかったから、「まさか」とは思ったよ。でも、とりあえず社内で輪読会を始めて。

さはし　輪読会？

ひろし　みんなで春樹さんの著作を読んで、小説やエッセイに出てくるロックやジャズの曲を挙げていった。でも、村上春樹さんがラジオに出てくれるわけないよなと思いつつ。

さはし　放送メディアに登場されたことはなかったですもんね。

ひろし　ところが、4月のある晴れた日に、スニーカーにコットンパンツでご本人が現れたんです。あくまでも見学ということだったけど、僕らは心臓バクバク。春樹さんがジョギングしていることは知っていたから、皇居の周りを走っているジョガーが見渡せる会議

＊42『**村上RADIO**』2018年8月5日よりTOKYO FMで始まった作家の村上春樹が自らディレクターとなって、テーマに合わせたオンエア曲を選曲し、語るラジオ番組。21年5月より、毎月最終日曜日の夜19時から放送されている。

室を確保しましたよ。山下達郎さんの『サンデー・ソングブック』をクルマで聴いているという情報も入っていたから、達郎さんが使っているスタジオも見ていただこうと。

さはし　お迎えするにあたり、いろいろ準備を整えたんですね。

ひろし　その日の朝に届いた**ホレス・シルヴァー**＊43のレコードをスタジオにさり気なく置いたりして。春樹さんが10代のときに聴いていたレコードを。

さはし　気の利いたおもてなしですね。

ひろし　スタジオにご案内したら、「おっ！」と反応してくれたんだよ。その瞬間、俺はディレクターにウインクをして録音を開始させたの。春樹さんはアルバムを見ながら「この曲がいいんだよね」とかしゃべってくれて、そのときのトークをラジオ番組のように編集して春樹さんにお渡ししました。

さはし　それって、だましてデモテープを録ったってことじゃないですか（笑）。

ひろし　いや、ちょっとしたいたずら心（笑）。春樹さんご自身の声が入った20分のデモ番組を聴いて、「ラジオってこんな感じになるんだ」とわかっていただけたみたい。

さはし　浩さん、名プロデューサーじゃないですか！

ジャズ・バーから作家への転身

さはし　村上春樹さんは、かつてジャズ・バーのマスターだったんですよね。

ひろし　大学時代に国分寺で「ピーター・キャット」というジャズの店を始めて、その後、千駄ヶ谷に移転したんだけど、いい音楽のかかる名店だったんだって。そこに吉行淳之介や中上健次も現れたり。店に置いてあったピアノは、今は早稲田大学にオープンした「**村上春樹ライブラリー**」＊44にあります。村上主義者にとって、これはもう文化財だ。

さはし　作家になるきっかけは？

ひろし　30歳になる少し前、1978年4月

＊43 **ホレス・シルヴァー**　1928年生まれ。スタン・ゲッツに見出され、アート・ブレイキーらとのセッションで〝ファンキー・ジャズ〟の立役者となったジャズ・ピアニスト。50年代半ばから60年代にかけてジャズ・メッセンジャーズ、自身のクインテットを率いて、数多くの名演、名作を残した。

＊44 **「村上春樹ライブラリー」**　2021年10月に「早稲田大学国際文学館（村上春樹ライブラリー）」として早稲田大学構内に開館。刊行されたすべての村上春樹作品（日本語・日本語以外のもの）に加え、同大学出身の村上春樹から寄託、寄贈され

1日に千駄ヶ谷から近い神宮球場へヤクルト対広島の開幕戦を観に行ったら、デーブ・ヒルトンという助っ人外国人選手が二塁打を打ったんだ。その放物線を見て、「僕にも小説が書けるな」と思って書いたのがデビュー作の**『風の歌を聴け』**[*45]でした。

さはし　ジャズ・バーから作家へって道筋が異色ではありますよね。

ひろし　「僕の文章の先生はジャズだった」と春樹さんは仰っていて、リズム、コード、インプロビゼーションをジャズから学んだと。そんな話に、春樹さんがキーボードに向かって文章を綴っている姿がジャズ・ピアニストみたいに思えた。

さはし　『風の歌を聴け』にはラジオのDJも出てきますよね。

ひろし　そう。こんな感じのDJでした。

　やあ、みんな今晩は、元気かい？　僕は最高に御機嫌に元気だよ。みんなにも半分わけてやりたいくらいだ。こちらはラジオN・E・B、おなじみ「ポップス・テレフォン・リクエスト」の時間だよ。これから9時までの素晴しい土曜の夜の二時間、イカしたホット・チューンをガンガンかける。なつかしい曲、想い出の曲、楽しい曲、踊り出したくなる曲、うんざりする曲、吐き気のする曲、何んでもいいぜ、どんどん電話してくれ。電話番号はみんな知ってるね。いいかい、間違いないようにダイヤルしてくれよ。

（『風の歌を聴け』／村上春樹　より）

M California Girls／The Beach Boys

洋楽を聴いているような村上ワールド

さはし　僕の村上春樹さんのイメージは、ジョギングされていること、ジャンルを問わず音楽に詳しくて、英語に堪能で、作品が広く海外でも読まれているということ。春樹さ

た執筆関係資料や、数万枚のレコード・コレクションなどを保管、公開。カフェ、ギャラリーも併設されている。

＊45『風の歌を聴け』 1979年、講談社。

んの小説は、洋楽を聴いているような気分になるんですよ。

ひろし　春樹さんとライブに行くと、たいてい英語の原書の本を抱えている。**レイモンド・カーヴァー***46や**フィッツジェラルド***47など翻訳も数多く手がけているし、そういう姿勢が現代の文学に新しい地平を開いたんじゃないかな。そして、世界中に村上主義者がいる。

さはし　だから他の言語に訳されても、世界観がそのまま伝わるのかもしれないですね。春樹さんの小説に音楽は欠かせませんが、僕が印象的だったのは、双子の女の子の一人がレコード店で働いている場面（『風の歌を聴け』）。その景色がありありと浮かんできて、音楽が聴こえてくるようでした。

ひろし　双子は村上作品には重要なキャラクターだよね。パラレル・ワールドというか、もう一方の世界が描かれる作品が多い。**『1Q84』***48では、月が二つ出てくるでしょう。二つの世界はパラレルで、同時にちょっとズレている。

さはし　そのシチュエーションが、いつもの世界とは違う世界を想起させるんですよね。

ボブ・ディランが印象に残った小説

さはし　ボブ・ディランの曲がすごく印象的だった小説がありましたよね？

ひろし　**『世界の終りとハードボイルド・ワンダーランド』***49かな。「この小説はむずかしくて、結末を何度も何度も書き直しました」とご本人も仰っていていました。そこにボブ・ディランの**「激しい雨」***50が出てくる。『村上RADIO』でご自身が朗読して素晴らしかったのがこの一節でした。

私も雨ふりのことを考えてみた。私の思いつく雨は降っているのかいないのかわからないような細かな雨だった。しかし雨はたしかに降っているのだ。そしてそれはかたつむり

***46 レイモンド・カーヴァー**
1938年生まれ。アメリカの小説家、詩人。83年に村上春樹の翻訳で短編小説集『ぼくが電話をかけている場所』が初めて日本で出版された。村上訳による『夜になると鮭は…』『ささやかだけれど、役にたつこと』、『レイモンド・カーヴァー全集』などがある。

***47 フィッツジェラルド**
F・スコット・フィッツジェラルド。1920年代の「失われた世代」を代表するアメリカの小説家。村上春樹訳には、『マイ・ロスト・シティー フィッツジェラルド作品集』、『グレート・ギャツビー』などがある。

***48 『1Q84』**
BOOK 1、BOOK 2、2009年、BOOK 3、2010年、新潮社。

***49 『世界の終りとハードボイルド・ワンダーランド』**
1985年、新潮社。

***50 「激しい雨」**
『世界の終りとハードボイルド・

を濡らし、垣根を濡らし、牛を濡らすのだ。誰にも雨を止めることはできない。誰も雨を免れることはできない。雨はいつも公正に降りつづけるのだ。
　やがてその雨はぼんやりとした色の不透明なカーテンとなって私の意識を覆った。
　眠りがやってきたのだ。
（中略）ボブ・ディランは『激しい雨』を唄いつづけていた。

（『世界の終りとハードボイルド・ワンダーランド』／村上春樹　より）

さはし　春樹さんの音楽の聴き方は、ちょっと僕らと違うのかな。

ひろし　『村上ソングス』*51という音楽を訳した本もあるけど、英語の音楽は自分なりに解釈して、時代背景も含めて把握されているということはあるかもね。

さはし　J.D.サリンジャー*52の『キャッチャー・イン・ザ・ライ』*53も春樹さんの新訳で読むと、以前の訳と印象が違いました。

ひろし　そうなんだよね。でも、音楽とも共通点があるんじゃない。

さはし　ビートルズのプロデューサーのジョージ・マーティンに**『ビートルズ・サウンドを創った男耳こそはすべて』**＊54という自伝があるんですが、僕が読んで思ったのは、いい聴き手でなければ、いい音楽家にはなれないということ。つまり、上手に弾けたり歌えたりすることより、音楽がどんなふうに聴こえているかが音楽家を育てるんだと。

ひろし　戯曲もそうだよね。俳優の声や体を通して物語や人物が造型されていくから。

さはし　そうですね。朗読やポエトリー・リーディングも文章を違う感覚で楽しむひとつのエンターテインメントなんですよね。

M A Hard Rain's A-Gonna Fall／Bob Dylan

ワンダーランド』に登場する「激しい雨（A Hard Rain's a-Gonna Fall）」は、ボブ・ディランの1963年の2作目のアルバム『フリーホイーリン・ボブ・ディラン』に収録。邦題は「はげしい雨が降る」。（76年のライブ・アルバム『激しい雨』とは別）。

＊51『村上ソングス』 共著・和田誠、2007年、中央公論新社。

＊52 J.D.サリンジャー 1919年生まれ。『ライ麦畑でつかまえて（キャッチャー・イン・ザ・ライ）』が今なお世界中で読み継がれているアメリカの小説家。65年に最後の作品を発表した後、隠遁生活を送り、2010年に死去。

＊53『キャッチャー・イン・ザ・ライ』 村上春樹訳、2003年、白水社。

＊54『ビートルズ・サウンドを創った男耳こそはすべて』 ジョージ・マーティン著、吉成

「ノルウェイの森」がかかった夜

ひろし　『村上RADIO』で、春樹さんの小説の中に出てくる音楽の特集をやったことがあるんだけど、春樹さんはご自分の著作をあまりよく覚えてないんだよ（笑）。リスナーからのリクエストで、「こんな曲のことを書いていたんだ」と思い出したそうです。

さはし　過去にはあまり頓着しないのかな。

ひろし　そうみたい。しかし、春樹さんがビートルズの**「ノルウェイの森」**＊55をかけたときは感動したなー。『村上RADIO』をやっていてよかったって。この作品は、1千万部以上売れているのだから。

さはし　ビートルズの「ノルウェイの森」は、ノルウェイの森の話じゃないんですよね。

ひろし　春樹さんによると、「ノルウェイの家具」という意味なんだってね。そういえば、**濱口竜介**＊56監督の映画**『ドライブ・マイ・カー』**＊57は素晴らしかった！　カンヌで脚本賞を受賞し、今やアカデミー賞4部門にノミネートされている。

さはし　僕はまだ観てないんですけど、どうやってあの小説を映画にしたんだろうと。

ひろし　濱口さんは、主人公の一挙手一投足を描くのではなく、春樹さんの文章から感情の起伏を抽出して、脚本を書かれたそうです。『ドライブ・マイ・カー』は**『女のいない男たち』**＊58という短編集に収められた1作だけど、映画では短編集に収録されている他のエピソードも投影して作品にした。

さはし　受賞されたのが脚本賞だったのはうれしかったでしょうね。名著を脚本化して評価されたわけだから。

ひろし　そうだね。韓国のイ・チャンドン監督が撮った**『バーニング　劇場版』**＊59は、春樹さんの**『納屋を焼く』**＊60という短編を原作にした映画だったけど、映画は監督がどこまでイマジネーションをふくらませるかが重要なポイントだね。濱口さんは原作から自分

伸幸、一色真由美・訳、河出書房新社。

＊55 「ノルウェイの森」
1965年に発売されたビートルズの『ラバー・ソウル』に収録。21年8月『村上RADIO』の「Music in MURAKAMI ～村上作品に出てくる音楽～」特集で自身が紹介し、オンエアーされた。

＊56 濱口竜介
1978年生まれ。東京藝術大学大学院映像研究科の修了制作『PASSION』がサン・セバスチャン国際映画祭に出品され話題を呼ぶ。15年には長編『ハッピーアワー』、18年には『寝ても覚めても』で商業映画デビュー。共同脚本を手がけた黒沢清監督作『スパイの妻』ではヴェネチア国際映画祭銀獅子賞に輝く。『ドライブ・マイ・カー』は第74回カンヌ国際映画祭脚本賞に加え、第79回ゴールデン・グローブ賞でも非英語映画賞に輝いた。

＊57 『ドライブ・マイ・カー』
映画は2021年8月公開。監

なりの意図を見出して、それを再構築した。
さはし　才能と才能が素晴らしいコラボをしたということですね。

M Drive My Car／The Beatles

東山彰良／片岡義男編
東山彰良と文壇バー・デビュー

さはし　浩さんは著書を出されていることもあって、本好きの僕としては知らないエピソードを教えてもらってうれしいかぎりなのですが、僕にも作家の知り合いがいるんですよ。**東山彰良**さんはご存じですか？
ひろし　すごく面白い小説を書く人でしょう。九州の方じゃなかったっけ？
さはし　そう。福岡在住です。ご両親は中国の方で、ご本人も台湾で生まれたそうですが、2015年に『**流**』*61という小説で直木賞を受賞された方です。
ひろし　でも、佐橋くんはどんなつながりで知り合ったの？
さはし　福岡のRKBラジオで活躍されている山本真理子さんというラジオ・パーソナリティの方がいて、彼女は東山彰良さんとラジオ番組をやっていて、ぜひ紹介したいから、福岡に来たら飲みに行こうと連絡があったんですよ。
ひろし　そういう出会いだったんだ。
さはし　東山さんには、『**イッツ・オンリー・ロックンロール**』*62という小説もあるし、RKBのラジオ番組のタイトルも「東山彰良イッツ・オンリー・ロックンロール」というんですよ。
ひろし　ロック好きの匂いがプンプンする。
さはし　『**ワイルド・サイドを歩け**』*63という著作もありますからね。この曲を聴きながら、東山さんの話をしましょうか。

督・濱口竜介、脚本・濱口竜介、大江崇允、主演・西島秀俊。短編小説集『女のいない男たち』所収の『シェエラザード』、『木野』も映画のモチーフとしている。

***58**『**女のいない男たち**』
2014年、文藝春秋。

***59**『**バーニング　劇場版**』
イ・チャンドン監督による2018年公開の韓国映画。村上春樹の短編小説『納屋を焼く』を原作としており、第91回アカデミー賞外国語映画賞に韓国代表作として出品された。

***60**『**納屋を焼く**』
『螢・納屋を焼く・その他の短編』所収、1984年、新潮社。

***61**『**流**』
2015年、講談社。

***62**『**イッツ・オンリー・ロックンロール**』
2007年、光文社。

***63**『**ワイルド・サイドを歩け**』
2004年、宝島社。

さはし　東山さんの小説にも音楽がやたらと登場するんですが、お会いしたら、やっぱり無類の音楽好きで、連絡先も交換したんですけど、携帯電話を持ってないので、いまだに連絡は固定電話かメール。

ひろし　珍しいね。でも、作家っぽい。

さはし　そこからおつきあいが始まったんですが、東山さんが『**僕が殺した人と僕を殺した人**』＊64で読売文学賞を受賞されたとき、帝国ホテルで授賞式があって、「僕、東京に佐橋さんしか友だちがいないので、よかったら出席してくれませんか」というメールがきたんです。「僕みたいな部外者でいいの？」と聞いたら、「大丈夫です」って。

ひろし　佐橋くん、授賞式に行ったんだ？

さはし　はい。帝国ホテルまでのこのこと行ってきました（笑）。しかも、そのあと僕、文壇バー・デビューしたんです！

ひろし　あら！　連れて行かれちゃいましたか。

さはし　銀座、新橋の文壇バーを3軒くらいハシゴして。各出版社の編集者の方たちが飲んでいるところに、ポツンとミュージシャンが一人紛れ込んでいる状態でしたが（笑）、編集者の方々って音楽好きの方が多いんですね。みなさんびっくりするくらい詳しくて。

ひろし　編集者でバンドやっている人も多いからね。

さはし　そんなこんなでつながりができて、新潮社の文芸誌『波』に寄稿したんですよ。夢がかなっちゃった。

ひろし　文学界と音楽界を股にかける男じゃん（笑）。

さはし　東山さんとは「スライドギターをやってみたいんだけど、どんなスライド・バーを買えばいいか」と相談されたり、文学ではなく、音楽を通じてマニアックな間柄になりました（笑）。

＊64 **『僕が殺した人と僕を殺した人』**
2017年、文藝春秋。

＊65 **レス・ポール＆メリー・フォード**
ギタリストのレス・ポールが妻でシンガーのメリー・フォードと結成したデュオ。50年代前半に絶大な人気を誇り、「ハウ・ハイ・ザ・ムーン」は全米1位を獲得。

作家の音楽の守備範囲

さはし　東山さんも音楽の守備範囲が広くて、僕が驚いたのは**レス・ポール&メリー・フォード**＊65の曲を番組でかけていたこと。**レス・ポール**＊66といえば、ギブソン・レスポールの生みの親、エレキギターの父ですよ。

ひろし　ジミー・ペイジがバイオリンの弓で弾いてたヤツだよね？

さはし　あれがまさにそうです。レス・ポールがギブソン社と共同で開発したんです。レス・ポールは多重録音を始めた人でもあり、ディレイを機械的につくり出す手法を開発した革新的な人でした。

ひろし　ギタリストでもあり、発明家だったんだね。

さはし　そう。そのレス・ポールが多重録音を駆使して、当時の奥さんと組んで50年代にヒットさせたのが、「How High The Moon」。

M How High The Moon／Les Paul & Mary Ford

さはし　この曲は一人多重録音なんですよ。50年代初頭に、誰もそんなことやってなかったし、声もたくさん重ねていて、それこそ山下達郎さんの『**ON THE STREET CORNER**』＊67の大元でもあります。

ひろし　達郎さんの一人多重コーラスの名盤だね。

さはし　そう。このエレキギターの高い音は、テープを早回ししたり、遅回しして、音程を上げたり下げたりしてつくったんですよ。それをちゃんと楽しめるポップスに仕上げて、ラジオを通して大ヒットしたんです。

ひろし　そんな曲を自分の番組でかけちゃう東山さんもやっぱり、タダ者じゃないね。

＊66 レス・ポール
1915年生まれ。ギタリスト、ソングライター、発明家。ギブソン・レスポールの生みの親。ギブソン・レスポールや8トラック・テープレコーダーの功労により、ミュージシャンとして唯一「発明家の殿堂（National Inventors Hall of Fame）」入りを果たした。

＊67『ON THE STREET CORNER』
山下達郎の一人多重録音によるア・カペラ・アルバム。1980年の『ON THE STREET CORNER 1』に始まり、『ON THE STREET CORNER 2』（86年）、『ON THE STREET CORNER 3』（99年）の3作を発表。

伝説の片岡義男の深夜番組

さはし　僕が十代の頃は自分が好きな洋楽がかかるラジオ番組を探していたんですが、「宿題もやらなきゃ」と思いながら聴いていたのが作家の**片岡義男**さんの番組でした。

ひろし　サーフィンとバイクの話が多かったでしょ？

さはし　そうそう。僕の高校時代は誰かが買ってきた『ポパイ』や『ホットドッグ・プレス』を回し読みしていたんですけど、その雑誌が番組になったような内容で。

ひろし　『FM25時　きまぐれ飛行船〜野性時代〜』は、時の人、角川春樹さんが企画した25時スタートの深夜番組でした。

さはし　親が寝静まった時間に、カルチャー全般に詳しいお兄さんとお姉さんのおしゃべりが耳に心地よくて。

ひろし　学生時代、俺も番組のファンだったから、TOKYO FMに入社して、虎ノ門の発明会館まで見学に行きましたよ。片岡さんの声がまたいいんだよね。

さはし　いい声でしたね。当時、大人気だった**笑福亭鶴光**＊68さんとは真逆で（笑）。

ひろし　片岡さんはその頃、小説家として上り調子で、言葉がフレッシュだったんだよね。騒がしいDJとは違って大人の男の落ち着いた声で、それまでの深夜放送とは一線を画していたんだ。

さはし　僕も片岡義男さんのお名前はその番組で認識したんだと思います。本屋に行くと、片岡さんの本が平積みになっていたし。

ひろし　角川文庫から新刊小説をハイペースで刊行されていたし、装丁も洒落ていた。それに片岡さんはアメリカ文化や音楽に造詣が深くて、若者にすごく影響力があった。

「スローなブギにしてくれ」秘話

さはし　『**人生は野菜スープ**』＊69という小説は、僕は「10ccの曲と同じタイトルだ！」と、

＊68 笑福亭鶴光
1948年生まれ。上方落語家。ラジオ・パーソナリティを務めた『笑福亭鶴光のオールナイトニッポン』（74年〜85年）は、爆発的人気を博した。

＊69 『人生は野菜スープ』
1977年、角川書店。

＊70 南佳孝
1950年生まれ。東京都出身。73年に松本隆プロデュースによるアルバム『摩天楼のヒロイン』でデビュー。79年には「モンロー・ウォーク」（作詞・来生えつこ、編曲・坂本龍一）を郷ひろみが「セクシー・ユー」のタイトルでカヴァーして大ヒット。映画『スローなブギにしてくれ』の主題歌、楽曲提供、ジャズ、ボサノヴァ、ラテンなどジャンルを超えたコラボレーションでも活躍。

＊71 『スローなブギにしてくれ』
1976年、角川書店。

興味を惹かれました。片岡さんの作品も映画化されていますよね。

ひろし　♪I want you

さはし　あっ、「ウォンチュー」、**南佳孝***70さん！　あの曲は、片岡さんの小説『**スローなブギにしてくれ**』*71の映画主題歌でしたね。僕も佳孝さんのレコーディングに何回か呼んでいただきましたが、ユニコーンや奥田民生さんを送り出した音楽事務所SMAにいらした原田公一さんは、佳孝さんのマネージャーだったんですよ。

ひろし　あの原田さん？　そうだったんだ。

さはし　もっと昔は下北沢ロフトにいて、僕がまだ高校生のときに、こっそりタバコ吸ってイキがっていても怒らなかったやさしい店員さんでした（笑）。

ひろし　人に歴史ありだね。

さはし　その原田さんから面白い話を聞いたんですよ。南佳孝さんは詞が先じゃなくて曲が先なんです。「**スローなブギにしてくれ（I want you）**」*72の作詞は松本隆さんですが、佳孝さんはデモテープの仮歌ではヘンなスキャットで歌っていたんですって。タモリさんの**ハナモゲラ語***73みたいな意味不明の言葉で。原田さんによれば、この曲も最初は「ウォンチュー」じゃなくて、「スタッポーン」と歌っていたらしい（笑）。

ひろし　「スタッポーン」ってなに？　スリップオンじゃなくて？（笑）。

さはし　原田さんも「松本隆さんもよくぞ〝ウォンチュー〟を思いついたよね」と（笑）。

ひろし　南佳孝さんは松本さんプロデュースの『**摩天楼のヒロイン**』*74でデビューした。

さはし　僕はそんな話を原田さんから聞いていたので、佳孝さんのレコーディングに呼ばれたとき、相変わらずハナモゲラ語の仮歌で、思い出し笑いが止まらなくて（笑）。

ひろし　佳孝さんって、とてもスマートでダンディなイメージがあるのに。

さはし　すごく楽しい人ですよ。10年くらい

＊72「スローなブギにしてくれ（I want you）」
片岡義男の短編小説が原作の1981年の映画『スローなブギにしてくれ』の主題曲。映画のサウンドトラックも南佳孝が担当。

＊73 ハナモゲラ語
70年代半ばから、ジャズ・ミュージシャンの山下洋輔の仲間、中村誠一、坂田明、タモリらの間で流行したデタラメな言葉遊びの一つ。タモリの持ち芸として有名。

＊74『摩天楼のヒロイン』
1973年にリリースされた南佳孝のデビュー・アルバム。プロデュースと作詞を松本隆が手がけ、アレンジは矢野誠、キャラメル・ママの細野晴臣、林立夫、鈴木茂らが参加。

＊75 高橋ゲタ夫
1954年生まれ。ベーシストとして、高中正義、オルケスタ・デル・ソル、日野皓正、井上陽水、南佳孝などのレコーディングで活躍。松岡直也グループ、熱帯ジャズ楽団では多くの海外

前、茅ヶ崎で野外イベントがあって、僕は小坂忠さんで出たんですけど、トリが佳孝さんだったんです。出番が終わって舞台のそでにいたら、佳孝さんが「佐橋くん、あとで呼ぶから適当に乱入してよ」って。「えっ、僕、1曲もわかんないんですけど」って言っても、「大丈夫。ベースの**（高橋）ゲタ夫**＊75の指見てればわかるでしょ」って（笑）。

ひろし　佳孝さんってノリの人なんだね。

さはし　そう。ダンディなんだけど、そういうハプニングが好きな楽しい方なんです。片岡義男さんの『スタッポーン』から、「スタッポーン」事件の話になっちゃいましたね（笑）。

ひろし　佐橋くんのせいで、あの曲、これから先は「スタッポーン」にしか聴こえなくなっちゃったよ（笑）。

M スローなブギにしてくれ（I want you）／南佳孝

公演を経験。現在もザ・ローライダース、クリスタル・ジャズ・ラティーノで活動中。

PART 11

さはしひろしと大貫妙子さんと

FM番組『仮想熱帯』での出会い

ひろし 佐橋くん、今日は素敵なお嬢さんをお連れしましたよ。ここに来る途中、井の頭線でばったりお会いしちゃって。

さはし あれ？ 大貫妙子さんじゃないですか。8月に八ヶ岳のライブ（「大貫妙子アコースティックコンサート」八ヶ岳高原音楽堂）でご一緒して以来ですね。

大貫 お久しぶりです。

ひろし 大貫さんは、井の頭線の富士見ヶ丘の出身だっけ？

大貫 違います！ 久我山。

ひろし すみません！ 失礼しました（笑）。

さはし 浩さんは、大貫さんとは長いお付き合いだそうですね。

ひろし ター坊こと大貫さんとは、TOKYO FMで『仮想熱帯』という番組を持っていただいて以来のお付き合いでございます。

さはし それはいつ頃ですか？

ひろし 初めて打ち合わせでお会いしたのは1990年。ター坊の音楽を聴きながら、アンリ・ルソーの絵画を眺めていて、『仮想熱帯』というタイトルを思いついたんです。

大貫 ちょっとずつ思い出してきました。

ひろし 番組には小説家や映画監督など様々なゲストをお招きしましたね。

大貫 そう。小説家の方がゲストのときは、その方の本を何冊も読まなくてはならないし、映画監督のときは映画を何本も観て、予習が大変でしたけど、おかげさまで勉強になりました。

ひろし 大貫さんは番組の定例会議にも出席されて、ディレクターは毎回ダメ出しされていましたよ。

大貫 そう？ 私、怒ってました？

ひろし いや、「ここのトークをカットしちゃダメじゃない」とかそんな感じで。大貫さんはちゃんと勉強して、トークの大事なツボを掌握されていたから。

さはし　僕が大貫さんに最初にお会いしたのは、清水信之さんが大貫さんのレコーディングをしていた80年代半ば、『Comin' Soon』＊1の頃。僕は今の仕事を始めて間もない時期で、勉強のために見学にうかがったんです。初めてレコーディングに呼んでいただいたのは、小林武史さんがプロデュースをされた『NEW MOON』＊2でした。

一触即発のシュガー・ベイブのライブ

ひろし　僕は大学時代からター坊のファンだったから、TOKYO FMに入社したときは、友だちに「よかったね。これで大貫さんに会えるね」と言われたよ。

さはし　僕も中学生のときからシュガー・ベイブを聴いていたので、大貫さんのレコーディングに初めて参加したときは感慨深いものがありましたね。シュガー・ベイブのライブも駒場からチャリンコで渋谷のヤマハまで観に行ったほどですから。ご本人を前にして言うのもなんですが、メンバーの皆さん、愛想なかったですよね（笑）。

大貫　そうかな？　そうかもしれない（笑）。

さはし　達郎さんが、お店の人が用意した大貫さんが弾く鍵盤を「こんなんじゃダメだ！」とか言って、本番中に怒ったりして。

ひろし　シュガー・ベイブは、ライブで関西のブルース・ファンに「ポップで軟弱だ！」って野次られたり、物が飛んできたりしていたんだよね。

大貫　当時は音楽のジャンルに関係なくいろんなバンドが同じイベントに出演していたので、そんなこともありましたね。そういうロック、ブルース全盛時代のイベントでは、お酒持ち込みOKだったんでしょう、たぶん。酔って大声でヤジるお客さんもいて。一升瓶を持って、前の席を陣取って怖いの。

さはし　うわー、おっかないですね！

大貫　そんな雰囲気のところに出て行って、シュガー・ベイブが演奏すると、「ナンじゃ、

＊1『Comin' Soon』
1986年リリース。通算10枚目の大貫妙子のアルバム。アレンジに清水信之、坂本龍一、門倉聡、大村憲司らが参加。

＊2『NEW MOON』
1990年の大貫妙子のオリジナル・アルバム。プロデュースは、小林武史と大貫妙子。佐橋佳幸は、「楽園をはなれて」「MY BRAVERY」に参加。

ワレ！」ですよ（笑）。

ひろし　スゴい時代だね（笑）。

大貫　そしたら、演奏が途中で止まったの。うしろを振り返ると、ドラムの**上原（裕）**＊3ユカリが叩くのをやめて、姿が見えない。どうしたんだろうと思ったら、ベードラに頭を突っ込んで、そのマイクに向かって、「文句があるなら上がってこいや！」って（笑）。

さはし　売られたケンカを買おうとした？

大貫　でもね、この話は、後日、山下（達郎）くんがちょっと盛ったかもしれない（笑）。

ひろし　山下くん！

さはし　「山下くん」は、何度も話しているうちに盛っていく傾向にありますよね（笑）。

大貫　ちょっとね（笑）。

さはし　じゃ、当時、あるライブハウスがすごく狭くて、縦列駐車のごとく縦にセッティングしたという話は？

大貫　それは盛りすぎよ（笑）。それより、ライブハウスのステージにピアノがおさまらなくて、私、体が半分くらい幕に入ったまま弾いたことがありました。あの頃は髪が長かったし、お客さんには私の存在がわからなかったと思う（笑）。

伝説のロック喫茶「ディスクチャート」

さはし　大貫さんは1975年にシュガー・ベイブでデビューする前は、アマチュアで活動されていたんですよね。

大貫　男性二人と「三輪車」というフォーク・グループで活動していたんですが、バンドの男の子がつくる曲がなんとなく和風フォークというか……。

さはし　大貫さんの趣味ではなかったわけですね。

大貫　でも、「三輪車」はすでにワーナー・パイオニアからデビューする話があって、そのプロデューサーが矢野誠さんだったんです。それで矢野さんに私が書いた歌詞を見せたり、好きな音楽の話なんかをしたら、「ウ

＊3 上原〝ユカリ〟裕　1953年生まれ。村八分の二代目ドラマーとして活動後、72年に伊藤銀次の〝ごまのはえ〟に加入し、上京。ココナツ・バンクを経て、75年にシュガー・ベイブの『SONGS』のレコーディングに参加。伊藤、寺尾次郎とともにシュガー・ベイブのメンバーになり、76年の解散まで活動。大滝詠一のアルバムやナイアガラ・レーベルのセッションの参加でも知られる。一時は引退したが、96年に復帰。

＊4 「ディスクチャート」　ジャズ喫茶「いーぐる」の新店舗のロック喫茶として、1972年に開店。店内でかかる音楽は、店のスタッフとして働いていた長門芳郎が選んだアメリカのロックやシンガー・ソングライターのレコードだったという。「ディスクチャート」で行われた大貫妙子の73年の「午后の休息」（歌詞違い）のデモ・セッションは、07年の紙ジャケット仕様限定盤『Grey Skies』のボーナス・トラックとして収録された。

ン。きみ、このバンドはやめた方がいいよ」って。

さはし　あらら（笑）。

大貫　正直な方です！（笑）。「その代わり、きみが好きそうな音楽をやっている連中がいるから紹介するよ」と言われて、行ってみたのが四谷の**「ディスクチャート」**＊4。

さはし　伝説のロック喫茶ですね。そこでシュガー・ベイブと面々と出会うんですね。

大貫　そうですね。その店には、**徳武弘文**＊5さんや、のちにシュガー・ベイブのマネージャーになる**長門芳郎**＊6さんもいて、大貫妙子をデビューさせようとデモ・テープを制作することになったんです。お店にあったオープンリールで、お店が閉店したあと朝までセッションしながら。

さはし　達郎さんもお店の常連だった？

大貫　彼は自主制作した**『ADD SOME MUSIC TO YOUR DAY』**＊7をお店に置いてもらっていたので、デモテープ作りの噂を聞いて、あ

＊5　徳武弘文
1951年生まれ。北海道出身。70年代から、活躍するギタリスト。山本コウタローと少年探偵団を経て、74年にザ・ラスト・ショウを結成。スタジオ・ミュージシャンとして、大滝詠一、五輪真弓、吉田拓郎らのアルバム、ライブに参加。サムピックを使用したフィンガー・ピッキングを活かした独自のギター・スタイルで、近年は自らのバンド、Dr.K Projectで活動。

＊6　長門芳郎
1950年生まれ。長崎県出身。70年代から、シュガー・ベイブ、ティン・パン・アレーのマネージャーとして、コンサート／レコード制作に携わり、その後は南青山の輸入レコード店「パイド・パイパー・ハウス」の店長を続けながら、ピチカート・ファイヴのマネージメントやヴァン・ダイク・パークス、ダン・ヒックスなど海外アーティストのコンサートやアルバム制作、リイシュー企画の監修などを手がける。

る日、見学に来たんです。明け方近くになって、山下くんがお店にあったギターで誰かのカヴァーを弾きだしたんですよ。「えっ、この人、歌もギターもえらくうまい」と、ちょっと驚いちゃって。

ひろし　明け方の弾き語りはしびれるね。

大貫　そう。思わず聴き入ってしまった。それから話をするようになったんです。私のデモ・テープはいつしか立ち消えになり（笑）、山下くんに「一緒にバンドやんない？」と誘われて、シュガー・ベイブになっていく。彼はコーラスができるバンドを目指していたので、女性がいるといいと思ったんでしょうね。

“転調の鬼”はシュガー・ベイブの頃から

さはし　シュガー・ベイブのアルバム『SONGS』には、大貫さんの曲が3曲収録されていますが、「いつも通り」ってちょっと変わったコード進行ですよね？　ここで聴いてたしかめてみましょう。

M　いつも通り／SUGAR BABE

さはし　僕はこの曲を知ったときはまだ中学生だったので、難しくてコピーできなかった。

大貫　私の曲はそういうのばっかりです。

さはし　その後、一緒にお仕事するようになってわかりましたが、大貫さんの曲は独特のコード進行とメロディーの動きがあって、ものすごく凝っている。

大貫　曲をつくるときは、コードと一緒にメロディーも出てくるんだけど、このメロディーにどうしても行きたいと思うと、そこからコードを探していくんです。だから、コードはいつも後付け。

さはし　『SONGS』でもそういう複雑な転調の曲は大貫さんの曲ですもんね。

大貫　今でもそうですね。私、“転調の鬼”

＊7『ADD SOME MUSIC TO YOUR DAY』
山下達郎が1972年に友人たちと限定100枚で自主制作したアルバム。アナログA面は、ビーチ・ボーイズ、B面はドゥー・ワップやロックンロールのカヴァーなどで構成され、タイトルはビーチ・ボーイズのアルバム『サンフラワー』の中の曲名から採用。92年に山下自身の監修で初CD化。山下のオフィシャル・ファンクラブとオフィシャルサイトで購入可。

なんですよ。書いていて、2回くらい転調して、どうやって元に戻ればいいんだろうと悩んだときは、アレンジャーに「戻してくれる?」ってお願いすることも。

ひろし ター坊の音楽史の地層を探るような話がどんどん出てくるね。面白い!

さはし でも、シュガー・ベイブの活動期間短かった。

大貫 3年くらいですね。

さはし ソロ・デビューも解散してすぐでしたよね。1stアルバムの『Grey Skies』*8にはシュガー・ベイブ時代につくった曲も入っているんですか?

大貫 数曲ありますね。解散が決まった1976年に山下くんもソロ・デビューしたし、私もソロでやっていくことになって。

さはし この頃、よく聴いていた音楽ということで、大貫さんが持って来てくれたのがフィフス・アヴェニュー・バンド。

大貫 フィフス・アヴェニュー・バンドはどれだけ繰り返し聴いたかわからないくらい。永遠に好き。

さはし 四谷の「ディスクチャート」にはのちに「パイド・パイパー・ハウス」に関わる長門さんもいたし、そういう音楽が流れていたんですか?

大貫 それもあるし、シュガー・ベイブ時代は、私も山下くんと中古レコード屋さんをまわったりしていたんです。手を真っ黒にしながら(笑)。当時は若くてお金もないから、そうやって買ったレコードは、ホントに擦り切れるほど聴きました。この時代に聴いた曲は、体に染み付いていますね。

M **Nice Folks／The Fifth Avenue Band**

ステレオで音楽に目覚めた少女時代

ひろし そもそも音楽に目覚めたのは?

大貫 家にステレオがあって、子供の頃は一

＊8『Grey Skies』
1976年にリリースされた大貫妙子のデビュー・アルバム。編曲は、山下達郎、細野晴臣、坂本龍一、矢野誠。シュガー・ベイブ時代のレパートリー「約束」、「愛は幻」も収録され、寺尾次郎、上原裕も参加。07年、大貫監修の紙ジャケット仕様限定盤にて再発。

日中ステレオの前に座って、クラシックから、父が戦中派だったので軍歌まで聴いていました。そのなかに「煙が目にしみる」の**プラターズ**＊9などの洋楽もあったんです。まだ小学生でしたから英語もわからなかったんだけど、歌詞を全部覚えてしまって。

さはし　耳コピーしちゃったんですね。

大貫　そんなに音楽が好きならと親がピアノを買ってくれて、習うことになったんですけど、練習曲がつまらなくてやめてしまった。

さはし　「三輪車」のときは、ギターを弾いていたとか？

大貫　そう。ピアノのあとに兄貴のウクレレを少し、子供で手が小さかったから。中学生からはギター。

さはし　大貫さんがギターを持っている姿は一度も見たことないなぁ。

大貫　ピアノで曲をつくるから爪を伸ばせないので、もうギターは弾いていないですね。

さはし　大貫さんの転調の多い曲をギターで弾くのは大変なんですよ。山弦でご一緒するときも、1曲やると手が「死ぬ」（笑）。

ひろし　山弦の二人の腕を持ってしても？

さはし　はい。大貫さんの曲をギターでやるには相当のトリッキーな技が必要です。

ジャンルを問わず何でも聴いた十代の頃

ひろし　そんなター坊のルーツ・ミュージックを知りたいね。

＊9　プラターズ
1955年の「オンリー・ユー」のヒットで知られるヴォーカル・グループ。ロックンロール黎明期に「ザ・グレート・プリテンダー」、「トワイライト・タイム」、「煙が目にしみる」など数々のヒットを飛ばした。

＊10　グランド・ファンク・レイルロード
ハード・ロックの古典「ハートブレイカー」で知られるアメリカの3人組のバンド。1971年、後楽園球場で行われた雷雨の中でのコンサートは語り草になっている。73年にはトッド・ラングレンのプロデュースによる「アメリカン・バンド」、「ロコモーション」が大ヒットした。

＊11「ブラック・ホーク」
70年代に東京・渋谷百軒店にあったロック喫茶。ブリティッシュ・トラッドやレアな英米のシンガー・ソングライターのレコードなど他店とは一線を画した選曲で、ミュージシャンやマニアックな音楽ファンが集った。機関誌『スモール・タウン・トーク』も発行。81年にはリ

さはし　大貫さん、ロックは好きでしたか？

大貫　ジャンルは問わず何でも聴いていましたよ。ジャニス・ジョプリンや**グランド・ファンク・レイルロード**＊10なんかも。

ひろし　へぇー、意外！　ロック喫茶に行ったりして？

大貫　行きましたよ、恐る恐る。70年代のロック喫茶って暗くて怖い雰囲気だったんです。いちばん通ったのは、渋谷の「**ブラック・ホーク**」＊11。おしゃべりは禁止でしたけど。

さはし　僕も大貫さん世代の先輩に連れて行ってもらいましたけど、好きな曲がかかってはしゃいでいたら、お客さんに睨まれた（笑）。

大貫　当時は聴きたいアルバムがあってもなかなか買えないから、ロック喫茶で大きい音でちゃんと聴きたいという音楽愛好家がけっこういたんです。コーヒー一杯で何時間もねばって。

ひろし　このアルバムもその頃、聴いた一枚になるのかな？

大貫　**ロギンス＆メッシーナ**＊12。72年の2nd。これはいまでも家で爆音で聴きます。

M Good Friend／Loggins & Messina

さはし　ロギンス＆メッシーナは、上質なロックンロール・バンドでしたね。

大貫　このドラムのシンバル・ワーク、カッコイイでしょ。

ひろし　ノッてきたね（笑）。

大貫　いま聴いてもまったく古くない。どうです、この絶妙なアレンジ！

ひろし　こんなに弾けるのは珍しいね（笑）。

大貫　好きな音楽のことならいくらでも語れます。60年代、70年代のカッコイイ音楽なら、まかして（笑）。

さはし　おっ、これは「サイレンス・イズ・ゴールデン」のシングル盤ですね。**トレメローズ**＊13っていうんだ。

ニューアルされ、レゲエ中心の店になった。

＊12 ロギンス＆メッシーナ　ケニー・ロギンスと、バッファロー・スプリングフィールド、ポコに在籍したジム・メッシーナによって1971年に結成。「ママはダンスを踊らない」、「プー横丁の家」などのヒットを生み、9枚のアルバムを発表。解散後、ケニー・ロギンスはソロでも大ヒットを生み、「ウィー・アー・ザ・ワールド」に参加。17年にはサンダーキャットとの共演が話題を呼んだ。

＊13 トレメローズ　ビートルズと同時期にデッカ・レコードのオーディションを受け、1962年にデビュー。「ドゥー・ユー・ラヴ・ミー」などのヒットを連発し、ブリティッシュ・インヴェイジョンの一角を担った。フォー・シーズンズのカヴァー「サイレンス・イズ・ゴールデン」など巧みなコーラス・ワークでも知られる。

大貫　十代の頃に聴いていた音楽を持って来てほしいとリクエストされて探したの。こういうシングルなら家に山のようにあります。

大貫妙子の〝棚からひとつかみ〟？

さはし　大貫さんはいい音楽をいっぱい知っているし、聴きこんでいるから、それが血肉になっているんですね。

大貫　バーズもあるわよ。ボブ・ディランのカヴァー**「マイ・バック・ページズ」**[*14]。

さはし　いいですね。僕はもちろん後追いですが、フォーク・ロックからカントリー・ロックまで生んだ重要なバンドです。

M **My Back Pages／The Byrds**

ひろし　この曲からタイトルをつけた**川本三郎**[*15]さんの**『マイ・バック・ページ　ある60年代の物語』**[*16]という著作がある。60年代後半から70年代にかけての記者時代に関わった学生運動の回想録で、妻夫木聡さんと松山ケンイチさんの主演で映画化もされた。

大貫　学生運動の映像にこの曲がかかったら、泣かずにいられないものね。

さはし　「サークル・ゲーム」も学生運動の映画『いちご白書』の主題歌でしたね。

大貫　そう。私も公開当時、映画館で観ました。映画のなかで体育館に占拠した学生たちが、警官に排除されていくんだけど、「私も、ここに参加したい！」という気持ちになったとき、「サークル・ゲーム」が流れるんです。

ひろし　アメリカン・ニューシネマの名作。

大貫　主題歌を歌っているのは、**バフィ・セントメリー**[*17]。オリジナルは私のいちばん尊敬する**ジョニ・ミッチェル**[*18]です。

M **The Circle Game／Buffy Sainte-Marie**

ひろし　やっぱり、映画やドキュメンタリーで、その時代の音楽がかかるとグッとくる

＊14「マイ・バック・ページズ」　1964年にリリースされたボブ・ディラン4作目のアルバム『アナザー・サイド・オブ・ボブ・ディラン』に収録。バーズのカヴァーは67年の『昨日よりも若く』に収録。

＊15 川本三郎　1944年生まれ。東京都出身。文学、映画、旅を中心とした評論やエッセイなど幅広い執筆活動で知られる作家、評論家。著書は、『荷風と東京』（読売文学賞）、『林芙美子の昭和』（毎日出版文化賞・桑原武夫学芸賞）、『いまも、君を想う』など多数。

＊16『マイ・バック・ページ　ある60年代の物語』　1968年から72年に『週刊朝日』、『朝日ジャーナル』の記者だった川本三郎自身の経験を綴った回想録。88年に河出書房新社から出版され、11年に山下敦弘監督により映画化された。

＊17 バフィ・セントメリー　1941年生まれ。ネイティヴ系カナディアンのシンガー・ソングライター。64年にデビュー

ね。時代考証がちゃんとしているかどうかって、すごく重要。

大貫　そうなんです。音楽はその時代を映すカルチャーですから。私も映画やテレビの音楽を頼まれることはあるし、書き下ろしもいいんだけど、今の映画も時代を反映した音楽をもっと積極的に使ってほしいと思いますね。

海外で評価された『SUNSHOWER』

さはし　ソロになられて以降も、大貫さんの音楽はかなり洋楽のテイストが濃厚ですよね。それまでの日本のポップスの流れとは違う。

大貫　まぁ、アルバムをバックアップしてくれたミュージシャンの皆さんもそうでしたからね。

さはし　だって、いまのシティ・ポップ・ブームや再評価も大貫さんがきっかけでもあるじゃないですか？

ひろし　**『YOUは何しに日本へ？』***19だね。

さはし　あの番組でアメリカ人のシティ・ポップ好きが日本に来て、大貫さんの2ndアルバム**『SUNSHOWER』***20のレコードを必死に探していましたね。

大貫　あれは驚きました。うちの弟がたまたまあの番組を見ていて、「姉さんの昔のレコードを探しに来た外国人がテレビに出ているよ」って電話してきて（笑）。レコードがなかなかみつからなくて、何軒目かでようやくあったのよね。一緒になって喜んじゃった（笑）。

さはし　僕もたまたま見ていてびっくりした。僕もクラウン時代の大貫さんのアルバムは大好きなんですが、「都会」なんてもう……。

大貫　♪Mother Mother……マーヴィン・ゲイ（笑）。この曲はドラムの**クリス・パーカー***21の**ゴースト・ノート***22が素晴らしい。『SUNSHOWER』は、ミュージシャンの演奏

し、映画『いちご白書』の主題歌でジョニ・ミッチェル作の「サークル・ゲーム」がヒット。エルヴィス・プレスリーの「別れの時まで」や、映画『愛と青春の旅立ち』の主題歌などソングライターとしてもヒットを放つ。

***18 ジョニ・ミッチェル**　1943年生まれ。カナダ出身のシンガー・ソングライター。フォーク、ロック、ジャズなど幅広いジャンルを取り入れ、20世紀後半で最も影響力のある女性アーティストと評される。71年の名盤『ブルー』はロングセールスを記録。70年代半ば以降は、ジャズに傾倒し、『コート・アンド・スパーク』、『逃避行』、『ミンガス』では、ザ・クルセイダーズ、ジャコ・パストリアスが参加。21年には「ケネディ・センター名誉賞」を受賞。

***19『YOUは何しに日本へ？』**　テレビ東京系列で放送中のバラエティ番組。2017年に『SUNSHOWER』のアナログを探すために訪日したアメリカ人青年に密着した「大貫YOU」

技術が高いアルバムだとあらためて思いました。「都会」は、キーはちょっと高過ぎたかも。もう少し、低くしておけばよかった。

さはし　ヴォーカリストあるある、ですね。

大貫　でも、キーを変えると響きが変わっちゃうから、これで良かったんですけどね。

名匠のリマスターで甦った『MIGNONNE』

さはし　そんな海外のシティ・ポップ・マニアも唸らせる大貫妙子さんの70年代の終わりから80年代前半にかけてのRCA時代のアルバム『MIGNONNE』＊23、『ROMANTIQUE』＊24、『AVENTURE』＊25が、音のいいSACD Hybrid盤としてリリースされました。

ひろし　〝ヨーロッパ三部作〟だっけ？

大貫　正しくは、『MIGNONNE』は、タイトルがフランス語だけで、ヨーロッパとは関係ないんですけどね。

さはし　ただ、みんなが英米の音楽にしか目が向いていない時代に、大貫さんの音楽がだんだんヨーロピアンな方向へ。僕は大貫さんは違う旅に出たという印象でした。

大貫　実は、『MIGNONNE』はすごく気になるところがあって、自分では封印していたんですが、２０１８年にアメリカのマスタリング・エンジニア、**バーニー・グランドマン**＊26に新たにリマスターしていただいたら、その気になっていた箇所がすべて解消されていたんです。それはもう見事なお化粧直しで。

さはし　さすが名匠のトリートメント！

大貫　アルバムを制作した頃は、私もエンジニアもみんな若かったから、ミックスのときに「ここを上げろ、ここを下げて」なんて坂本（龍一）さんと言っていたし、昔は手動でしたから、音のバランスがすごく難しかったんですよ。その不満がリマスターでなくなり、音楽を全体で捉えることの重要性をあらためて思い知りましたね。

さはし　マスタリングはレコーディングの過

が放送され、話題をさらった。後日、本人と念願の対面を果たした特番も放送された。

＊20『SUNSHOWER』
１９７７年に発売された大貫妙子の２ndアルバム。全曲、坂本龍一が編曲を手がけ、ジャズから派生したクロスオーバー色の高い作品。クリス・パーカーをはじめ、松木恒秀、大村憲司、細野晴臣、後藤次利らが参加。初期シティ・ポップを代表する名盤として、アナログ人気が高い。

＊21 クリス・パーカー
19歳で、ポール・バターフィールド・ブルース・バンドにドラマーとして参加。70年代以降は、ボニー・レイット、ブレッカー・ブラザーズ、アレサ・フランクリンなどのアルバムに参加する一方、スタッフのメンバーとしても活躍。近年は、ウィル・リーとのコンビで矢野顕子トリオとして度々来日している。

＊22 ゴースト・ノート
譜面上に表記されないほど小さな音量で演奏される装飾音符。

程で最後に行う作業ですが、マスタリングで音がすごく変わりますよね。

大貫　そう。全然違う。これでやっと安心して墓に入れるわ（笑）。

ひろし　なんちゅーこと言うんですか！（笑）。

音楽をやめようと思った日々

さはし　『MIGNONNE』は、YMOを結成したばかりの坂本龍一さんがアレンジャーとして参加していますが、アルバムの半数は、当時の大ヒット・アレンジャー、**瀬尾一三**[*27]さんの編曲なんですね。

大貫　瀬尾さんにお願いしたのは、レコード会社がもっと売れるものにしたいと考えたからでしょうね。RCAに移籍した第一弾だったし、それまでの自由につくった2枚とは違ったんです。でも「売れる」ってどういうことかわからなくて、それがストレスで、このあと音楽をやめようと思ったんですよ。

ひろし　ええっ！　ホントに？

さはし　のちにスタンダード化していく「横顔」や、竹内まりやさんもカヴァーした「突然の贈りもの」も収録されているのに？

大貫　そうなんですが……。でも、『MIGNONNE』があったから次のヨーロッパ路線に行けたんですけどね。

ひろし　ここらでご本人のお墨付きの音を聴きたいね。

ドラムではスネアやハイハットで演奏されることが多い。

＊23『MIGNONNE』　1978年発表の大貫妙子3枚目アルバム。RCA移籍第一弾として、プロデュースに音楽評論家の小倉エージを迎えて制作。編曲は、坂本龍一、瀬尾一三。「横顔」は矢野顕子、「突然の贈りもの」は竹内まりや、大橋トリオなど多くのアーティストによりカヴァーされた。

＊24『ROMANTIQUE』　2年の沈黙の後、1980年に発表された大貫妙子の4作目のアルバム。アレンジは、坂本龍一と加藤和彦。YMO、ムーンライダーズが演奏で参加。シュガー・ベイブ時代の「蜃気楼の街」の再レコーディングも収録。

＊25『AVENTURE』　1981年発表の大貫妙子の「ヨーロッパ3部作」第2弾、通算5枚目のアルバム。坂本龍一、加藤和彦、清水信之、大村憲司、前田憲男など多彩なメンバーが編曲を手がけ、ポップなサウンドに仕上げられた。

M 海と少年／大貫妙子

ひろし　しかし、ター坊が音楽をやめようと思ったなんて信じられないね。

大貫　このとき、歌詞やメロディーを何度も書き直しさせられて、それもやめたくなった理由だったのかな。このあとしばらくは、細野（晴臣）さんたちと茅ヶ崎にUFOを見に行ったり（笑）、音楽を離れていましたね。

さはし　僕はアメリカのロック、ポップスで育ったので、ヨーロッパ志向になった大貫さんのアルバムは、今まで聴いたことがないタイプの音楽だなと感じましたが、そのきっかけは？

大貫　何もしていなかった私に、プロデューサーの**牧村憲一***28さんが声をかけてくれたんです。「ター坊は声を張って歌うより、フランスの歌手のような囁く歌い方のほうがあっているんじゃない？」って言われて腑に落ちるところもあり。フランス映画は好きで、サントラもたくさん聴いてましたが、牧村さんが大量に資料を送ってくれて、さらに興味を持つようになって。

さはし　『ROMANTIQUE』のアレンジは加藤和彦さんや坂本さんでしたよね。

大貫　そう。で、YMOのメンバーも参加して、いざレコーディングを始めたらすごく盛り上がったんです。**『男と女』***29のサントラや**ニーノ・ロータ***30の音楽が実はみんな大好きで、そういう世界観をわたしのアルバムを通して共有できると感じたんでしょうね。

ひろし　なるほど。ター坊がやろうとした方向の音楽性に飛びついたんだ。

さはし　誰もそういう志向の音楽をやっていなかったし、大貫さんの声や歌い方ともマッチしたんですね。

大貫　そうして、『ROMANTIQUE』、『AVENTURE』ができたんです。

M 色彩都市／大貫妙子

***26 バーニー・グランドマン**
1943年生まれ。オーディオ・マスタリング・エンジニア。83年にハリウッドで自身の名を冠した「バーニー・グランドマン・マスタリング」を開業。東京にもスタジオがあり、数々の日本人ミュージシャンの作品をマスタリングしている。

***27 瀬尾一三**
1947年生まれ。兵庫県出身。プロデューサー、アレンジャーとして70年代から活躍。バンバン「『いちご白書』をもう一度」、杏里「オリビアを聴きながら」などのヒット作を手がけ、以降、中島みゆき、チャゲ&飛鳥、長渕剛、吉田拓郎、徳永英明など多数の作品に携わる。

***28 牧村憲一**
1946年生まれ。70年代から音楽プロデューサー、マネージメント、プロモーターとして活動。大貫妙子、竹内まりや、加藤和彦などのアルバムに関わった後、80年代には細野晴臣主宰のノン・スタンダード・レーベル、ポリスターレコードで活躍。現在は、執筆やレーベルでの新

ダルマに目玉が入ったと感じた大貫マジック

さはし　「色彩都市」は、アルバム、『Cliché』*31からの曲ですね。

大貫　この曲も古くならないですね。ドラムは坂本さんが叩いているのよね。

さはし　八ヶ岳のライブでもこの曲を演奏したんですが、アコギ2本でどうやったらいいのかすごく考えましたよ。

大貫　お手数おかけしました（笑）。

さはし　いえいえ、楽しかったです。最近では、『音響ハウス Melody-Go-Round』でも大貫さんには大変お世話になりました。

ひろし　映画の主題歌「Melody-Go-Round」の歌詞と、年端もいかないHANAちゃんの歌唱指導もしてもらったんでしょ？

さはし　はい。歌詞ができて、歌を入れたときは、ダルマに目玉が入ったように感じました。

ひろし　この3人で会うのもあの映画の試写会以来になるね。その後、銀座に流れて一緒に飲んだね。

大貫　延江さんに会うのも久しぶりだったから、もっと話したかったのよね。

さはし　話を戻すと、『Cliché』、『SIGNIFIE』*32、『カイエ』*33もSACD Hybrid盤で発売されますが、『カイエ』には「メトロポリタン美術館（ミュージアム）」*34がボーナス・トラックで入るんですね。

大貫　あの曲はNHK『みんなのうた』のための書き下ろしなので。歌詞の最後が〈大好きな絵の中にとじこめられた〉で終わるから、子供心に「怖かった」という人もいたみたいですけど。

ひろし　子供は少し怖いストーリーに想像力を刺激されるから、それでいいんですよ。

M メトロポリタン美術館／大貫妙子

人育成などを手がける。著書は『ニッポン・ポップス・クロニクル1969-1989』、『「ヒットソング」の作りかた 大滝詠一と日本ポップスの開拓者たち』など。

***29 『男と女』** 「ダバダバダ」のスキャットが全編に流れる主題歌で有名な1966年のフランス映画。音楽のフランシス・レイは、クロード・ルルーシュ監督作の『パリのめぐり逢い』、『白い恋人たち』、『愛と哀しみのボレロ』などを手がけた。

***30 ニーノ・ロータ** 1911年生まれ。イタリアの作曲家。フェデリコ・フェリーニ監督の映画音楽、ルネ・クレマンの『太陽がいっぱい』、フランシス・フォード・コッポラの『ゴッドファーザー』で知られる。クラシック音楽の作品も多数残している。

「メトロポリタン美術館」誕生秘話

大貫　『みんなのうた』をつくるとき、子供の好きなものをいろいろ考えたんです。食べものだったらカレーかな？　あっ、スパゲッティ・ナポリタンも好きかなと。それで「ナポリタン、ナポリタン……メトロポリタン」って浮かんじゃったのよ（笑）。

さはしひろし　ええっ！（笑）。

大貫　「ナポリタン」じゃ歌にならないけど、「メトロポリタン」なら知性も感じさせるし、響きもいいじゃない？

さはし　知性というより、駄洒落入っているじゃないですか？（笑）。初めてニューヨークのメトロポリタン美術館に行ったとき、この曲が頭の中で鳴っていたのに。

ひろし　ちょっと、この話、面白すぎる！

大貫　私の場合、100パーセント曲が先なので、歌詞を音符の数にはめていくのが大変なんです。日本語は「橋」と「箸」みたいに、音の上下で意味が変わってしまうものが多いので。メロディーに対して言葉の選択が疲れます（笑）。

ひろし　音楽をつくり続けるのは大変だ。

さはし　大貫さんはサウンドを固めていってから歌詞ですもんね。

大貫　そう。だから、オケをひたすら聴き続ける。何度も何度も繰り返し聴いていると、水の底から浮かび上がるように言葉が出て来る。そのメロディーとサウンドが「生む」言葉ってあるんです。それが生まれたら大丈夫。水の一滴から水面が広がるように出来ていく。

ひろし　佐橋くん、大貫妙子の創作の秘密まで聞いちゃったよ。

大貫　ときどき誰かに頭のマッサージしてもらいたくなる（笑）。

葉山でのレコーディング

さはし　もう20年前になりますが、山弦の曲に大貫さんが歌詞をつけてくれたときも感激

＊31『Cliché』
初のフランス・レコーディングに挑んだ1982年の大貫妙子の6枚目。東京では坂本龍一のアレンジで4曲、パリではフランシス・レイとの仕事で知られるジャン・ミュジーが6曲を編曲。「黒のクレール」はCMソングに起用。「クリシェ」は、フランス語で「常套句」の意味。

＊32『SIGNIFIE』
1983年発表の大貫妙子がプロデュースを務めた7枚目のアルバム。TBSのテレビドラマ「夏に恋する女たち」の主題歌を含む。編曲は、坂本龍一、清水信之、鈴木慶一。SACD Hybrid盤にはカセットテープのみ収録された「みずうみ」をボーナス・トラックとして収録。

＊33『カイエ』
1984年に同名の映像作品のサウンドトラックとして発表された大貫妙子のアルバム。レコーディングは日本とパリで行われ、アレンジは、坂本龍一、ジャン・ミュジー、清水靖晃、清水信之。「Amour levant ～若き日の望楼」はピエール・バルー

しましたね。

ひろし　「あなたを思うと」だね。

さはし　はい。山弦の「祇園の恋」というインストに「私、歌詞をつけちゃったんだけど」って言われたときは、うれしくて言葉も出なかった。

大貫　山弦のアルバムをずっとクルマで聴いていたら、自分で歌いたくなっちゃったんです。さっきも話したように、歌詞は後づけなので、歌詞がメロディーにピタッと乗っかっているでしょ。

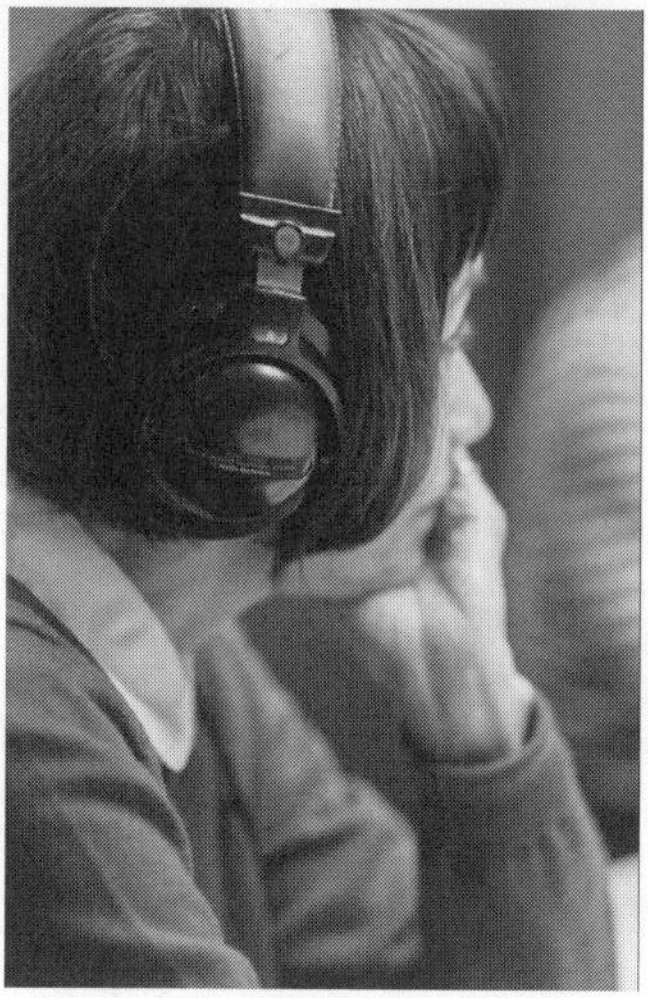

さはし　そう。ギターの奏でるメロディーとまったく同じ節回しで驚きました。キーは大貫さんにあわせていますが、僕の右側のギター・パートは山弦で弾くときとほぼ一緒。それくらいよく出来ているんですよ。

ひろし　そんな大貫さんは、今は葉山にお住まいです。

大貫　もう30年以上になりますね。

さはし　僕がお仕事をするようになったときは、もう葉山でしたよね。『NEW MOON』の頃は、葉山まで出向いた記憶があります。

大貫　ちょうどMacが出始めた頃で、プリ・プロダクションをうちの葉山の仕事場で作業をすることになったんです。でも、当時はそのコンピュータの説明書がぜんぶ英語で、トラブルが起きると途中で作業が止まっちゃうのよ（笑）。

さはし　まだ英語の辞書を片手にマニュアル

によるフランス語詞。

＊34「メトロポリタン美術館（ミュージアム）」
NHKの『みんなのうた』で1984年4月〜5月に放送され、84年のシングル「宇宙（コスモス）みつけた」のB面に収録。編曲は清水信之。

と格闘していた時代ですよね。
大貫　そうして何日間かうちに寝泊まりしながら、夏だったから海で泳いでクラゲに刺されたり、一緒にご飯を食べたりして。さすがにうちの母が、「あの人たち、いつまでいるの？」って（笑）。
さはしひろし　アハハ。お母さんに怒られちゃった。
大貫　楽しかったんですけどね。コンピュータのトラブル以外は。

「本物を見たい」。アフリカへ

ひろし　この時期のター坊は世界中を旅されていました。
さはし　アフリカにも行かれてましたよね。それは何か気持ちの変化があったんですか？
大貫　羽仁未央*35さんの撮影した映像作品『アフリカ動物パズル』*36の音楽を手がけることになって、ケニアに行きました。
さはし　音楽の仕事でアフリカに行く機会は滅多にないですよね。
大貫　その話が来るまえに、仕事でニューヨークにいて、空き時間に美術館巡りをしていたんですが、なんだか頭が痛くなっちゃって。絵画はその作品に真剣に入り込むと疲れるんですよね。で、その足で自然史博物館に行ったとき、感じたんです。「人のつくった作品ではなく、彼らが見ていたもの。彼らの心を動かした、その本物を見たい」と。
さはし　なるほど。
大貫　そうしたら、日本に帰ってすぐに「大貫さん、アフリカに行きませんか？」と未央さんから電話があったんです。
さはし　浩さん、「アフリカに行きませんか？」って電話があったことあります？
ひろし　ないね（笑）。でも、その旅が弾みになったんだ？
大貫　ケニアの空港に初めて降り立ったとき、土と太陽の匂いがしたんです。この匂い、記憶にあるって思ったの。小さいとき、お母さ

＊35 羽仁未央
1964年生まれ。映画監督の羽仁進の長女。父親の制作したテレビドキュメンタリー番組の撮影に同行し、9歳から11歳までケニアで過ごす。十代の頃からコラムや映画批評、短編小説、エッセイを執筆。その後は香港に移住し、アジア中心のドキュメンタリー番組などの制作を行う。『アフリカ動物パズル』のサントラでは、「ソーン・トゥリーのうた」、「お天気いい日」「虹をつかむ男」の作詞を手がけた。2014年、他界。享年50。

＊36『アフリカ動物パズル』
大貫妙子がケニア旅行で体験したことを書き綴ったエッセイ『神さまの目覚し時計』をもとに、羽仁未央が監督した映像作品『アフリカ動物パズル』のサウンドトラックとして制作された1986年発表のアルバム。編曲に千住明、鈴木さえ子、大村憲司、中村哲らが参加。

んが干したシーツのお日さまの匂いだって。

さはし ああ、あの日向の匂い、懐かしいですね。

大貫 そう。その記憶がよみがえって、この旅に呼ばれてたんだって。その後ネイチャーマガジンから依頼があって、南極やガラパゴスなどへの旅が始まったんです。

M 突然の贈りもの (Pure Acoustic Plus Version) ／大貫妙子

ひろし、アマゾンで九死に一生を得る？

ひろし ガラパゴスには後から合流してご一緒しましたよ。赤い花柄のパンツ穿いて行ったら、「なに、その恰好？」って怒られちゃって（笑）。

大貫 だって、延江さん、リゾート地に行くような服で来るんだもん（笑）。サファリ・スーツも笑ったわよ。

ひろし 何でも形から入るタイプだから（笑）。あれはガラパゴスと周辺の島を船で巡って、寝るのは船の中という旅でした。

大貫 あのとき、食べるものに煮詰まっていたから、遅れて合流した延江さんに日本から素麺をお願いしたのよね。そしたら、同行したカメラマンが海水でぐちゃぐちゃに茹でちゃって、台無し！（笑）。

ひろし あのときはキレてたねー（笑）。アマゾンでは俺が乗ったカヌーが沈没しちゃったんだよ！　川にいるピラニアに喰われるんじゃないかと泣きそうだった。

大貫 ごめんね。助けてあげられなくて。私は笑いが止まらなかった（笑）。

ひろし 俺はこんなところで人生終わるのかと思った（笑）。まぁ、とにかく、大貫さんとの旅は、笑いあり、涙ありの楽しいアドベンチャーでした。

日本に回帰したアルバム『note』

さはし　僕は何かの打ち上げで、大貫さんに「佐橋くん、これからは〝土〟の時代よ」って言われたのを覚えています。お聞きしたら無農薬のお米を生産者の方と一緒につくっているとか。

ひろし　僕もター坊から新米をいただいたことがある。発芽玄米の旨さも教えてもらいました。

大貫　私たちは水と空気と食料があれば、基本は生きていけますよね。それを東日本大震災のときにあらためて思い知ったというのもありますね。農業を始めてわかったんですが、おいしいお米をつくるのはとても大変なんです。お金があれば何でも手に入ると思ったら大間違い。それに田んぼで働いていると、足腰が鍛えられていいわよ。

さはし　そうやって手間をかけてお米をつくりながら、大貫さんはずっと音楽を続けていらっしゃいますが、僕にとって思い出深いアルバムを挙げるなら、『note』＊37ですかね。

大貫　思い起こせば、２０００年代に入るまでは、海外でレコーディングをすることが多かったんです。ロンドン、ニューヨーク、ブラジル、フランス……。一時期はパリにアパートを借りていたこともあったんですが、ミレニアムを迎えるとき、エッフェル塔のカウントダウンを見ていたら、「日本に帰ろう」

＊37『note』
山弦の小倉博和、佐橋佳幸が編曲・演奏に参加した「あなたを思うと」、「緑の風」、「snow」が収録された２００２年の大貫妙子のアルバム。森俊之、フェビアン・レザ・パネがアレンジ、ピアノ、キーボードに参加。

と思ったんです。

さはし　そっか。『note』は、2002年のアルバムでしたよね。

大貫　海外レコーディングは好きですが、それをライブで再現できないもどかしさがあったんです。初心に戻るじゃないですけど、日本でレコーディングして、そのメンバーでライブもしたいと強く思うようになって、できたのが『note』なんです。

さはし　僕が印象的だったのは「snow」という曲。山弦でアレンジをさせていただいて、ベースは細野晴臣さん、ドラムは林立夫さんなんですが、「snow」の歌詞は9・11と関係しているんですよね。

大貫　アルバムをつくり始めたときに9・11が起きて、みんなが立ち止まってしまいましたよね。私たちの生きる世界は、いつになったら争いをやめることができるんだろうと。「snow」は、空から雪が降り続けるイメージに鎮魂と再生を託して書きました。

さはし　素晴らしい曲ですよね。雪がしんしんと降る感じにアコースティック・ギターはぴったりでしたね。

大貫　わたしもこの曲はすごく好きです。

ひろし　大貫妙子さんと過ごしながら、こんなにいい音楽を聴けるなんて、幸せだね。

さはし　大貫さんや、先輩たちがいろんないい音楽を紹介してくれたから、僕なんかいまがあるようなもんですからね。

ひろし　また、ター坊の好きな曲を聴きたいね。3カ月に1度くらいは、「さはしひろしたえこ」でいいんじゃない？（笑）。

大貫　ぜひ。わたしも楽しかったです。

M　ともだち／大貫妙子

Who's Who

Your Songs,Our Songs」を大阪フェスティバルホールで開催した。

小田和正
1947年生まれ。神奈川県横浜市出身。70年にオフコースでデビュー。「さよなら」、「Yes-No」などのヒット曲を数多く世に送り出す。89年の解散後はソロ活動を開始。91年の「ラブ・ストーリーは突然に」はミリオンを達成。02年に発表した『自己ベスト』は250万枚以上の大ヒットを記録。佐橋佳幸は、アルバム『Far East Café』(90年)以降の全アルバムに参加。「伝えたいことがあるんだ」、「たしかなこと」など代表曲のレコーディングに携わる。08年には北京オリンピック日本代表選手団公式応援ソング「笑ってみせてくれ」を小田、トータス松本と共作、BAND FOR "SANKA" として発表。小田がホストを務める音楽特番『クリスマスの約束』やライブにもゲストで度々出演。

小泉今日子
1966年生まれ。神奈川県厚木市出身。82年「私の16才」でデビュー。「なんてったってアイドル」、「あなたに会えてよかった」、「優しい雨」など数々のヒットを放つ。俳優としてもドラマ、映画、舞台などで幅広く活躍。エッセイ集『黄色いマンション　黒い猫』で講談社エッセイ賞を受賞した。15年より株式会社明後日を立ち上げ、舞台・映像など様々なエンターテイメント作品をプロデュース。自身最大のヒットとなった91年の「あなたに会えてよかった」に、佐橋佳幸は参加。92年に両A面シングルとしてリリースされた「1992年、夏」の作曲・編曲も手がけた。

小林武史
1959年生まれ。山形県出身。70年代後半より音楽活動を始め、スタジオ・ミュージシャン、キーボーディスト、アレンジャーとして活躍。桑田佳祐、サザンオールスターズ、Mr.Children、My Little Lover、レミオロメン、Salyuなどを手がけ、岩井俊二監督の映画『スワロウテイル』、『リリイ・シュシュのすべて』の音楽監督も務めた。03年には「ap bank」を立ち上げ、野外イベント「ap bank

PART7 さはしひろしとあの頃と1961〜2001

UGUISS
1981年に山根栄子 (vo)、佐橋佳幸 (g)、柴田俊文 (key)、伊東暁 (syn)、松本淳 (ds) により活動を開始。83年、シングル「Sweet Revenge」、アルバム『UGUISS』でデビュー。84年に解散。92年、アルバムのCD化に伴い、一夜限りの再結成ライブを開催。93年にはお蔵入りになっていた2ndアルバム『Presentation』を『UGUISS#2 Back in '84』として発表。12年9月、山根栄子が他界。13年にはデビュー30周年記念ベスト盤『UGUISS 30th Anniversary Edition』をリリース。ヴォーカリストに渡辺美里、ベーシストに井上富雄を迎え、全国ツアー「Sweet Revenge Tour 2013」を開催した。

井上鑑
1953年生まれ、東京都出身。桐朋学園大学作曲科にて三善晃氏に師事。在学中からCM音楽の作・編曲やスタジオワークを開始。大滝詠一の作品に70年代から参加し、『A LONG VACATION』、『Each Time』、インストゥルメンタル・アルバム『NIAGARA SONG BOOK』ではストリングス・アレンジを担当。寺尾聰の「ルビーの指環」と『REFLECTIONS』の編曲では第23回日本レコード大賞編曲賞受賞。以降もアレンジャー・プロデューサーとして多数の作品に参加し、ソロ・アルバムも発表。『音響ハウス Melody-Go-Round』の主題歌を手がけたユニット・HANA with 銀音堂では鍵盤を担当した。

亀田誠治
1964年、ニューヨーク生まれ。中学2年でベースを始め、89年よりアレンジャー、プロデューサー、ベーシストとして活動を始める。99年にアレンジとベースで参加した椎名林檎の『無罪モラトリアム』、『勝訴ストリップ』がダブルミリオンを記録。以降、平井堅、スピッツ、GLAY、いきものがかり、秦基博など数多くのアーティストを手がけながら、東京事変のメンバーとしても活躍。17年には、亀田、佐橋佳幸、森俊之による“森亀橋”プロデュースのイベント「森亀橋 presents

OKAMOTO'S

中学からの同級生４人によって結成され、岡本太郎から名前を拝借し、全員が「オカモト」姓を名乗る。2010年にメジャー・デビューし、これまでに９枚のアルバムを発表。佐橋佳幸が音楽を手がけた15年の映画『ジヌよさらば～かむろば村へ～』の主題歌「ZEROMAN」はOKAMOTO'Sが書き下ろし、佐橋が編曲を担当。同年のシングル「Beautiful Days」のストリングスとアディショナル・アレンジも手がけた。

PART8 Happy 60th Party ～おめでとう!さはしさん

東京スカパラダイスオーケストラ

1989年のデビュー以来、スカをベースに、あらゆるジャンルの音楽に挑み続けるインストゥルメンタル・バンド。ゲスト・ヴォーカルを迎える"歌モノ"シリーズには、奥田民生、甲本ヒロト、宮本浩次、桜井和寿など数多くのヴォーカリストが参加。国内外で精力的にライブを重ね、世界各地で公演。北原雅彦率いるスカパラホーンズでも多数のライブ、レコーディングに参加。佐橋佳幸とは、96年の佐野元春のアルバム『FRUITS』、同年開催された全国ツアーで共演するなど親交が深い。

松たか子

1977年生まれ。東京都出身。93年の歌舞伎座『人情噺文七元結』で初舞台。以後、ドラマ、映画、舞台などで活躍。97年にはシンガーとしてデビュー。01年のシングル「花のように」から佐橋佳幸がアレンジを手がけ、03年のアルバム『home grown』をプロデュース。以降、シングル、アルバムの作曲、アレンジ、プロデュースに関わり、コンサートツアーの音楽監督を務める。14年の佐橋佳幸30周年記念公演「東京城南音楽祭」では、小田和正作の「ほんとの気持ち」、佐橋作曲の「home ～ sweet home」を披露した。延江浩原案の映画『大鹿村騒動記』では原田芳雄と共演、原田の遺作に。

山本拓夫

東京都出身。サックス、フルート、マルチ管楽器奏者。高校時代はベーシストとして、佐橋佳幸や柴田俊文らとバンド活動。その後、サックスを始め、渡辺美里、岡村靖幸、サザンオールスターズ、福山雅治、Mr.Childrenなど数多くのレコーディングやライブに参加し、アレンジャーとしても活躍。佐橋佳幸とfes」の開催や東日本大震災の復興支援など様々な活動を行う。佐橋佳幸は、小林がプロデュースした渡辺美里、サザンオールスターズ、大貫妙子のアルバムや日本レコード大賞編曲賞を受賞した小泉今日子の「あなたに会えてよかった」に参加した。

小室哲哉

1958年生まれ、東京都出身。早稲田大学在学中にプロ活動をスタートし、83年にTM NETWORK(TMN)を結成し、84年にデビュー。渡辺美里「My Revolution」など作曲家として幅広いアーティストに楽曲を提供。90年代はプロデューサーとしても、trf、篠原涼子、安室奈美恵、華原朋美、自ら率いたglobeなどでミリオンヒットを生み、"TK"サウンドと呼ばれる一時代を築く。18年には音楽活動からの引退を表明したが、21年に活動再開。佐橋佳幸は、TM NETWORKの『GORILLA』(86年)、『Self Control』(87年)に参加。

小坂忠

1948年生まれ。東京都出身。66年、ロックグループ、ザ・フローラルでデビュー。69年には細野晴臣、松本隆らとエイプリル・フールを結成。71年からはソロ、フォージョー・ハーフでも活動。75年にはティン・パン・アレーがバッキングを務めた『HORO』をリリース。その後、クリスチャンとなり、ゴスペル音楽を活動の中心にする。2000年、Tin Panのコンサートにゲスト出演。01年には25年ぶりとなる細野晴臣プロデュースによるアルバム『People』を発表。09年には佐橋佳幸のプロデュースで『Connected』をリリースした。

PART8 さはしひろしと夏の名曲と

青山純

1957年～2013年。東京都出身。高校時代からドラムスクールに通い、杉真理のMari & Red Stripesに参加し、プロ活動を開始。77年にベーシストの伊藤広規と知り合い、佐藤博、松任谷由実らのバックを務め、THE SQUARE、プリズムに参加。79年からは山下達郎のレコーディング、ステージに参加。以後、2003年まで継続。はにわオールスターズ、キリング・タイムでも活動をしながらB'z、MISIAらのレコーディングやライブでも活躍。佐橋佳幸とは山下達郎のバンド・メンバーで結成されたNELSON SUPER PROJECTでも活動した。

プロデュースによる新レーベルGEAEG RECORDS（ソミラミソ・レコーズ）を設立。これまでに『8芯二葉〜WinterBlend』『8芯二葉〜梅鶯Blend』『8芯二葉〜月団扇Blend』、『8芯二葉〜雪あかりBlend』の4枚のアルバムをゲスト・ヴォーカルに元ちとせ、カルメン・マキ、石橋凌、大貫妙子、曽我部恵一、山崎まさよし、佐野元春などを迎えて制作、発表している。

柴田俊文

1961年生まれ。東京都出身。83年に佐橋佳幸と共にUGUISSのキーボードとしてデビュー。86年からは渡辺美里のバンド、MISATO&THE LOVER SOULで活動。以来、セッション・ミュージシャンとして、槇原敬之、Cocco、吉井和哉のレコーディングやコンサートで活躍。バンド・メンバーを再編した08年の山下達郎「PERFORMANCE 2008-2009」ツアーからキーボードで参加。

安部恭弘

1956生まれ。東京都出身。早稲田大学在学中より音楽活動を開始。卒業後は、レコーディングやライブのコーラスを担当しながら、大橋純子、竹内まりや、稲垣潤一らへ楽曲を提供。82年にソロ・デビュー。21年の『風街オデッセイ2021』では、松本隆作詞の「CAFE FLAMINGO」、「STILL I LOVE YOU」を披露した。清水信之がアレンジャーを務めていた縁で、佐橋佳幸は80年代からアルバムに参加。デビュー25周年ベスト『I LOVE YOU - 25th Anniversary of Yasuhiro Abe -』には、竹内まりや、佐橋が参加した「五線紙」の新録が収録された。

PART10 さはしひろしと文学と音楽と

奥田英朗

1959年生まれ。岐阜県出身。プランナー、コピーライター、構成作家などを経験した後、97年に『ウランバーナの森』で作家としてデビュー。02年『邪魔』で大藪春彦賞、04年に精神科医・伊良部シリーズの第2作目『空中ブランコ』で直木賞を受賞。著書に『最悪』、『マドンナ』、『イン・ザ・プール』、『東京物語』、『家日和』、『オリンピックの身代金』、『ナオミとカナコ』、『向田理髪店』など多数。『延長戦に入りました』、『田舎でロックンロール』などのエッセイでも人気を博す。

山田詠美

1959年生まれ。東京都出身。明治大学在学中のセッションも多く、96年からは佐野元春のThe Hobo King Bandでも共に活動。近年も同メンバーで「HOBO KING　SESSION」を不定期に開催している。

屋敷豪太

1962年生まれ。京都府出身。82年に、ダブ・バンドMUTE BEATを結成し、ドラマーとして活動を開始。87年には中西俊夫、藤原ヒロシらとレーベルMajor Forceを設立。88年に渡英。Soul II Soulに参加し、グラウンド・ビートで世界的な注目を集める。91年にはシンプリー・レッドに加入。アルバムのレコーディングとワールドツアーに参加。04年から活動の拠点を日本に移し、藤井フミヤ、スガシカオ、尾崎亜美、小泉今日子、NOKKO、JUJU、MOND GROSSOなどのレコーディングやライブに携わる。佐橋佳幸とは、藤井フミヤのRAWGUNS、小坂忠、Darjeelingで共に活動。

井上富雄

福岡県出身。1980年にルースターズのメンバーとしてデビュー。84年の脱退後、自身のバンド、ブルー・トニックを結成し、ヴォーカル、ギターを担当。90年以降はベース・プレイヤーとしてオリジナル・ラブ、小沢健二のアルバム、ライブに参加。桑田佳祐、福山雅治、布袋寅泰、トータス松本、スキマスイッチ、元ちとせなどのセッションやプロデュースを経験。96年には佐橋佳幸らと佐野元春のThe Hobo King Bandに参加。UGUISS feat. MISATO、Darjeelingでも共に活動。

ロッテンハッツ

元ワウワウ・ヒッピーズの木暮晋也と片寄明人のデュオとして活動を始め、高桑圭、白根賢一、中森泰弘、真城めぐみが加入し、1989年に結成。インディーズを経て、92年にメジャー・デビュー。バンジョー、マンドリン、ウッドベースなど取り入れたアメリカン・ルーツ・ミュージックをベースにした音楽性は注目を集めたが、94年に解散。その後、GREAT3、ヒックスヴィルを結成した。佐橋佳幸はアルバム『Sunshine』、『Smile』のプロデュース・編曲を手がけた。

Darjeeling

キーボーディストDr.kyOnと佐橋佳幸からなるインストゥルメンタル・ユニット。2005年、2人がホストを務めた音楽番組『共鳴野郎』で結成。17年にはDarjeeling

東山彰良

1968年生まれ。台湾台北市出身。9歳の時に福岡県に移住。03年「このミステリーがすごい！」大賞銀賞・読者賞を受賞した『逃亡作法 TURD ON THE RUN』でデビュー。09年『路傍』で大藪春彦賞を受賞。15年『流』で直木賞を受賞。17年から18年にかけて『僕が殺した人と僕を殺した人』で読売文学賞を受賞する。『ワイルド・サイドを歩け』、『夜汐』、『どの口が愛を語るんだ』など著書多数。16年からはRKB毎日放送でラジオ番組『東山彰良 イッツ・オンリー・ロックンロール』のパーソナリティを務める。

片岡義男

1939年生まれ。東京都出身。早稲田大学在学中よりライターとして『ミステリマガジン』などの雑誌で活躍。74年『白い波の荒野へ』で小説家としてデビュー。75年に『スローなブギにしてくれ』で第2回野性時代新人文学賞受賞、直木賞候補となる。70年代後半からはアメリカ文化、サーフィン、オートバイなどに関するエッセイを発表する傍ら、角川文庫を中心に新刊小説を発表。著書は『ぼくはプレスリーが大好き』、『彼のオートバイ、彼女の島』、『人生は野菜スープ』、『メイン・テーマ』、『日本語の外へ』ほか多数。小説、評論、エッセイ、翻訳など多彩な執筆活動を続けている。74年から88年まではTOKYO FMの深夜放送番組『FM25時 きまぐれ飛行船〜野性時代〜』のパーソナリティを務めた。

PART11 さはしひろしと大貫妙子さんと

大貫妙子

1953年生まれ。東京都出身。73年、山下達郎らとシュガー・ベイブを結成し、75年にアルバム『SONGS』をリリース、76年に解散。同年『Grey Skies』でソロ・デビュー。現在までに27枚のオリジナル・アルバムをリリース。映画『Shall we ダンス？』のメイン・テーマ、『東京日和』の音楽では日本アカデミー賞最優秀音楽賞を受賞するなど映画関連の作品も多い。近年のシティポップ・ブームで2ndアルバム『SUNSHOWER』が話題となる。著書にエッセイ集『私の暮らしかた』などがある。延江浩と大貫は、ラジオ番組『仮想熱帯』のプロデュースを手がけて以来の仲で、ガラパゴス取材にも同行した。佐橋佳幸は、01年に大貫妙子&山弦でシングル「あなたを思うと」を発表。20年、21年に開催された八ヶ岳高原音楽堂の「大貫妙子アコースティックコンサート」でも山弦と共演した。

中から漫画家として活動。85年『ベッドタイムアイズ』で小説家デビュー。同作品で文藝賞を受賞し、芥川賞候補になる。87年には『ソウル・ミュージック・ラバーズ・オンリー』で直木賞受賞。89年『風葬の教室』で平林たい子文学賞、91年『トラッシュ』で女流文学賞、96年『アニマル・ロジック』で泉鏡花文学賞、05年『風味絶佳』で谷崎潤一郎賞を受賞。著書は『ぼくは勉強ができない』、『明日死ぬかもしれない自分、そしてあなたたち』、エッセイ『熱血ポンちゃん』シリーズなど多数。延江浩は、山田がパーソナリティを務めたラジオ番組『Blue In Green』のプロデュースを担当するなど公私共に親交が深く、お互いを幼なじみと呼んでいる。

村上龍

1952年生まれ。長崎県佐世保市出身。76年『限りなく透明に近いブルー』で群像新人文学賞及び芥川賞受賞。80年『コインロッカー・ベイビーズ』で野間文芸新人賞、00年『共生虫』で谷崎潤一郎賞、05年『半島を出よ』で毎日出版文化賞を受賞。著書は『愛と幻想のファシズム』、『69 sixty nine』、『希望の国のエクソダス』、『13歳のハローワーク』など。映画監督、テレビ番組への出演、キューバ音楽のプロデュースなど活動は多岐に渡る。20代で知遇を得た延江浩は、キューバ取材に同行し、バンドの招聘に尽力。映画・舞台化された『昭和歌謡大全集』の解説や、村上龍プロデュースの動画番組「Ryu's Video Report」でも共演。TFM『Ryu 's Butterfly』、『Ryu 's RAINFOREST』も担当。

村上春樹

1949年生まれ。京都市に生まれ、兵庫県西宮市、芦屋市に育つ。1979年に『風の歌を聴け』で群像新人文学賞を受賞し、デビュー。主な長編小説に、『羊をめぐる冒険』、『世界の終りとハードボイルド・ワンダーランド』、『ノルウェイの森』、『ねじまき鳥クロニクル』、『海辺のカフカ』、『1Q84』、『騎士団長殺し』など。短編小説集、エッセイ集、紀行文、ノンフィクションなど著書多数。デビュー以来、翻訳も精力的に手がけ、スコット・フィッツジェラルド、レイモンド・カーヴァーなどの訳書も多い。海外でも人気が高く、フランツ・カフカ賞、エルサレム賞などを受賞。21年には早稲田大学国際文学館（通称「村上春樹ライブラリー」）が開館した。村上がDJを務め、音楽を紹介するTOKYO FMのラジオ番組『村上RADIO』で延江浩はゼネラルプロデューサーを務める。

あとがき

それにしてもと、この本をめくりながらつくづく思う。

さはしとひろしの幼稚園・小学校時代は、ベトナム戦争とラブ&ピース、ビートルズの60年代、よど号ハイジャックと三島由紀夫事件を経て、中学・高校がシュガー・ベイブの結成に、『限りなく透明に近いブルー』と『風の歌を聴け』の「W村上」の70年代、そろって成人式を拒否して大学・社会人になると、マイケル・ジャクソン『オフ・ザ・ウォール』に続いて80年代バブルと狂乱物価、さらにベルリンの壁崩壊、阪神・淡路大震災、オウム真理教事件、東日本大震災からコロナ禍に続く。

価値観がめまぐるしく変わる世の中を、僕らさはしとひろしは都心から一歩引いた郊外から眺めていた。

郊外には先端と郷愁がある。レコードを聴き、楽器店を覗き、本を読んで井の頭公園を散歩し、電車と地下鉄を乗り継いでコンサートに出かけ、酒を覚え、それぞれ音楽と放送にまつわる仕事に就き、このほどロックバーを舞台に対談集を出した。ある意味、これは育ててくれた時代へのごく細やかな恩返しなのかもしれない。

「中央線は魔法の絨毯。これに乗ってどこにでも行けた」と教えてくれたのはユーミンだった。その沿線でも僕らの育った吉祥寺あたりには、ユーミンはもちろん、大貫妙子さんや教授（坂本龍一さん）という音楽の先輩や、学生時代の村上春樹さんや村上龍さん（同じ世代ではポンちゃんこと山田詠美さん）という新しい文学の旗手たちが行き交い、顔ぶれを思い浮かべるだけで音楽と文学の森が豊かだったとわかる。

「知り合ったのはいつどこだったかわからない」とさはしくんは前書きで語っているが、それはきっと育った時代と、遊び、学んだ街がほぼ同じだったからだろう。

書店やライブハウス、レコードショップで何度かすれ違ったに違いない。だから彼とは同じ学区の同窓、あるいは近所の親戚というか、そんな感じがしてならない。あと、さはしくんの奥さんである松たか子さんのお父様 松本白鸚さんと、叔父様 中村吉右衛門さんの暁星時代の担任が僕の父であり、僕自身もその卒業生ということも浅からぬ因縁なのかも知れない。

「吉祥寺でレコードを買って、待ちきれずに帰りの電車でパッケージを開け、ライナーノーツを読んだ」

さはしくんは若かりし日々をそう回想している。それは僕も同じだ。著者名には「佐橋佳幸、延江浩」とあるが、ロックと文学そして映画が好きな同世代なら、多くの方にふむふむと頷いていただける話題が詰まっている。お目当てのレコードを買ったさはし少年のように、電車の中でこの本のページをめくってくれたらこんなに嬉しいことはない。

『今夜、すべてのロックバーで』はラジオ番組から生まれた。でまかせに次から次へと喋っているように聞こえるかもしれないが、実はスタッフを交えて綿密な打ち合わせが行われ、その結果、スタジオには分厚い資料が山積みとなる（必ずしも台本通りに進行するわけではないけれど〈笑〉）。

スタッフは、構成・選曲に土橋一夫音楽博士（ビーチ・ボーイズを語らせたら右に出る者はいない！ ロックバーのマスター役も）、林園子さん（ロックバーの姐さん役。ユーミンの番組『Yuming Chord』の構成も担当）、ディレクターは山岸清佳さん（山下達郎さん『サンデー・ソングブック』の演出も）。あ、前任のディレクター伊藤慎太郎ディレクターも忘れてはいけない（彼とは『村上RADIO』を立ち上げた仲だ）。そんな仲間たちに加え、番組プロデューサーは鹿野琢磨くん（株式会社ジャパンエフエムネットワーク）に阿部一樹くん（InterFM）。本書の編集はドゥ・ザ・モンキーの佐野郷子さん、企画が東京ニュース通信社の猪狩明彦くんという面々。ちなみに、さはしくんを番組に誘った夜に松見坂まで駆けつけてくれたTOKYO FM社長は黒坂修さんだ。黒坂さんとジャパンエフエムネットワーク社長飯塚基弘さんが、海のものとも山のものともつかなかった番組「さはしひろし」企画に快くOKを出してくれた。感謝です。

そして何よりこの本を手にしてくださった読者の方、土曜の夜7時半にチューニングして、番組を応援してくださるリスナーの方、どうもありがとうございました。

延江浩

装丁　渡邊民人（TYPEFACE）
デザイン　清水真理子（TYPEFACE）
カバー写真　三浦憲治
写真（P6～P7、P239～P254）　沼田 学
構成・編集　佐野郷子（Do The Monkey）
編集協力　布施菜子

企画　猪狩明彦（株式会社東京ニュース通信社）
編集協力　平松恵一郎
中山広美（株式会社東京ニュース通信社）

協力
InterFM897

「さはしひろし」制作スタッフ
土橋一夫
林 園子
山岸清佳
伊藤慎太郎
鹿野琢磨（株式会社ジャパンエフエムネットワーク）
阿部一樹（InterFM）

黒坂 修（株式会社エフエム東京）
飯塚基弘（株式会社ジャパンエフエムネットワーク）
大木秀幸（InterFM）

大貫妙子
松井寿成（クロックワイズ）

杉山貴信（ココモ）

撮影協力　Sailin' Shoes

衣装協力　SHIPS

資料提供協力
Sony Music Direct Inc. / ユニバーサル ミュージック合同会社 / ビクターエンタテインメント / DaisyMusic / 日本クラウン株式会社 / VIVID SOUND CORPORATION

参考文献
『村上ソングス』／村上春樹　和田誠（中央公論新社）
『水晶の扉（ドア）の向こうへ―ロック・オリジナル訳詞集1』／村上龍ほか（思潮社）
『ソウル・ミュージック・ラバーズ・オンリー』／山田詠美（幻冬舎文庫）
『昭和歌謡大全集』／村上龍（幻冬舎文庫）
『69 sixty nine』／村上龍（集英社）
『風の歌を聴け』／村上春樹（講談社）
『世界の終りとハードボイルド・ワンダーランド』／村上春樹（新潮社）
『マイ・バック・ページ ある60年代の物語』／川本三郎（平凡社）

InterFM『さはしひろし』土曜日 19:30-20:00
番組公式サイト▸https://www.interfm.co.jp/sahashihiroshi
「AuDee」Webサイト▸https://audee.jp/program/show/100000187

さはしひろし
今夜、すべてのロックバーで

第1刷　2022年3月16日

著　者　　佐橋佳幸　延江浩
発行者　　田中賢一

発　行　　株式会社東京ニュース通信社
〒104-8415 東京都中央区銀座7-16-3
電話 03-6367-8023

発　売　　株式会社講談社
〒112-8001 東京都文京区音羽2-12-21
電話 03-5395-3606

印刷・製本　株式会社シナノ

ISBN978-4-06-526917-6
JASRAC 出 2200618-201